新疆农业职业技术学院现代学徒制试点学徒

农业机械维护与维修学徒岗位手册

张双侠　主编

中国农业大学出版社
·北京·

内容简介

本教材分为三大部分。第一部分，步入企业，介绍农业机械化发展及农机企业管理。第二部分，认识岗位，围绕对学徒业务岗位的认识、工作技术规范与安全生产、业务能力要求、考核等内容编写。第三部分，学徒工作学习任务，详细介绍岗位专业知识准备，零件的鉴定与修复，发动机、底盘、电气设备、液压系统的故障诊断、修理与调试，维修后质量检验与保养。

本教材适用于高等职业院校农业装备应用技术专业农机维修学徒岗位教学，也可作为培训教材。

图书在版编目(CIP)数据

农业机械维护与维修学徒岗位手册/张双侠主编．--北京：中国农业大学出版社，2022.6

ISBN 978-7-5655-2803-3

Ⅰ.①农… Ⅱ.①张… Ⅲ.①农业机械-维修-岗位培训-手册 Ⅳ.①S220.7-62

中国版本图书馆 CIP 数据核字(2022)第 105941 号

书　　名 农业机械维护与维修学徒岗位手册

作　　者 张双侠 主编

策划编辑 张　玉　　**责任编辑** 陈颖颖

封面设计 郑　川

出版发行 中国农业大学出版社

社　　址 北京市海淀区圆明园西路 2 号　　**邮政编码** 100193

电　　话 发行部 010-62733489,1190　　读者服务部 010-62732336

编辑部 010-62732617,2618　　出　版　部 010-62733440

网　　址 http://www.caupress.cn　　**E-mail** cbsszs@cau.edu.cn

经　　销 新华书店

印　　刷 运河(唐山)印务有限公司

版　　次 2022 年 11 月第 1 版　　2022 年 11 月第 1 次印刷

规　　格 180 mm×255 mm　16 开本　18.75 印张　375 千字

定　　价 56.00 元

编 审 人 员

主　编　张双侠

副主编　田多林　赵　瑛　李　璇　靳　范

参　编　宋广龙　王杰华　张绍军　赵姗姗　赵沙沙

陈　魁　刘爱玲　刘新军

主　审　王海波　史　梅

前言

2018年12月29日，国务院发布《关于加快推进农业机械化和农机装备产业转型升级的指导意见》，指出农业机械化和农机装备是转变农业发展方式、提高农村生产力的重要基础，并提出要以习近平新时代中国特色社会主义思想为指导，全面贯彻党的十九大精神，以服务乡村振兴战略、满足亿万农民对机械化生产的需要为目标，以农机农艺融合、机械化信息化融合、农机服务模式与农业适度规模经营相适应、机械化生产与农田建设相适应为路径，以科技创新、机制创新、政策创新为动力，补短板、强弱项、促协调，推动农机装备产业向高质量发展转型，推动农业机械化向全程全面高质高效升级。农机维修则是农业机械化工程的支持和保障体系，一方面需要对农业机械进行维护保养，以保障农机总是在良好的技术状态下工作；另一方面需要在农业机械出现某些故障时，及时排除故障并进行维修，保证农机重回良好的工作状态。

近年来，随着农业机械化的迅速发展，我国农机装备水平、作业水平、科技水平、安全水平和社会化服务水平实现了前所未有的快速提升，市场需要大量适应现代农业机械应用技术方面的职业技术人才。培养农业机械技术人才，一方面需要推动实施产教融合、校企合作，支持优势农机企业与学校共建共享工程创新基地、实践基地、实训基地；另一方面，培养农机生产及使用一线“土专家”，弘扬工匠精神，充分发挥基层实用人才在推动技术进步和机械化生产中的重要作用。

对于农机设备的维修行业来说，大量专业人才是农机维修工程的建设根本，现代化农机维修技术人才除了需要丰富的维修经验之外，还需要不断提高自身的理论水平和维修技术。但近年来全国农机维修服务能力数据却未有明显变化，现有的农机维修企业中，一、二级农机维修企业数量较少，高新农机维修服务能力不足，农机维修服务行业发展滞后现象明显。

本教材立足于农机维修学徒岗位要求，从满足课程教学和学徒培养的角度出发，以必需和实用为原则，内容包括三部分：第一部分步入企业及第二部分认识岗位，分别介绍了我国农业机械化发展现状、农机企业管理、农机维修岗位工作技术规范与安全生产、业务能力要求、考核要求等内容，旨在让农机维修学徒对该行业、企业、岗位情况有全面的了解。第三部分详细介绍了农机维修岗位需要准备的专业知识，以及农机零件的鉴定与修复，农机发动机、底盘、电气设备、液压系统的故障诊断、修理与调试，农机维修后质量检验与保养。本教材以职业能力培训为重点，设计教学情境，内容翔实，图文并茂。

实际教学建议按照本教材编排顺序开展，首先让学徒了解行业、企业及岗位情况，再进行专业技能知识学习，有助于明确学徒岗位职责，同时认识职业发展通道、做好职业规划。

本教材由张双侠任主编，田多林、赵瑛、李璇和靳范任副主编，参加编写的还有宋广龙、王杰华、张绍军、赵姗姗、赵沙沙、陈魁、刘爱玲、刘新军。在本教材编写过程中，编者得到了新疆天农农机股份有限公司、新疆机械研究院股份有限公司等企业领导和技术人员的大力支持，在此一并致以诚挚的谢意。

本教材编写参考了大量文献，得到了许多同仁的大力支持，在此向所有参考文献资料的作者和关心支持本教材编写的人士表示衷心的感谢。

由于编者水平有限，书中难免有不当之处，恳请广大读者批评指正。

编　者

2021 年 9 月

目　录

1 第一部分 步入企业

37 第二部分 认识岗位

53 第三部分 学徒工作学习任务

第一部分

The first part

The first part

The first part

The first part

步入企业

入职培训专题1

农业机械化发展历史与现状

第一节　我国农业机械化发展历程与成就

一、我国农业机械化发展历程

农业机械是指在农业生产、处理过程中应用的各种机械。农业机械化是指运用先进适用的农业机械装备农业，改善农业生产经营条件，不断提高农业的生产技术水平和经济效益、生态效益的过程。充分运用和发展农业机械装备，可以更好地挖掘气候、土壤和生物潜能，并为动植物的生产提供更加适宜且可控制的生长环境，从而能够在有限的土地上通过较少的劳动力获取高产量、高品质、高效益的农产品。

原始社会的简易农具标志着我国农业机械的起源，在《齐民要术》《耒耜经》等古籍中有所记载。耒耜是一种早期的耕地工具，在我国新石器时代出现。发展到公元前13世纪，拥有了铜犁头为主的牛耕。随着古代农业的发展，春秋战国时期，铁、木制农具已经在农业的耕种、收获、生产与加工的各个方面广泛应用。一些原始社会农具的基本原理至今仍在部分农业机械中应用。

中华人民共和国成立后，农业机械化在党和政府领导下战胜各种困难挫折，探索前进，开拓创新，取得了多方面的成就和历史性的进步，开创了一条中国特色农业机械化发展道路，实现了由初级发展阶段向中级发展阶段的跨越，为提高我国农业综合生产能力，解放和发展农村生产力，促进农业稳定发展、农民持续增收和我国经济社会持续健康发展做出了重要贡献。

中华人民共和国成立以来，农业机械化发展大体经历了5个阶段。

（一） **1949 年至 1980 年，创建起步阶段**

中央提出了明确的农业机械化发展目标和相应的指导方针、政策。国家在有条件的社、队成立了农机站并投资，支持群众性农具改革运动，增加对农机科研教育、鉴定推广、维修供应等系统的投入，基本形成了遍布城乡、比较健全的支持保障体系。我国农机工业从制造新式农机具起步，从无到有逐步发展，先后建立了包括一拖、天拖、常拖等一批大中型企业，奠定了我国农机工业的基础。

（二） **1981 年至 1995 年，体制转换阶段**

农村实行家庭联产承包责任制后，集体农机站逐步解散，国家对农业机械化和农机工业的直接投入逐渐减少，农机平价柴油供应等优惠政策逐步取消，曾经出现“包产到户，农机无路”的尴尬。1983 年，国家开始允许农民自主购买和经营农机，农民逐步成为投资和经营农业机械的主体。为适应农业生产组织方式的重大变革，农机工业开始第一轮大规模结构调整，重点生产了适合当时农村小规模经营的小型农机具、手扶拖拉机、农副产品加工机械、农用运输车等。而大中型拖拉机和配套农具保有量停滞不前，机具配套比失调，田间机械利用率低，农田作业机械化水平提高缓慢。

（三） **1996 年至 2003 年，市场引导阶段**

20 世纪 90 年代中期以来，农村劳动力开始出现大量转移趋势，农村季节性劳动力短缺的趋势不断显现。1996 年，国家有关部委开始组织大规模小麦跨区机收服务，联合收割机利用率和经营效益大幅度提高，探索出了解决小农户生产与农机规模化作业之间矛盾的有效途径，中国特色农业机械化发展道路初步形成。农机工业开始了新一轮产品结构调整，高效率的大中型农机具开始恢复性增长，小型农机具的增幅放缓，联合收割机异军突起，一度成为农机工业发展的支柱产业。

（四） **2004 年至 2018 年，依法促进阶段**

2004 年颁布实施了《中华人民共和国农业机械化促进法》，2004 年至 2009 年的中央 1 号文件和十七届三中全会都明确提出了加快推进农业机械化的要求和措施。购机补贴政策对农业机械化发展和农机工业拉动效应显著，促进了我国农机装备总量持续快速增长、装备结构不断优化、农机社会化服务深入发展，农机工业产品结构进一步优化，向技术含量高、综合性能强的大型化方向发展，一批具有地域特色的产业集群具备雏形，产业集中度进一步提高。2007 年我国耕种收综合机械化水平超过 40%，农业劳动力占全社会从业人员比重已降至 38%，这标志着我国农业机械化发展由初级阶段跨入了中级阶段，农业生产方式发生重大变革，机械化生产方式已基本占据主导地位。

（五） **2019 年以来，转型升级阶段**

2018 年 12 月 29 日，国务院发布《关于加快推进农业机械化和农机装备产业转型升级的指导意见》，指出农业机械化和农机装备是转变农业发展方式、提高农村生产力的重要基础。要以习近平新时代中国特色社会主义思想为指导，全面贯彻党的十九大和十九届二中、三中全会精神，以服务乡村振兴战略、满足亿万农民对机械化生产的需要为目标，以农机农艺融合、机械化信息化融合、农机服务模式与农业适度规模经营相适应、机械化生产与农田建设相适应为路径，以科技创新、机制创新、政策创新为动力，补短板、强弱项、促协调，推动农机装备产业向高质量发展转型，推动农业机械化向全程全面高质高效升级。同时提出，力争到2025年，农机装备品类基本齐全，产品质量可靠性达到国际先进水平。全国农机总动力稳定在11亿kW左右。全国农作物耕种收综合机械化率达到75%，粮棉油糖主产县（市、区）基本实现农业机械化，丘陵山区县（市、区）农作物耕种收综合机械化率达到55%，设施农业、畜牧养殖、水产养殖和农产品初加工机械化率总体达到50%左右。

近年来，我国农业机械化发展成就巨大，但与发达国家相比仍有不小差距，农业机械化发展还不平衡不充分，总量不足、结构不优与质量不高并存。进入新时期，实施乡村振兴战略需要农业机械化向更宽领域、更高水平发展，农业机械化发展环境和需求结构深刻变化，必须适应新形势新要求，加强顶层设计，加大推进力度，推动农业机械化转型升级，为实施乡村振兴战略、推进农业农村现代化提供支撑。

二、我国农业机械化发展成就

（一）农业机械化水平显著提高，为增强农业综合生产能力提供了坚实的物质基础

中华人民共和国成立之初，我国农业机械总动力仅有8.01万kW，农用拖拉机仅配备不到200台，农用载重汽车、联合收割机等大型机械的数量更低，基本上是零。农业机械化水平极低，完全统计所得结果是不到1%。

中华人民共和国成立70余年来，经过全国人民的不懈努力，我国制造业能力与水平达到前所未有的高度，农业机械的当前保有量大大增加，较中华人民共和国成立初期，增加了不止千倍，一些使用较多的农用机械数量增加了万倍。采用农业机械化作业的领域不仅包括粮食生产，还在向各种经济作物延伸。农业生产得益于机械化的普及，衍生出了农产品加工业、副业、养殖水产业等。耕作模式也从简单粗放的大田农业向运作起来效率高、管理起来方便的设施农业转变，不但关注生产过程，更重视对“产前+产后”的链条产业的发展。小麦、大豆、水稻等传统粮食作物的生产均实现了高水平的机械化，尤以小麦生产情况最佳，大体上实现了全程机械化（播种、收获机械化水平各自占比约为74%与72.8%）。

（二）农业机械化科技创新能力和农机制造能力不断增强，为农业机械化发展提供了技术装备保障

中华人民共和国成立以来，特别是改革开放以来，国家积极推动农业机械化科技创新，通过农具改革，实施国家科技攻关、国家科技支撑计划、农业科技跨越计划、

引进国际先进农业科学技术计划（“948”计划）项目等，加大了农业机械装备关键技术和装备的研制开发和扶持力度，推动了农业机械化部分“瓶颈”环节技术和技术集成问题的解决。水稻种植和收获两个关键环节的机械化生产技术和装备研发取得突破，玉米收获机械化技术日臻成熟，油菜、牧草、甘蔗收获，移动式节水灌溉，复式农田作业机具及保护性耕作技术的创新研究取得重大进展。农机产品的适用性、安全性、可靠性进一步增强。农机工业转换经营机制，深化企业改革，使我国实现了从农机生产弱国发展成为世界农机生产大国的历史性跨越，支撑了我国农业机械化迅速发展。

2019 年初，我国规模以上农机企业 2 500 多家，主营业务收入约 4 500 亿元，能够生产 14 大类 50 个小类 4 000 多种产品，进出口总额近 400 亿美元，其中出口 270 亿美元，成为世界农机生产大国；全国农机总动力近 10 亿 kW，种植业亩均动力 0.41 kW，超过美、日、韩等国。农机拥有量 1.9 亿台套，产值近万亿元。

（三）农机社会化服务组织发展壮大，成为发展现代农业和建设社会主义新农村的有生力量

改革开放以来，农机大户、农机专业合作社、农机专业协会、股份（合作）制农机作业公司等新型农机社会化服务组织不断涌现，经营效益稳步提高。农机社会化服务领域进一步拓展，呈现出组织形式多样化、服务方式市场化、服务内容专业化、投资主体多元化的显著特征。农机作业的订单服务、租赁服务、承包服务和跨区作业、集团承包等服务方式，满足了农业生产和农民的迫切需要，农机跨区作业的服务半径进一步外延，规模进一步扩大，作业收入稳步增长。

农业机械朝着市场化、社会化发展，起源于 20 世纪 90 年代的跨区域小麦收割。跨区域机械化收割的进行，将联合收割机在每年的使用时间从 7～10 天延长至一个多月。如此，小麦收割效率明显上升，联合收割机的应用率也显著增加。该措施使很多农户的小麦得以采用机械收割，农业机械整体应用的经济效益也由此展现出来。另外，现役联合收割机的数量也由此大幅度上升。这一举措也带动了别的农业产业的作业模式向集中的机械化生产迈进。从那开始，各地农业机械作业协会、合作社和作业公司如雨后春笋般大量出现。

2019 年初，全国农机户及服务组织约 4 249 万个，其中农机合作社约 7 万个。乡村农机从业人员超过 5 000 万人。机耕、机播、机收、机械植保和机电灌溉作业面积合计超过 63 亿亩，农机化服务总收入约 5 400 亿元，使我国成为农机使用大国。全国农作物耕种收综合机械化率超过 67%，其中主要粮食作物耕种收综合机械化率超过 80%。

（四）农业机械化法律法规及扶持政策体系基本建立，为农业机械化创造了良好的发展环境

2004 年 11 月 1 日，《中华人民共和国农业机械化促进法》正式实施，这是我国第一部关于农业机械化的法律，从科研开发、生产流通、质量保障、推广使用、社会化服务等方面制定了促进农业机械化发展的扶持措施，标志着我国农业机械化发展进入依法促进的轨道。2009 年 9 月 7 日，国务院常务会议审议并通过《农业机械安全监督管理条例》。2004 年开始实施的农业机械购机补贴政策，带动地方政府及农民和企业对农机化的投入，形成多元化的投入机制。国家对农机制造、农机流通、农机作业服务实施了税费优惠政策，降低农机产品增值税率，免征农机作业、维修服务企业所得税，以及跨区作业的联合收割机、运输联合收割机（包括插秧机）车辆的通行费。一些有条件的地方还出台了农机优惠信贷、政策性保险、重点环节农机作业补贴、报废更新经济补偿、农机安全检验费减免、农机场库棚用地优惠等扶持措施。2018 年 12 月 29 日，国务院发布《关于加快推进农业机械化和农机装备产业转型升级的指导意见》，旨在解决当前农业机械化和农机装备产业发展不平衡不充分的问题，特别是农机科技创新能力不强、部分农机装备有效供给不足、农机农艺结合不够紧密、农机作业基础设施建设滞后等问题。国家和地方对农业机械化的法制建设和政策扶持力度逐步加大，农业机械化发展环境持续向好。

（五）建立比较完善的农业机械化管理和技术支撑体系，为促进农业机械化发展提供了组织保障

目前，我国基本建立了较为健全的农业机械化行业管理体系，各省、自治区、直辖市和绝大多数地（市）、县（市）、乡镇都设有农业机械化管理机构。2008 年全国有省级农机管理机构 31 个（其中副厅级以上 14 个），地级农机管理机构 348 个，县级农机管理机构 2 768 个，农机管理机构履行政策实施、规划指导、监督管理、协调服务等职能的能力和水平不断提高。部、省和地市级农机试验鉴定机构共 55 个，国家级农机质检中心有 6 个，部级农机质检中心有 23 个，在促进企业技术进步和提高农机产品质量等方面发挥了重要作用。隶属农机化系统的农机科研机构有 89 个，农机教育培训机构有 1 827 个。农机推广体系覆盖全国 31 个省市自治区和新疆生产建设兵团及黑龙江农垦系统，有地、县级推广机构 2 456 个，乡镇级推广机构 1.44 万个，基本形成了多层次、多功能、多形式的推广体系和比较完整的技术服务网络，已成为农业机械化科技成果转化为农业现实生产力的中坚力量。全国农机安全监理网络进一步完善，各级农机安全监理机构有 2 897 个，有效预防和减少了农机事故发生，促进了农机安全发展。

第二节　国外农业机械化水平与特点

一、美国农业机械化水平与特点

美国是世界上农业最发达、技术最先进的国家之一。高度发达的资本主义商品生产，促使美国在 20 世纪 40 年代领先世界各国最早实现了粮食生产机械化。20 世纪 60

年代后期，粮食生产机械化水平更加提高，达到了土地耕翻、整地、播种、田间管理、收获、干燥全过程机械化；20 世纪 70 年代初完成了棉花、甜菜等经济作物从种植到收获各个环节的全面机械化。当前依然在种植业、工厂化畜禽饲养、设施农业、农产品加工等方面保持着世界先进水平。高度机械化水平，科学有效的管理，大大提高了农业劳动生产率。1987 年，美国农业劳动力人均产值达到了 55 300 美元，是当时其他发达国家的 4 倍，居世界第一位。农业机械化有力地促进了美国农业的快速发展，也使美国成为世界上第一农产品出口大国。

美国约翰迪尔公司、凯斯万国公司、福特公司等大型跨国农机公司生产的农业机械生产率高，性能先进，标准化、系列化、通用化程度高，制造质量好，使用可靠、方便，舒适性好，为世界先进水平，在本国和世界使用广泛，深受用户欢迎。

为了保护农业生态环境，实现农业的可持续发展，最有效地利用和节约农业资源，提高农业劳动生产率和农产品商品率，保持农业在国际上的竞争力，美国特别重视农业的发展和农业的现代化。美国工业如机械、化肥、航空航天等方面为农业提供了大量农业机械、化肥、农用飞机等先进生产资料和装备，使农业几十年以来一直成为主要出口产业。美国高度重视农业保护性耕作技术与机械的推广和使用，经过长期努力，2012 年实施保护性耕作（按作物残茬覆盖率达到 30％为标准计算）的比重，大豆已达到 30％～40％、玉米 25％。实际上，地表作物残茬覆盖率小于 30％而接近标准的土地耕作面积远大于上述数据。为了适应农业保护性耕作技术的需要，美国约翰迪尔公司、凯斯万国公司等农机厂商已向农业提供了大量保护性耕作用的少耕、免耕农业机械。

近年来，美国开始致力于在谷物播种机、喷雾机、联合收割机等农业机械与装备上采用卫星全球定位系统来进行监控作业等高新生产技术，并向着农业机械与装备的精准化方向发展。

二、澳大利亚农业机械化水平与特点

澳大利亚是一个人少地多的国家，农牧业发达，也是世界上重要的农产品出口国。澳大利亚的重要农作物为小麦、甘蔗，其次是大麦、燕麦、棉花、水稻、牧草等。澳大利亚的小麦、水稻、大麦、燕麦、牧草等作物早在 1970 年左右就实现了生产机械化，至今保持着高度机械化水平。甘蔗是澳大利亚的主要农作物，甘蔗从农田建设、耕整地、种植、田间管理，到收获运输、装卸等各环节都使用机械作业，每个农业劳动力年均生产甘蔗 4 000 t。澳大利亚的甘蔗机械化程度超过 90％，其中甘蔗收获机械化占 99.9％。甘蔗收获主要采用切段式收获，甘蔗段用大型拖车、重型汽车和火车运往糖厂；植保采用飞机喷施农药和除莠剂，用大型喷灌机灌溉。

澳大利亚农牧业发达，全澳有农牧场 17.8 万个，其中农牧结合的有 2.7 万个，纯牧业的有 8.4 万个，全国耕地有 4 680.6 万 hm^2，草地有 4 250.6 万 hm^2。牧草和小麦轮作，围栏放牧，通过草场改良增加载畜量。牧草从种植到收获全部使用机械。牧草播种采用圆盘开沟播种机、免耕播种机，用机动喷雾机和农用飞机喷施农药、除草剂；牧草收获采用收割、搂草、压扁、打捆联合收获机，也有部分使用割草机、指轮或滚轮搂草机、压捆机进行分段作业的地区。

澳大利亚农业机械化的特点是机械化程度高，广泛采用大功率轮式拖拉机配带宽幅农具，联合作业机组进行作业，如配套施肥播种机宽达 21 m。

三、加拿大农业机械化水平与特点

加拿大是一个人少地多、农牧并重的国家。其种植业和畜牧业的产值大致相等，加拿大主要农作物为小麦、玉米、马铃薯，畜牧业以肉牛、羊、猪为主。加拿大每一个农业劳动力年均生产的农畜产品，粮高于 10 万 kg，肉类高于 4 000 kg，牛奶高于 1.6 万 kg。这么高的农业劳动生产率是与粮食生产及禽畜饲养高度机械化分不开的。加拿大农业机械化的特点是粮食生产和畜类生产机械与设备配套成套性强，田间作业机械从拖拉机到农机具及自走式联合收割机，大部分为大功率、宽幅、高效机具。这和美国的农业机械化基本相似。

加拿大耕作技术正向保护性耕作技术方向发展。为适应耕作技术的变化，近年来普遍推行双列圆盘犁和偏置式圆盘犁耕作。在作物生长过程中使用双翼铲中耕机、翻转式中耕机或双翼杆式中耕除草机防治杂草并增施肥料。与美国的免耕法不同的是，加拿大每隔 6 年左右都将土壤深耕一次。深耕大多采用有壁犁，该犁既可翻动表层土壤，又可疏松犁底层。休闲地耕作常用圆盘耙或弹齿耙，有的地块则用联合作业机进行一次性覆盖镇压。

加拿大的大草原地区采用积雪融化措施来补充旱地土壤水分。积雪的机械化管理主要是用联合收割机形成不同茬高、用开沟犁开出积雪沟，用来将冬季降雪积存，防止大风刮出农田。春季根据需要用农用飞机或机引机械喷洒草木灰，将积雪融化，使土壤蓄水增加。加拿大的农业机械化水平与美国北部地区相近，皆属于高水平大规模机械化生产。

四、法国农业机械化水平与特点

法国农业发达，为世界粮食出口大国之一，农业机械化水平高，小麦、玉米等谷物生产及畜禽饲养均已实现了全过程机械化。粮食作物从整地、播种、中耕、病虫害防治，到收获、运输、加工、储存等环节均有相适用的农业机械。

法国在作物育种机械和葡萄园机械方面较发达。作物育种从种床准备、播种、田间管理，到收获及收获后清选、分级、包装、包衣等有一整套机械供应，特别是种子加工厂，各种设备配套齐全，自动化程度也较高。法国的葡萄园机械，从拖拉机到配套的栽植、剪枝、整形、施肥、施药、采收、包装、运输都有相适应的机械，机械化作业达到了世界先进水平。葡萄采收机械每年生产量较大，也有较多出口。法国的农机企业主要有雷诺公司、麦赛福格森公司、萨朗约翰迪尔柴油机厂、于阿尔犁业联合公司、圣迪洛埃拖拉机厂、史陶普手扶拖拉机厂、布朗排灌机械厂及生产各种喷雾机、喷粉机的埃伏拉特公司等。拖拉机、柴油机、联合收割机、铧式犁、葡萄园机械、大型喷雾喷粉机等皆为法国重要农机出口产品。

第三节　我国农业机械化发展方向

《关于加快推进农业机械化和农机装备产业转型升级的指导意见》（简称《指导意见》）中明确指出，我国农业生产已由主要依靠人力畜力转为主要依靠机械动力，进入了机械化为主导的新阶段。同时，释放了全面推进农业机械化的重大信号，并明确建立“国家农业机械化发展协调推进机制”，为全面推进农业机械化提供强有力的组织保障。

一、农机装备创新体系完善及全产业链协同发展

《指导意见》要求加强顶层设计与动态评估，建立健全部门协调联动、覆盖关联产业的协同创新机制，增强科研院所原始创新能力，完善以企业为主体、市场为导向的农机装备创新体系。提出鼓励企业开展高端农机装备工程化验证，加强与新型农业经营主体对接，探索建立“企业＋合作社＋基地”的农机产品研发、生产、推广新模式，持续提升创新能力。推动整机企业加强技术创新和内部管理，提升智能化制造水平和质量管控能力，探索开展个性化定制、网络精准营销、在线支持服务等新型商业模式。建立健全现代农机流通体系和售后服务网络体系，创新现代农机服务模式。

二、建立健全农机装备检验检测认证体系

《指导意见》提出支持农机装备产业重点地区建立检验检测认证公共服务平台，提升面向农机装备零部件和整机的安全性、环境适应性、设备可靠性以及可维修性等试验测试和鉴定能力。

三、配套设施改善及实用人才培养

《指导意见》要求加强县级统筹规划，合理布局农机具存放和维修、农作物育秧育苗以及农产品产地烘干和初加工等农机作业服务配套设施。提出加强农业工程学科建设，制定中国特色农业工程类专业认证标准。引导高校积极设置相关专业，培养创新型、应用型、复合型农业机械化人才。同时指明，通过购买服务、项目支持等方式，支持农机生产企业、农机合作社培养农机操作、维修等实用技能型人才。

第四节　我国农机维修发展现状

农机维修是农业机械化工程的支持和保障体系，一方面需要对农业机械进行维护保养，以保障农机总是在良好的技术状态下工作；另一方面需要在农业机械出现某些故障时，及时排除故障并进行维修，保证农机恢复良好的工作状态。

一、我国农机维修现状

农机维修行业属于生产性服务业。农机使用的具体目标是追求故障少、停机时间短、多出活、出好活、高寿命。加强农机维护维修是提高农机具技术状态的重要保证。农机的维修分三个阶段：一是以修复为主的修理；二是换件修理；三是以养代修，相当于用保养来保证农机的技术状态。“维”的部分有很多，包括磨合、保养、停放，其中保养包括日常保养、定期保养；“修”的过程包括故障诊断、零件鉴定、修理、检验。维修到位与否，直接影响机械的工作时长和工作的业务量，以及油耗和排放。

（一）我国农机维修服务模式

1. 农机企业或经销商提供的品牌“三包”式维修服务

品牌“三包”式维修是当前承担农机维修服务份额最大的一种模式，其业务主要是针对所销售的产品提供“三包”有效期内的免费服务和“三包”有效期外的有偿服务。该类模式维修服务能力和对外服务能力较强，在农机维修服务市场占有50%左右的份额。

2. 个体工商户提供的区域性便利式维修服务

个体工商户一般为具有三级综合农机修理或专项农机维修技术资格的维修网点。该类模式维修能力和对外服务能力一般，但由于维修网点数量较多，而且维修方便、及时，在农机维修服务市场占有30%左右的份额。

3. 农机合作社或有机大户提供的自我保障式维修服务

农机合作社或有机大户自行购置必要的维修工具、配件和设备，主要针对自有设备进行日常保养和维修。该类模式维修能力和对外服务能力较弱，在农机维修服务市场占有15%左右的份额。

4. 国家公益性科研机构提供的有偿公益性维修服务

科研机构主要从事农机维修新技术、新工艺的研发和推广，维修人员技术水平较高，维修设备较先进。该类模式对外服务能力有限，在农机维修服务市场占有5%左右的份额。

（二）我国农机维修服务能力

1. 农机维修服务能力相对滞后于农机装备增长能力

近年来，我国农机装备水平、作业水平、科技水平、安全水平和社会化服务水平实现了前所未有的快速提升，但全国农机维修服务能力数据却未有明显变化，现有的农机维修企业中一、二级农机维修企业数量较少，高新农机维修服务能力不足，农机维修服务行业发展滞后现象明显。

2. 农机维修服务行业发展的规范性有待完善

维修服务行业发展过程中监督管理缺失现象严重，执法主体缺位、社会监督缺失等现象时常发生。

虽然《农业机械维修管理规定》中赋予了县级农机维修主管部门行政许可的执法权力，但工作人员不足、执法证件获得途径复杂等因素导致了农机维修监管执法力度不足。加之农机使用者自身权力意识淡薄，对农机维修网点及网点工作人员资质要求不高，这也给许多无资质、无执照的维修网点以生存空间。

（三）我国农机维修服务的现实需求

随着农机保有量的不断增加，新型、高性能农机的应用和推广，农机维修服务能力建设面临新的机遇和挑战。具体体现在以下几点：

1. 农机保有量增长对农机维修服务体系布局提出新要求

农机设备新品种的不断丰富和保有量的不断增加，对区域性农机维修服务模式和布局、规划等行业指导能力提出了更高的要求。

2. 高性能新型农机应用对维修技术和质量提出更高要求

新型农机正在不断向大型化、综合化、智能化方向发展，大量单价高，机、电、液压一体化程度高，零部件精密的新型高性能农机设备被不断投入实际生产，这对农机维修的技术、质量等都提出了更高的要求。

3. 农机换件修理对农机维修配件供应提出更高要求

随着农机维修方式由“旧件修复”向“换件修理”转变，农机配件的价格、质量、标准化程度和供应时效性等成为影响农机维修服务能力的重要因素，这对农机维修零配件的生产和供应都提出了更高的要求。

4. 农机社会化服务对农机维修及时性提出更高要求

随着农机社会化服务的推进，单台农机作业服务总时间越来越短，在经济效益的驱使下，在农忙时节农机使用者对农机维修服务的及时性和维修质量提出了更高的要求。

5. 国家节能减排对落实农机维修保养制度提出新要求

农业机械是农业生产中最主要的用能设备之一，国家曾在《节能减排“十二五”规划》中明确提出“推进农业和农村节能”和“加强用能设备定期维修保养”等要求，这对推行农机节能检修与保养制度提出了更高要求。

二、我国农机维修（售后）企业开业要求

自 2018 年 7 月 28 日起，地方各级农业机械化主管部门停止受理申请和核发农业机

械维修技术合格证。各地不再将取得农业机械维修技术合格证作为从事农业机械维修经营的必要条件，进一步便民利民、激发农机维修市场活力。为规范农业机械维修业务，提升维修质量，地方各级农业机械化主管部门将依照《农业机械安全监督管理条例》等法规，履行农业机械维修相关监督管理职责，积极转变农机维修管理方式，坚持“放管服”结合，加强高技能农机维修人才培养和区域农机维修能力建设，促进农业机械维修行业健康发展。

依据《农业机械安全监督管理条例》第十八条规定，从事农业机械维修经营，应当有必要的维修场地，有必要的维修设施、设备和检测仪器，有相应的维修技术人员，有安全防护和环境保护措施。县级以上地方农业机械化主管部门根据《农机修理通用技术规范》（GB/T 22129—2008）、《农业机械维修业开业技术条件》（NY/T 1138.1-2—2016）等标准，引导农机维修经营者按照标准完善设备设施、人员、质量管理、安全生产等经营条件，承揽与自身维修能力相适应的业务，遵守国家有关维修质量安全技术规范和维修质量保证期的规定，确保维修质量。

（一）农业机械维修业开业技术条件

《农业机械维修业开业技术条件》（NY/T 1138.1-2—2016）规定了农业机械综合维修点和农业机械专项维修点应具备的条件。

1. 农业机械综合维修点

农业机械综合维修点是指从事农业机械的整机、各个总成和主要零部件综合维修业务的企业和业户，按维修作业的复杂程度分为三个等级：

一级农业机械综合维修点。从事农业机械整机维修竣工检验，以及二级农业机械综合维修业务的所有项目。要按照 NY/T 1138.1—2016 标准配备相应的仪器、设备和工具；维修车间面积≥500 m^2；维修人员≥10 人，应有高级工以上或相应技术等级的人员负责技术管理工作，至少具有高级工 2 人。

二级农业机械综合维修点。从事各种农业机械的整车修理和总成、零部件修理，以及三级农业机械综合维修业务的所有项目。要按照 NY/T 1138.1—2016 标准配备相应的仪器、设备和工具；维修车间面积≥200 m^2；维修人员≥5 人，应有高级工以上或相应技术等级的人员负责技术管理工作，至少具有高级工 1 人。

三级农业机械综合维修点。从事常用农业机械的局部性换件修理、一般性故障排除以及整机维护工作。要按照 NY/T 1138.1—2016 标准配备相应的仪器、设备和工具；维修车间面积≥20 m^2；维修人员≥1 人，应有专人负责技术管理工作。

2. 农业机械专项维修点

农业机械专项维修点是指从事农机电器修理、喷油泵和喷油器修理、液压系统修理、曲轴磨修、散热器修理、轮胎修补、电气焊修理等一项或多项农机专项维修的业户。作业面积应与其维修规模、维修工艺相适应，符合 NY/T 1138.2—2016 标准规定；应有专人负责技术管理和质量管理工作，其中农机电器修理、喷油泵和喷油器修理、曲轴磨修等专项维修点应至少有中级工1人。

（二）农业机械维修安全监督管理规定

《农业机械安全监督管理条例》规定，农业机械维修经营者应当遵守国家有关维修质量安全技术规范和维修质量保证期的规定，确保维修质量。

从事农业机械维修不得有下列行为：

（1）使用不符合农业机械安全技术标准的零配件；

（2）拼装、改装农业机械整机；

（3）承揽维修已经达到报废条件的农业机械；

（4）法律、法规和国务院农业机械化主管部门规定的其他禁止性行为。

三、我国农机维修的发展方向

近年来，农业农村部积极采取措施加强对农机维修行业的指导，制定了《农业机械维修业开业技术条件》《农机修理通用技术规范》《农业机械生产企业维修服务能力评价规范》等标准规范，促进农机维修行业的规范化发展。通过“企社共建”等措施，引导农机维修服务主体与农机生产企业或农机合作社联合，向业务综合化、经营规模化、管理规范化、服务品牌化方向发展；通过开展维修工轮训、技能大赛等活动，培养了一大批高技能维修人才，维修队伍能力和水平不断提高。

（一）加大农机维修装备的投入

农机维修服务网络是农机社会化服务体系的重要组成部分，是农业机械高效运行的重要保障，对于确保农业机械以良好的技术状态投入农业生产具有重要的意义。《指导意见》提出推进农机服务机制创新改善及农机作业配套设施条件改善方向，支持农机服务主体及农村集体经济组织按规划建设集中育秧、农机具存放以及农产品产地储藏、烘干、分等分级等设施和区域农机维修中心，加强县级统筹规划，合理布局农机具存放和维修、农作物育秧育苗以及农产品产地烘干和初加工等农机作业服务配套设施。健全农机维修管理机构，加强领导，运用技术、行政、法规等一系列管理措施，有利于农机维修更好地服务于农机化的发展。

（二）加强农机维修人才的培养

对于农机设备的维修来说，大量专业人才是农机维修工程的建设根本。现代化农机维修技术人才除了需要丰富的维修经验之外，还需要不断提高自身的理论水平和维修技术。一方面，推动实施产教融合、校企合作，支持优势农机企业与学校共建共享工程创新基地、实践基地、实训基地。另一方面，培养农机生产及使用一线“土专家”，弘扬工匠精神，充分发挥基层实用人才在推动技术进步和机械化生产中的重要作用；通过购买服务、项目支持等方式，支持农机生产企业、农机合作社培养农机操作、维修等实用技能型人才。

（三）建立完善的农机维修制度

根据农机维修行业特点，农机维修点需要建立规范的内部运行管理制度，如维修服务承诺制度、安全生产管理制度、维修项目收费制度、农机配件进出货管理制度、维修人员管理制度等，保证农机维修质量，提高农机设备使用效率。

（四）加强农机维修监督管理

农业机械维修质量不仅关系到农业机械的技术状况和资源节约，也关系到维修当事人的切身利益，更关系到人身安全。按照《农业机械维修管理规定》的要求，农机维修者应当具备符合有关农业行业标准规定的设备、设施、人员、质量管理、安全生产及环境保护等条件。通过对农机维修的规范化管理，保持农业机械良好的技术状态，保证农业机械安全、优质、低耗、高效地为农业生产服务。

入职培训专题 2
农机企业管理文化

第一节　我国农机企业组织架构

一、新疆机械研究院股份有限公司组织架构

新疆机械研究院股份有限公司（以下简称“新研股份”），其前身是成立于 1960 年的新疆机械研究所，是专业从事农牧机械研究、设计、制造和销售的高新技术企业，拥有“牧神”“海山”两个省级著名商标。主要产品包括轮式拖拉机系列、耕作机械系列、大型自走式谷物收割机系列、自走式玉米收获机系列、秸秆饲料收获机系列、经济作物收获机系列、林果机械系列共七大类 60 余种产品。“牧神”品牌商标系列产品被评为新疆名牌产品，国内 15 个省区均有销售。

（一）人力资源

新研股份拥有 60 余年创新底蕴，公司继承和发展了原科研院所的研发体系和创新传统，打造了高水平的研发平台和技术团队，建立了良好的管理机制。新研股份现已成为注册资本 14.8 亿元，总资产 92.28 亿元的现代化大型装备制造企业。拥有员工 1 800 余名，其中大专以上人员占员工总数 72%；具有高级职称的专业技术人员 150 余名，享受国务院政府特殊津贴专家 8 名，研究员 8 名，教授级高级工程师 40 余名。

（二）物质资源

新研股份三大研发基地分别被新疆、山东、吉林授予省级企业技术中心。建有以公司为依托的“农牧机械关键技术与装备国家地方联合工程研究中心”及自治区批准的“新疆农牧收获机械工程技术研究中心”“新疆农牧机械研究成果转化基地”“产学研联合培养研究生示范基地”，形成了农牧机械开发、中试、熟化、批量生产的技术平台。

（三）组织架构

历经多年的发展，新研股份已从单一科研单位发展成集研发、制造、销售为一体的高新技术企业，现已形成 1 个总部、1 个技术中心、1 个营销公司、3 个生产基地的农牧机械产业布局。总部和技术中心位于新疆乌鲁木齐市；研发、生产基地分别位于新疆、山东和吉林。新疆机械研究院股份有限公司组织架构如图 1-2-1 所示。

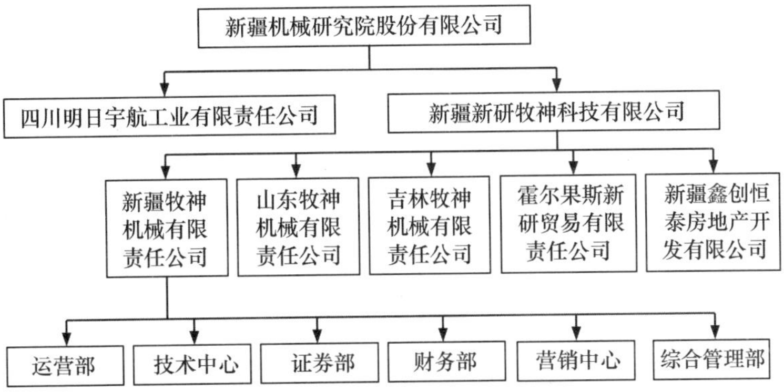

图 1-2-1　新疆机械研究院股份有限公司组织架构

二、我国农机企业维修质量管理机构

因企业大小不同，维修质量管理机构不可能有统一的格式，现提供一种示例，如图 1-2-2 所示。

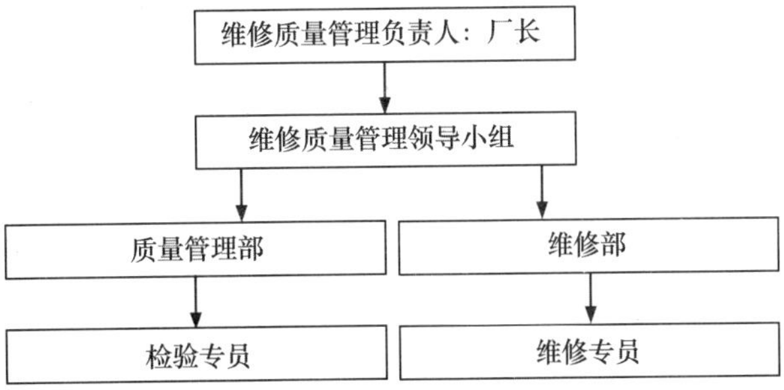

图 1-2-2　维修质量管理机构示例

第二节　我国农机维修（售后）管理模式

一、农机维修（售后）生产管理

（一）维修作业计划的编制

维修管理中的一个重要环节就是编制维修作业计划。合理的维修作业计划有利于合理地安排人力、物力和财力，保证生产顺利进行，并能缩短修理停歇时间，减少维修费用和停机损失。

1. 维修作业计划工作内容

维修作业计划工作内容可以分为两大部分：维修作业计划编制与维修作业控制。它们的内容和相互关系如图 1-2-3 所示。

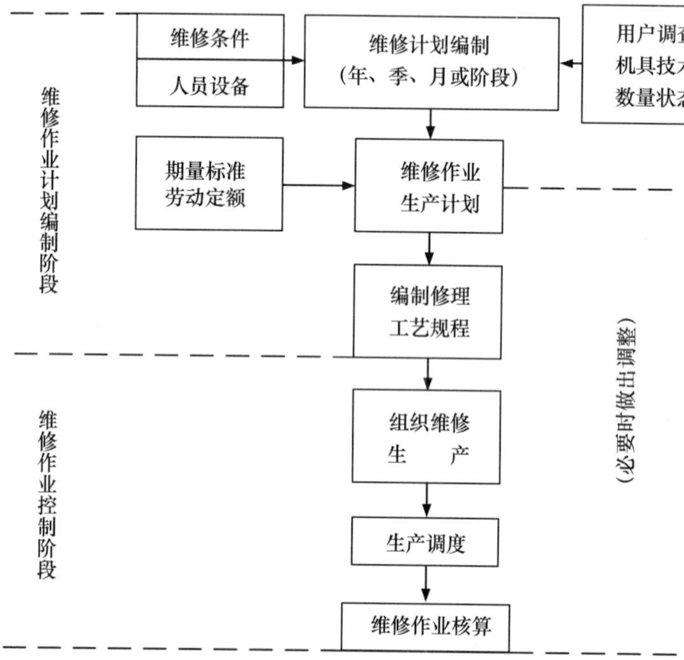

图 1-2-3　维修作业计划工作内容

2. 编制计划的原则

(1) 使各种维修设备的停歇时间达到最少，提高设备利用率。

(2) 使维修人员的停工时间和加班时间达到最少。

(3) 使完成维修生产所耗用的总时间最少，周期最短。

(4) 保证按期完成维修任务。

3. 编制维修作业计划的主要依据

(1) 年（季）度维修计划。维修作业生产计划要确保年度维修计划的完成，因此，必须依据该计划对维修农机数量、期限的要求来编制维修作业生产计划。

(2) 先进、合理的期量标准。期量标准又称日历标准、期量定额或作业计划标准，是编制维修作业生产计划有关数量与期限方面的标准资料。

4. 劳动定额的制定

定额时间一般包括作业时间、准备与结束时间、布置工作时间、休息和生理需要时间。劳动定额的制定要求迅速及时、准确合理，保证定额的先进合理水平，同时在制定范围上要完整齐全。常用的定额制定方法有经验估工法、统计分析法、类推比较法、技术测定法等。

(1) 经验估工法是由定额制定人员、技术人员和工人相结合，根据有关技术资料，凭借生产经验估计工时消耗。这种方法简单易行，工作量较小，但科学性、准确度较差。为了提高定额工作质量，要广泛听取意见，反复验证，尽可能地将工序或作业细分成若干小单元，分别估计工时。同时，要全面地分析影响时间消耗的因素。

(2) 统计分析法主要根据历史统计资料，分析历史和现有的工艺、技术条件和组织条件。在对历史资料适当调整后，就可以用不同方法制定不同水平的定额。通常，可把劳动定额分为平均定额、先进合理定额、平均先进定额、最高定额四个层次。

(3) 类推比较法是以现有的定额作为依据，经过对比分析，推算出另一种工序的定额。

(4) 技术测定法是在分析技术条件的基础上，设计合理的工序结构及程序，拟定合理的操作方法，然后通过实地的时间测定或通过计算来制定定额的方法。

（二）维修作业的准备工作

维修作业的准备工作是维修企业实现生产计划的重要条件。维修作业准备工作的具体内容包括以下几个方面：

(1) 技术文件的准备工作。技术文件的种类主要有：

①大修理技术档案。

②工艺文件，如工艺规程、工艺卡片等。

③修理设备、检测仪器使用维护说明，如产品使用说明书、产品检修保养说明书等。

(2) 修理设备的检修与调整。

(3) 修理工具和动力的供应准备工作。

(4) 劳动力的配备与调整。

(5) 备品、备件的准备。

（三）维修设备管理

1. 设备的全面管理

设备的全面管理是指全系统、全过程、全体人员参加的管理。

从设备整个生命过程看，全面管理就是对从设备选型、订购，到设备的验收、安装、使用、维修、改造、更新整个生命过程，实行系统的管理。

从人员参与范围看，生产系统中的全体人员都或多或少地与设备整个生产过程的某个阶段管理有关，因此，设备管理必须全员参与、全员重视才能搞好，这就是全员的设备管理。

2. 设备管理主要技术经济指标

(1) 设备完好率是指完好的生产设备在全部生产设备中的比重，是反映企业设备技术状况和评价设备管理工作水平的一个重要指标，也是设备管理的基本依据。设备完好率的计算公式为

$$设备完好率=\frac{完好设备总台数}{生产设备总台数}\times 100\%$$

(2) 设备利用率是表明生产设备在数量、时间、能力等方面利用程度的指标，是评价设备投资效果和综合效率的经济指标。设备利用率的计算公式为

$$设备利用率=\frac{设备实际开动台数（时数）}{设备实际开动台数（时数）+故障停机台数（时数）}\times 100\%$$

3. 设备维修

维修内容包括以下几个方面：

(1) 维护保养。维护保养的内容是保持设备清洁、整齐、润滑良好、安全运行，包括及时紧固松动的紧固件、调整活动部分的间隙等。维护保养依工作量大小和难易程度分为日常保养、一级保养、二级保养等。

(2) 检查。检查是对设备运行情况、工作精度、磨损或腐蚀程度进行测量和校验，以便改进维修保养，做好修理前的准备工作，以提高修理质量、缩短修理时间。检查按时间间隔分为日常检查和定期检查。

(3) 修理。修理按设备需分解的程度与工作量大小，可分为小修和大修。小修是针对性修理，大修是把设备完全分解的修理。

二、农机维修（售后）质量管理

（一）维修配件的质量

控制配件质量是影响维修质量的关键性因素。因此，抓好配件质量，对于提高机器的维修质量，将产生事半功倍的作用。

1. 选择好的供应单位

衡量一个好的配件供应单位的标准是：能提供质量好的配件；能及时地供应配件；能按正确的数量供应配件；能保持低的有竞争力的价格；能提供好的服务。凡符合上述标准，均在选择之列。

2. 配件的质量检验

维修企业接收外购配件时，必须进行检验，以确保进厂配件符合质量标准。

（二）维修过程的质量控制

1. 以日常预防为主的维修过程质量控制

首先制定正确的工艺标准和完整详细的作业规程，使操作者在作业过程中有章可

循。其次进行经常性的工序质量分析，随时掌握工序质量的现状及动向，以便及时发现和纠正偏差，使工序质量始终处于可以控制的稳定状态。

2. 关键工序的质量控制

对后续工序质量影响大的工序，与机器主要性能、寿命、安全性有直接关系的工序，质量不稳定、返修率高的工序，经试验或用户使用后反馈意见大的工序均属关键工序。针对维修作业过程中的关键工序，建立重点控制的管理点，对影响质量的诸因素进行深入分析，展开到可以直接采取措施的程度，对展开后的每一因素，确定管理手段、检验项目、检验方法并指定专人负责。通过关键工序的重点管理，整个维修作业的维修质量将得到改善。

3. 维修过程的质量检验

检验是控制维修质量的重要手段。在维修过程的各个阶段，都必须安排相应的质量检验。通过检查验收，做到不合格的备件不使用、不合格的作业不转工序、不合格的总成不装配、不合格的整机不出厂。总成或整机装配的末道工序是检验的重点，应由专人把关。实行自检、互检和专职人员检验相结合的制度，发挥每个人的积极性，形成全员管理质量的局面。

4. 维修质量信息管理

质量信息的收集、记录、统计、分析、传递、反馈等工作是根据图 1-2-4 所示的维修质量信息反馈系统按照一定的路线和程序完成的。这个系统既包括维修系统内的质

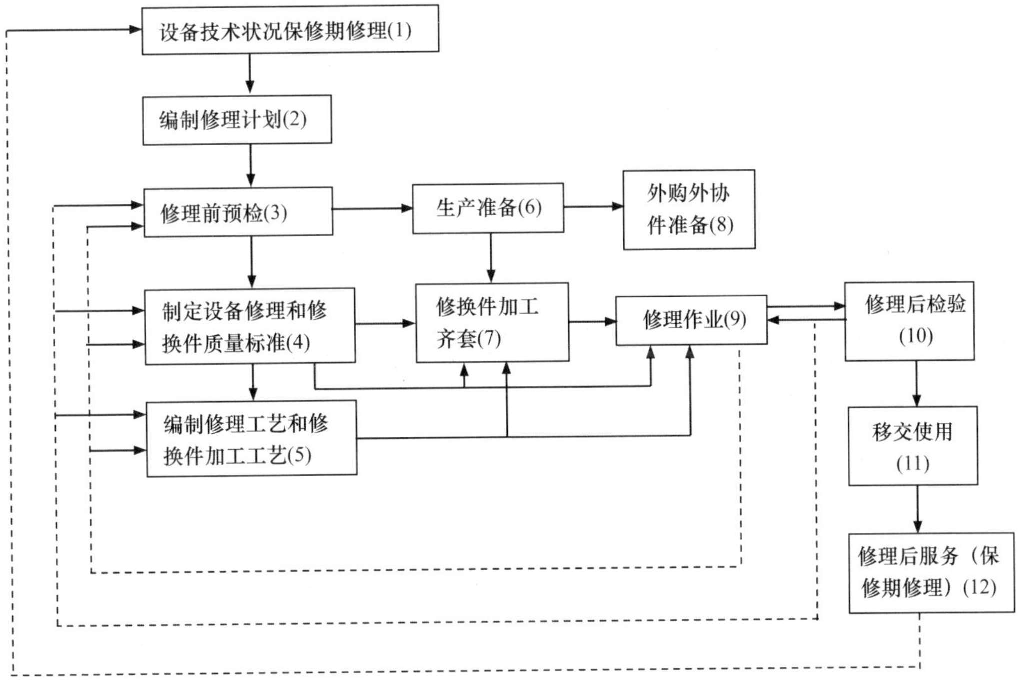

图 1-2-4　维修质量信息反馈系统

量信息反馈，又包括用户对维修系统的质量信息反馈。反馈循环不止，维修质量在循环中不断得到改善和提高。

5. 维修后质量监督

为了明确维修质量的责任，维护用户的合法权益，除在企业内部建立严格的检验制度外，广泛的社会监督也是必不可少的。因此，要进行用户调查、跟踪服务，在服务过程中发现维修过程中存在的问题，及时予以纠正和改进。

第三节　农机公司企业文化

企业文化是在一定的条件下，在企业生产经营和管理活动中所创造的具有该企业特色的精神财富和物质形态。它包括企业愿景、文化观念、价值观念、企业精神、道德规范、行为准则、历史传统、企业制度、文化环境、企业产品等。企业文化具有鲜明的个性和特色，具有相对独立性，每个企业都有其独特的文化积淀。现以新疆机械研究院股份有限公司和中国一拖集团有限公司（简称“中国一拖”）为例进行介绍。

一、新疆机械研究院股份有限公司企业文化

1. 企业愿景：做中高端农牧机械的领跑者

作为西北地区农机行业的“领头羊”，新研股份立足自身优势，努力进取，以高性能、高品质的产品赢得用户的信任与赞誉，旗下“牧神”系列农牧机械是“新疆名牌产品”。新研股份将致力于在经营管理、品牌与人才建设等全方面处于行业前列。

2. 企业使命：让农牧业生产更加轻松愉快

农业是立国之本。“科研立院、人才兴院、发展产业、服务农业”的宗旨鞭策我们不仅要把企业做大做强，更要以为我国农业的现代化及发展做出自己的贡献为己任。“牧神”必将不辱使命，耕耘神州，为我国农业现代化与农村经济发展做出更大贡献。

3. 核心价值观：创新务实·品质至上·精诚合作·追求卓越

创新是我们的灵魂，务实的作风是我们成功的关键，新研股份始终坚持“不接受不良品、不制造不良品、不输出不良品”，积极合作，利用集体的力量，发挥最佳功能，达到预期的效果，新研人坚信“事欲达，志先达”，敢为人先，追求行业顶尖水平。

4. 管理理念：关心员工成长，激励员工进取

为员工提供良好的工作环境和激励机制；完善员工培养体系和职业发展通道，使员工与企业同步成长；充分尊重和信任员工，不断引导和鼓励，使其获得成功的喜悦。

二、中国一拖集团有限公司企业文化

(一)核心理念

1. 企业愿景：成为卓越的全球农业装备供应商

(1)随着世界经济一体化进程的加快，全球性竞争格局正在形成，全球经济结构及增长模式正在发生深刻变革，中国一拖必须以国际化的视野，站在世界经济发展的高度，谋划企业未来的发展定位。

(2)农业装备是中国一拖所处的核心竞争行业，也是中国一拖安身立命的领域。农业装备行业国际竞争国内化的态势越来越突出，已进入多强并起、高强竞争的时代。我们必须专注于这个行业，孜孜不倦，专心致志，奋发图强。

(3)卓越的全球农业装备供应商，是中国一拖追求的长远目标。这意味着中国一拖要通过不断创新超越、不断追求卓越，使企业跻身世界农业装备企业先进行列，成为行业标准制定的重要参与者、世界一流的农业装备供应商。

2. 企业使命：致力于为用户提供最有价值的农业装备成套解决方案

(1)用户是企业的衣食父母，是企业赖以生存发展的根基，为用户创造价值是中国一拖始终遵循的基本理念。

(2)最有价值就是为用户提供适用、增值的产品和服务，这是企业的义务和责任，是企业贡献社会的价值所在，是企业价值最大化的最终体现，也是企业存在的唯一理由。

(3)“东方红”始终和“三农”紧密联系在一起，中国一拖必须为实现农民的“小康”目标、促进农村经济发展、实现农业机械化和农业现代化提供技术装备和成套解决方案，这也是“东方红”永远的使命。

3. 核心价值观：出第一的产品，育第一的人才，创第一的业绩

(1)第一的产品，意味着拥有第一的竞争力。第一的产品从市场中来，能为用户创造独特的价值；具有引导、创造市场需求的能力；掌握核心技术，是市场竞争中技术领先的产品。出第一的产品，就是要求中国一拖要坚持追求“中国第一”的产业位势，向着市场、技术、制造的高端奋力攀登。

(2)第一的人才，是具有良好职业精神、高超职业技能、崇高职业理想、认同企业核心理念的人才；中国一拖能够为第一的人才提供广阔平台；人才决定着企业的兴衰，第一的人才，是“三个第一”的核心。育第一的人才，就是要求中国一拖以人为本，打造管理、技术、技能人力资源高地，永葆创新活力和生机盎然的团队成长。

(3)第一的业绩，就是从用户、员工、股东和社会几个维度不断超越和领先对手，快速接近企业的愿景。创第一的业绩，就是要求中国一拖不辱使命，引领农业装备行业方向，创新发展道路，提升核心竞争力，努力进入世界先进企业行列。

（4）“三个第一”始终是激励一拖人开拓进取、创业创新的前进方向和精神动力。追求第一的过程，就是不断创新和超越的过程，这是中国一拖的永恒追求。

4. 企业训词：生存勿忘质量·发展必须创新

（1）质量是企业的生命，以“质量零缺陷，标准国际化”质量理念为指导，创新质量管理工作，以质量树品牌，让质量成为中国一拖产品在市场上的首选卖点。

（2）创新是企业生存发展的灵魂，是中国一拖兴旺发达的不竭动力。唯有创新，才能突破自己、超越别人。创新能够激发无限活力，把我们的潜能变成企业竞争的巨大优势，变成比竞争对手创造更多财富和价值的现实能力。

（二）单项理念

1. 质量理念：质量零缺陷·标准国际化

（1）零缺陷管理要求每一位员工努力使自己的工作没有缺点，零缺陷的精髓是第一次就把事情做好。

（2）标准国际化要求企业标准适应国内外市场竞争需要。

（3）质量工作最基本要求是符合标准，最终目的是产品和服务符合对顾客的承诺，满足顾客需求。

2. 人才理念：事业以人为本·发展以人为先·给想干者机会·给能干者舞台·给干成者激励

（1）人才是企业取得成功的关键，是企业发展的第一资源。我们追求员工与企业的共同发展，每个员工的成功就是企业的成功。

（2）企业发展首先要有专业化的人才队伍支撑，把优秀员工的培育、引进和发展放在突出位置，打造优秀的人才文化是企业引进人才、培育人才、使用人才和留住人才的关键环节。

（3）尊重员工的平等权利，坚持公开、公平、公正原则，提供均等机会，鼓励员工主动进取，竞争求胜。

（4）尊重员工的个体差异，通过“上岗靠能力”的用人机制促进顶级人才脱颖而出，达到人尽其才、才尽其用。

（5）尊重员工的劳动价值，凭业绩获得多样性激励，追求企业与员工的共同发展、和谐共赢。

3. 服务理念：体贴·快捷·专业·增值

（1）急用户之所急，想用户之所想，主动认真负责，体贴关爱用户。

（2）迅速响应，立即行动，及时提供有效的服务，响应用户的需要。

（3）拥有具备专业能力的服务体系，提供用户所需领域的服务支持，传递给用户超值的服务感受。

（4）不断扩大服务领域，为用户排忧解难，尽全力超越用户期待，最大限度地为用户创造价值。

4. 研发理念：市场导向·竞争导向·技术导向

（1）市场导向就是紧盯国际国内市场，根据市场变化快速研发、改进产品，满足两个市场需求。

（2）竞争导向就是瞄准国际国内竞争对手，瞄准市场未来需求，用更强的技术保证超越竞争对手。

（3）技术导向就是不断提升产品技术水平，瞄准世界领先技术，做行业的领跑者。

5. 营销理念：为用户创造价值

（1）用户是企业生存和发展的基础，也是企业存在的唯一理由。为用户带来比其他企业更高的价值回报，才能赢得用户持久的忠诚，进而拥有基业长青的企业。

（2）以用户为导向，在价值链各环节组建起协同、高效、快速的市场反应机制，以比竞争对手更快的速度、更优的产品品质、更周到的服务满足并力求超越用户的需求。

（3）企业一切工作的出发点和落脚点都在于如何更好、更迅速地把用户的需求变为现实，同时不仅要重视用户的现实需求和当前利益，还要更加关注用户的潜在需求和长远利益，让用户价值最大化。

6. 采购理念：诚信·合作·共享·双赢

（1）以诚信交易为基础，树立中国一拖的采购公信力，使诚信成为采购核心竞争力的重要组成部分。

（2）与供应商建立合作型供应体系，通过双方的资本、技术、信息和市场的优势合作，形成利益共同体，打造中国一拖的优势供应链。

（3）以信息、资源和交易平台共享为手段，通过满足最终用户的需求，不断扩大市场占有率，实现供需双方共享规模优势和规模效益。

（4）凭借规模优势，优化供应链，达到供需双方双赢和快速发展的目的。

7. 投资理念：没有回报的投资是最大的浪费

（1）企业投资的目的永远是为了回报，为了追求利润最大化，为了实现价值增值。

（2）没有回报的投资是失败的投资，是企业最大的浪费，同时也会带来与投资密切关联的一系列浪费。

（3）投资回报来自企业正确的决策，来自对市场正确的判断，来自对企业经营环境变化的快速反应和有效应对，追求合理的投资回报是投资管理工作的出发点和落脚点，投资与主业紧密相关的领域、平衡投资风险与投资回报的关系是投资管理工作的重点。

入职培训专题3
农机企业人力资源建设与个人职业生涯发展

第一节 我国农机公司人力资源建设

一、薪酬体系

（一）薪酬制度设计的原则

1. 公平性原则

以工资的外部公平、内部公平和个人公平为导向，在确定员工薪酬时，以岗位特点、个人能力、工作业绩及当地社会平均工资水平、同行业平均工资水平为依据。

2. 竞争性原则

以提高市场竞争力和对人才的吸引力为导向，在充分调查竞争对手、地区不同层次企业工资水平的基础上确定薪酬水平，使工资薪酬水平对外具有竞争力。

3. 激励性原则

以增强工资的激励性为导向，通过工资晋级或激励性工资结构激发员工工作积极性，进而培育员工对公司的忠诚度，培养员工的归属感。

（二）薪酬结构

1. 工资结构

采取当期与长期结合、稳定与浮动结合、岗位与技能结合的系统化的工资结构。

2. 薪酬构成

收入＝绩效工资＋年度奖金＋其他奖励

绩效工资：引进浮动工资，加大考核力度，浮动工资与工作完成度、工作优良率等考核结果挂钩。

年度奖金：以企业任务完成度、实现利润率和员工年度考核结果为依据进行发放。

其他奖励：引进新的薪酬模式，如股权激励、分红、股票期权，加大对中高层管理人员的薪酬激励力度。

3. 薪酬发放理念

鼓励不同职系人员专精所长，在自己本职工作领域努力进取，而不是为了加薪去争取管理职位。

二、绩效考核体系

（一）绩效考核体系作用

（1）确定招聘的类型和人数。

（2）对人力和现有的职务责任进行评估，找出有潜力的员工。

（3）进行必要的职位重组以满足晋升或解聘的目标。

（4）使直线主管能更好地指导员工，使员工能更好地挖掘自身的培训需求。

（5）依据考核结果发放绩效工资。

（二）绩效考核体系设计原则

结果导向原则，务实实用原则，公平合理原则，多角度考核原则，针对性原则。

三、招聘管理制度

（一）招聘申请与需求的确定

（1）需求部门依据岗位编制及人员配置情况，由部门负责人向人力资源部申请人员招聘需求。

（2）人力资源部负责人结合岗位编制及年度招聘计划，与需求部门负责人就“招聘申请”的必要性进行沟通。双方分管领导审批同意后，进行招聘。

（3）人力资源部与需求部门意见一致后，确定走内部竞聘流程或外部招聘流程。

（4）人力资源部招聘主管与需求部门进行沟通，了解需求岗位工作内容及职责，进行胜任能力与特征分析，明确任职资格及基本素质能力要求，并根据前期确定的流程进行竞聘或招聘工作。

（二）招聘流程

1. 信息搜集

人力资源部招聘主管通过招聘会、网络等方式搜集人员信息。

2. 任职资格审查

对操作类人员、营销人员、应届生、中高级人才等有严格的任职资格标准，招聘主管及信息化主管负责对人员任职资格进行审查。

3. 人员初试、复试

由招聘主管负责协调相关人员对应聘人员进行初试、复试，对核心岗位进行笔试。

4. 背景调查

对复试通过人员，进行背景调查。通过面试后3个工作日内，由人力资源部对应聘人员进行背景调查，出具背景调查报告。背景调查包括学历调查、工作经历调查、人力资源部建议三部分。学历调查通过学信网验证教育经历真伪。工作经历调查对象为应聘人员应聘前五年内企业人力资源部工作人员、直线领导、同事，选其中一人即可，但应优先选择人力资源部工作人员，次优选择直线领导。根据人力资源部综合面试情况、岗位需求情况及背景调查结果，出具录用建议。背景调查报告作为审批附件，上传信息化系统审批。

5. 入职审批

人力资源部负责通知应聘人员到厂报到，办理入职手续，并签订试用及正式劳动合同。如审批通过人员在一个月内未到厂报到，或无法与该人员取得联系，视同该人员自动放弃入职。人力资源部信息化主管负责协调处理该人员入职信息。

四、培训

（一）入职培训

由人力资源部组织实施，培训内容主要包括企业基本情况简介、员工职业规范及职业发展、农机行业发展相关知识介绍、岗位职责及企业各项制度、安全管理知识及测评等方面。

（二）岗位培训（师带徒培养）

1. 第一阶段培训（0～3个月）

新员工需要在这个阶段了解安全生产要求、现场管理要求，能够对设备运行进行简单维护和保养，掌握机台设备所具有的基本操作技能。

师傅在制订新员工培训学习清单时，重点针对岗位的应知应会、工艺安全基本操作要求。员工通过上岗考试后，进入第二阶段培训。

2. 第二阶段培训（4～6个月）

新员工需要在这个阶段做到独立操作维修设备，熟练掌握各类维修工具的使用，能清楚农机设备出现的简单故障并进行有效分析，提出相应维修方案。

师傅与徒弟协商制订本阶段的培训学习清单时，应针对维修过程操作技能、维修成本控制的提升。

3. 第三阶段培训（7个月至1年）

新员工需要在这个阶段达到初级维修工水平，能独立接收维修项目，能判定关键部位的设备故障并提出维修方案，能承担农机的检修和维修任务。

师傅与徒弟协商制订本阶段的培训学习清单时，应针对维修过程操作水平、维修效率、维修质量、维修成本控制的提升。

（三）培养效果评价

1. 3个月上岗考评

新员工入职满3个月，由人力资源部组织上岗考评，上岗考评包括理论考试（30%）、实操考试（40%）和日常表现（30%）。符合条件可提前申请。

2. 6个月培养期考评

对员工进行综合性评价，考评包括理论考试（30%）、实操考试（50%）和日常表现（20%）。

3. 1年培养期满考评

1年培养期满，将对员工按照初级维修工要求进行综合性评价，考评包括理论考试（30%）、实操考试（50%）和日常表现（20%）。

第二节 企业个人职业生涯发展规划

根据公司人才战略和企业自身发展需要，制定维修技术人员晋升细则。以公平、公正、优中选优的原则，晋升等级越高、技能要求越高的原则，技术等级与薪资标准完全挂钩的原则，能力和业绩的原则评定技术职称。

一、晋升职称表

根据在岗年限、学历、专业匹配度等各项指标，为每一位员工建立一套完备的技术职称晋升通道，具体见表1-3-1。

表1-3-1 晋升职称表

职称	学历要求	专业	在岗年限
初级维修技术员	大专及以上学历	理工类	转正后
维修技术员	大专及以上学历	理工类	初级维修技术员1年及以上
助理维修工程师	大专及以上学历	理工类	维修技术员1年及以上
维修工程师	大专及以上学历	理工类	助理维修工程师2年及以上
副主任工程师	大专及以上学历	理工类	维修工程师3年及以上
主任工程师	大专及以上学历	理工类	副主任工程师3年及以上

二、考评内容及考评细则

考评内容主要分为三部分：笔试考试、工作情况考评、特殊奖励分值。

（一）笔试考试

晋升考试题内容包括企业文化、制度流程、维修技术相关知识等，不同的晋升等级所占分值不同。

（二）工作情况考评

1. 工作能力

工作能力方面，主要从对规章制度的理解和掌握、对问题的处理、学习能力、创新能力等多个方面对员工进行评定，具体见表 1-3-2。

表 1-3-2　工作能力考评表

<table>
<tr><th>职称</th><th colspan="4">考评内容</th></tr>
<tr><td>助理维修工程师及以下岗位</td><td rowspan="2">对工作流程和制度的掌握情况</td><td rowspan="2">分析、解决、维修一般农机故障问题的能力</td><td rowspan="2">参加培训学习的能力与工作效率</td><td rowspan="2">创新能力</td></tr>
<tr><td>维修工程师</td></tr>
<tr><td>副主任工程师</td><td rowspan="2">分析、解决、维修疑难农机故障问题的能力</td><td rowspan="2">对本领域技术方向的把握能力</td><td rowspan="2">学习能力</td><td rowspan="2">持续创新能力</td></tr>
<tr><td>主任工程师</td></tr>
</table>

2. 工作态度

热爱本职工作，具备良好的职业道德和爱岗敬业精神，能认真执行党和国家的方针、政策，自觉遵守有关法规及企业各项规章制度。了解本专业的先进技术、相关规范和标准，能主动学习新技术、新工艺、新设备，并在应用中取得一定效果。在岗位工作中尽职尽责，具有较强的奉献精神，关心集体、乐于助人，有较强的团队意识和共享意识。年内无重大技术过失发生。

3. 人才培养

引领、培养维修技术团队的能力。培养下属的意愿和责任心。为企业已培养高素质专业维修技术人才情况。

（三）特殊奖励分值

包括各种科技奖项、先进工作者、专业论文等。

入职培训专题4
农机企业财务管理

一、财务部职责

（1）按照公司制定的预算指标，严控部室费用指标。

（2）督促本公司员工及时冲账，对于逾期挂账的定期进行公示、处罚，定期清理个人挂账，控制其他应收款余额。

（3）每月出具个人借支情况分析。

（4）针对年末费用无法及时入账情况，组织本单位进行费用预提。

二、财务人员规范

（一）财务人员行为规范

企业对财务人员设置了管理红线，只要触碰管理红线，就应当坚定地给予严厉的处分、处置。财务人员行为规范主要包括：

（1）不准收受任何形式的现金、有价证券、礼物、消费卡、红包等财物。

（2）不准接受各类宴请、会餐、KTV等消费活动。

（3）不准通过索要、暗示等方式收受他人财物。

（4）不准利用职务之便人为设置门槛。

（5）不准恶意拖延、刁难、拒绝办理各类业务。

（6）不准挪用公款。

（7）不准违反各类财务制度，为他人提供方便。

（8）不准随意调整科目、预算、账目等财务信息。

（9）不得泄露业务或职务上的机密。

（10）不准利用公司账户为其他单位或个人支出或收入现金。

（二）财务人员工作规范

（1）财务人员应遵守国家的法律、法规和公司的规章制度、通告及公告，忠于职守，对工作尽职尽责，不得有阳奉阴违或敷衍塞责的行为。

（2）严格遵守公司及工厂的各项制度，处理业务时一视同仁。

（3）财务人员需不断更新知识，提高自己的工作技能和业务水平，办事讲究效率。

（4）业务沟通中，在保持原则的前提下，仔细倾听、耐心解释，和颜悦色地处理业务。

（5）服务过程中主动热情，服务态度礼貌诚恳，尊重他人。

三、现金收支安全

（一）不相容职务相分离

资金收支要坚持不相容职务相分离的原则，即开具收据与收款不能为同一人。企业现金收入必须给对方开具收据并于当日送存开户银行，如有特殊原因（临下班前或周末）不能送存银行的，需做好封存并选择稳妥的保管方式，大额资金需向直接领导书面或电话告知，并于次日上班交存银行，不得挪用。直接领导应加强监督。

（二）严禁违法、违规行为

不准保留账外公款，不得私设“小金库”，严格禁止收款不入账的违法行为。

（三）财务审批、支付流程严格按制度执行

办理日常借支或报销业务时，需经办人提交资金申请单或报销单据，按照本单位审批流程进行逐级审批后，报财务部会计做账，然后由财务部会计转公司共享中心进行支付，并交经办人签字接收。支票填写应准确写明支付日期、收款人名称、金额、用途等信息。

四、票据及有关印鉴章安全

（1）财务专用章应由专人保管，法定代表人印鉴必须由本人或其授权人员保管，严禁一人保管支付款项的有关印章。财务部门定期组织对印鉴的盘点工作，对于盘点检查中发现的问题，及时提出改进建议并落实执行。

（2）财务专用章原则上不得外借到办公室之外的场所使用，如确需外借，借出与还回时必须办理交接，交接情况在登记本中另页记载；借出登记内容为外借日期、外借事由（文件、表格的名称）、份数、财务主管领导意见、借用人签字和需要备注的事项，还回登记内容为还回日期和保管人签字。

（3）财务专用章的保管人可以要求使用人提供加盖财务专用章的文本的复印件归档备查。

（4）明确各种票据的购买、保管、领用、注销等环节的职责权限和程序，并专设登记簿进行记录，防止空白票据的遗失和盗用。财务部门和资金归口管理部门定期盘点库存支票和票据，填写盘点记录表，列明票据名称、面额等信息以及盘点结果，盘点人和监盘人均在盘点表上签字确认。对盘点过程中的问题，出纳人员限时查明原因并跟进落实。

（5）确保各种有价证券的完整无缺。如有短缺，必须查明原因，追究保管人的责任。

五、报销制度

（1）员工报销费用须在公司预算范围内进行报销，超出预算部分不予报销。报销票据内容必须真实、合理，不得弄虚作假，否则不予报销。

（2）公务支出后，报销人凭发票、刷卡 POS 单（或网银记录）、报销说明，按照公司报销流程办理报销手续。

（3）借款人员借款后，应及时（不超过出差返回后 30 天）冲账并清偿余款，严禁在规定期限内不冲账，严控侵占公司流动资产的行为。

（4）能够对公支付的各项支出，应通过对公账户进行支付，不允许通过个人借支进行支付。在特殊情况下，必须通过个人借支支付的，在冲账时须提供加盖对方财务专用章的收款收据。与单位签订咨询、服务、办公用品采购等合同的，任何情况下都不可通过个人借支，须由经办人提出资金申请，直接支付至单位账户。

六、维修成本构成与计算

维修成本是指为恢复机器原有性能所耗费的活劳动和物化劳动的货币表现。它由材料费、能源消耗费、人工费、固定资产折旧费、管理费、资金占用费等组成。

（一）材料费

材料费包括维修作业过程中所耗用的各种原材料、油料、辅助材料、修理用备件等，可直接计入该产品的成本。凡几种产品共同耗用的材料，应按一定标准在各产品间分配后，再分别计入各有关修造产品的成本中。

（二）能源消耗费

能源消耗费包括作业过程中所消耗的各种能源费用之和。

（三）人工费

人工费是指直接参加维修作业生产的工人工资及按一定比例提取的附加费。

（四）固定资产折旧费

固定资产折旧费是指进行生产的固定资产在使用年限内，因有形和无形损耗减少价值，转入成本后形成的费用。计算公式为

$$F_{zn}=\frac{Z_{gy}-Z_{jc}}{T_n}$$

式中：F_{zn} 为固定资产折旧费，元/年；Z_{gy} 为固定资产原值，元；Z_{jc} 为固定资产净残值，元；T_n 为固定资产使用年限，年。

其中，

$$Z_{jc}=Z_{ca}-F_q$$

$$Z_{ca}=Z_{gy}R_{ca}$$

式中：R_{ca} 为固定资产残值率；F_q 为固定资产清理费，元；Z_{ca} 为固定资产报废时预计可以收回的残余价值，元。

（五）管理费

管理费是指管理和组织生产中所发生的费用，包括非生产人员的劳动报酬、办公费、属于共同使用的间接性固定资产提取的折旧费、修缮费、低值易耗品消耗费、材料盘亏费、差旅费、保险费、工商管理费、年检费等。

（六）资金占用费

资金占用费是指农机修理过程中因占用资金而形成的费用。计算公式为

$$F_{zh}=\frac{(Z_{zy}+Z_{ld}+Z_{dy})}{365}T_1$$

式中：F_{zh} 为资金占用费，元；Z_{zy} 为自有固定资金折旧余额，元；Z_{ld} 为自有流动资金平均余额，元；Z_{dy} 为贷款平均余额，元；T_1 为计算期天数。

七、降低机器修理成本的途径

影响机器修理成本的因素很多，归纳起来有外部因素和内部因素两个方面。外部因素有机器的价格、质量，零配件、修理材料等的供应及价格水平等。但是，在外部因素不变的情况下，主要从企业内部寻找途径以降低修理成本。

（一）控制材料的消耗

要健全材料的入库、领用和退料手续，加强材料的检验制度，努力采用和推广新材料，开展材料的节约代用和综合利用。

（二）控制劳动消耗

要重视职工的文化技术培训，提高劳动生产率，严格控制实际的工时消耗和非生产人员的增长，合理安排劳动力，充分发挥各类人员的劳动积极性。

（三）控制各类费用支出

对各项费用要逐项按计划、预算进行控制，严格审批制度，厉行节约，杜绝铺张浪费。

（四）控制固定资产的合理购置，加强维修和提高利用率

要健全预检修和定期维修制度，使各项固定资产经常处于完好的状态，提高修理设备的利用率。

（五）控制质量成本

优化的质量成本应该是合理增大预防性质量成本支出（如技术培训、上岗培训、开展质量控制小组活动等），减少返修、废品等损失。

（六）控制维修生产周期

制订严格的保养制度及保养规定，促使操作人员严格按照规定的要求去做，发现故障隐患及时处理。同时，维修人员加强对设备的点检和巡视，从而控制维修周期。

第二部分

认识岗位

The second part
The second part
The second part
The second part

入职培训专题5
认识农机维修学徒岗位

一、农机修理工职业定义

农机修理工是指使用工具、量具和机械加工、焊接设备以及修理专用设备等，对用于农业生产、农产品产后处理、农用运输以及其他农事活动的机械和设备（以下称农业机械）进行维护和修理，使其保持、恢复技术状态和工作能力的人员。

二、岗位素质及技能要求

农业机械维修（售后）学徒业务岗位旨在培养拥护党的基本路线，德、智、体、美、劳全面发展，具备良好的职业道德与修养，面向农业机械行业，从事农牧机械使用与维修、售后服务等工作的技术技能型人才。

（一）职业素质

热爱祖国；树立正确的世界观、人生观、价值观，具有明辨是非的能力；忠于职守、诚实守信、吃苦耐劳的职业道德；健康的身体；积极向上的乐观心态和较强的适应能力。

（二）职业守则

遵纪守法，爱岗敬业；
诚实守信，公平竞争；
文明待客，优质服务；
遵守规程，保证质量；
安全生产，注重环保。

（三）专业知识

1. 机械基础知识

（1）机械工程常用法定计量单位及换算关系。

（2）识图知识。

（3）公差与配合的基础知识及标注方法。

（4）农业机械常用金属和非金属材料的种类、牌号、基本性能及用途。

（5）常用油料牌号、性能及用途。

（6）轴承、油封、螺栓等标准件的种类、规格与用途。

2. 机械加工与焊接基本知识

（1）钳工操作（钻、锯、锉、錾、攻螺纹、套螺纹、划线）基本知识。

（2）车工操作基本知识。

（3）电焊、气焊、钎焊操作基本知识。

（4）常用工、卡、量具的使用知识。

3. 电工基本知识

（1）直流电路基本知识。

（2）交流电路基本知识。

（3）安全用电知识。

4. 农业机械基本知识

（1）农业机械的种类及用途。

（2）常见农业机械的基本构造及功用。

（四）法律知识

（1）产品质量法。

（2）农业机械产品修理、更换、退货责任规定。

（3）农机修理规章。

（五）安全环保知识

（1）农机修理作业文明生产要求。

（2）安全操作与劳动保护知识。

（3）环境保护知识。

三、岗位职责

岗位职责包括：严格遵守公司的各项管理制度，执行本岗位的安全操作规程；熟悉农业机械设备的结构性能、技术规范和有关操作规程；掌握设备的运行情况、技术状况和缺陷情况；负责农业机械设备管理及设备故障的维修；负责设备大中修计划的实施；工作要有条理，分清轻、重、缓、急来做事；判断能力要强，能做到“手到病除”，不能出现故障反弹的现象，维修后及时清理维修现场；维修要认真负责，严禁敷衍了事，每次设备维修后，要试机并认真清扫维修场地，清理维修工具并做好设备维修记录（记录要求详细，要有可查性），养成良好的工作习惯；服从工作安排，完成好领导交给的其他工作。

入职培训专题6
岗位工作技术规范与安全生产

一、农机修理技术规范要求

（一）故障判断与拆卸

农机（具）在拆卸前，首先清除外部泥土和油垢，使用高压水冲刷时应先将电气设备拆下（加以保护）以免受潮，拆卸前要进行性能鉴定，总成技术性能完好时不应拆卸，拆卸后的零件按规定程序鉴定、保管。

（1）拆卸时应使用专用工具，拆卸后的零件、部件、总成摆放整齐。

（2）注意拆卸方向、顺序。

（3）拆卸时应注意核对记号。

（4）从轴径上拆卸滚动轴承时，受力部位应在轴承内环上。从轴承室上拆卸滚动轴承时，受力部位应在轴承外环上。

（二）维修作业条件

1. 设施条件

（1）维修企业：生产厂房的结构、设施应满足农机大修和总成修理作业要求，水电、暖气等供给可靠，并符合安全生产、环境保护、卫生或消防等有关规定。

（2）维修网点：生产厂房面积应与其生产纲领和生产工艺相适应，应具备相应的生产安全措施。

（3）现场维修：田间维修后的农业机械应满足使用要求，对机器过度磨损的修理模式加以防护，保证人身安全。

主要总成和零部件的修理、加工、装配、磨合、试验、检测作业应在生产厂房内进行。

2. 人员条件

企业管理人员应具备企业经营、管理能力，并了解农机维修及相关行业的法规和标准，技术负责人应熟悉农机维修业务及相关行业的法规和标准。

技术工种的设置应与其从事的生产范围相适应，各工种技术人数应与其生产纲领、生产工艺相适应。各工种技术人员应经过专业培训。

3. 设备条件

维修企业配备的设备型号、规格和数量应与其生产纲领、生产工艺相适应。设备技术状态完好，应满足加工、检测精度要求和使用要求。应具备维修作业的专用设备，试验、检测与诊断设备，通用设备，计量器具及主要手工具。

4. 维修安全生产条件

维修企业应有与其维修作业内容相适应的安全管理制度和安全保护措施，建立安全生产责任制。安全保护措施、消防设施应符合有关行业规定。

对有毒、易燃、易爆物品，粉尘防蚀剂，污染物，压力容器等均应有安全防护措施和设施。

5. 组织管理条件

应具有农机维修质量承诺函、进出厂登记、检验、竣工出厂合格证管理、技术档案管理、标准和计量管理、设备管理及维护、人员技术培训等制度。

应建立农机维修档案和进出厂登记台账。农机维修档案应包括维修合同，进厂、过程、竣工检验记录，出厂合格证副页，结算凭证和工时、材料清单等。

（三）修理

1. 发动机修理技术要求

(1) 气缸盖与气缸体接触面符合设计要求。

(2) 气门座头盘斜面和气门座工作斜面符合设计要求。气门下陷量超过允许值时，应采用气门座镶圈的方法恢复原设计要求。

(3) 主轴瓦座孔不符合设计要求时，应采用表面修复技术修复主轴瓦座孔。

(4) 气缸套应符合设计要求。气缸套内径尺寸超过二级修理尺寸时，气缸套应报废。

(5) 活塞符合设计要求。同一组活塞的质量差不大于 7～15 g。

(6) 连杆符合设计要求。平行度超过允许值时，应在连杆校正器上校正。

(7) 曲轴符合设计要求。轴径尺寸超过四级修理尺寸时，应采用表面修复技术，按原设计要求修复曲轴。

(8) 飞轮符合设计要求。修理后应做静平衡试验。

(9) 凸轮轴应符合设计要求。

2. 发动机的装配、磨合、试验

(1) 发动机应按装配工艺要求装配。

(2) 正时齿轮按记号装配。

(3) 装配后的发动机如需进行冷磨合、热试，应按工艺要求进行磨合、热试、清洗。

(4) 发动机气缸压缩压力、每缸压力与各缸平均压力差、在正常工况下怠速运转、运转性能、启动性能、机油压符合标准规定。

(5) 发动机最高空转转速及怠速转速范围按原机规定调整，最大功率不低于原设计标定值的95%，最大扭矩不低于原设计标定值的95%，燃油消耗率不高于标定值的2%。

(6) 发动机排放装置应齐全有效。排放污染物限值应符合标准规定。

(7) 喷油泵按原厂规定程序批准的技术条件装配。

(8) 多缸油泵各缸供油始点与指定的基准缸供油始点间隔角的极限偏差为±0.5°凸轮转角。

3. 电动机修理技术要求

(1) 转子轴径、轴承室不符合设计要求时，应采用表面修复技术修复，按原设计要求加工。

(2) 更换绕组线圈后，线径、圈数应与原绕组相符。

(3) 定子内表面、转子外表面轻微磨损时，可根据原设计要求（在允许范围内）进行车削加工。

4. 电动机修理后装配与试验

(1) 电动机应按原厂规定程序装配，引出线标志正确、转子转动灵活、轴伸径向偏摆符合设计要求。

(2) 电动机修理后必须经过绕组匝间耐压试验、绕组对机壳及其相互间耐压试验、短路试验、发热试验及超速试验。

(3) 绕组对机壳及其相互间绝缘电阻的测定、绕组在冷状态下直流电阻的测定、变压比的测定（绕线式电动机）及空载电阻的测定。

5. 传动部件

(1) 齿轮传动时齿轮啮合位置及啮合间隙应符合设计要求，锁定机构有效。

(2) 皮带轮（链轮）符合设计要求。皮带（链条）传动紧张装置作用有效。

(3) 液力传动和气传动的机械设备的主要元件性能应符合设计要求。

6. 工作部件

(1) 旋转式工作部件应按同一运动轨迹旋转，其径向圆跳动及轴向摆动误差符合设计规定。

(2) 往复运动式工作部件应处于同一水平面上，总成装配后应能灵活地往复运动，在驱动机构的带动下无跳动、无异常响声。极限位置时部件安装位置应符合设计规定。

（3）固定式工作部件应安装牢靠，接触面的局部间隙应符合设计标准。其形状、位置、安装尺寸应符合设计要求。

（4）工作部件刃口锋利、运动平稳、不变形、不开焊。刃口硬度应符合设计要求。

7. 轴与箱体

（1）传动轴修复后符合设计要求，最大外径线速度为 5～25 m/s 时应做静平衡试验，25 m/s 以上时应做动平衡试验。

（2）轴径修复后应符合设计要求，同轴度符合设计要求。

（3）花键轴修复后应符合设计要求，同轴度符合设计要求。

（4）拐轴修复后应符合设计要求，回转半径符合设计要求。曲柄焊修后应进行热处理。

（5）箱体（机体）应符合设计要求，轴承室修复后按原设计要求加工，按原机颜色涂漆。

8. 输送装置

（1）螺旋输送器叶片无裂纹、开焊和变形，调整间隙应符合设计要求。检查螺旋输送器静平衡的方法，应能使其在任意转速下停转。

（2）倾斜输送器链爬不变形、断裂，爬齿无缺陷，高度一致，调整间隙应符合设计要求。

（3）带式输送带不应有偏斜和破损，铆钉和搭扣应牢固，接头处接盖应严实。

9. 转向系统

（1）转向系统装配后应进行前轮定位检查，其参数应符合设计要求。

（2）转向盘操纵方便、灵活，无偏重或卡滞现象。在转向过程中不得与其他部件相干涉。

10. 制动系统

行车制动性能、应急制动系统、驻车制动性能、采用气压制动的机动车的制动性能、气压制动设备、液压制动装置应符合标准的规定。

11. 液压系统

（1）液压系统各元件（液压泵、操纵阀、油缸、液压马达）、连接管路及附件齐全，性能完好，工作可靠。

（2）液压油泵（液压马达）磨合试验技术要求符合原厂设计规定，应在额定压力、标定转速、油温为（50±5）℃的条件下用液压系统检测仪（液压试验台）进行流量试验，其容积效率不低于原设计要求值的 85%（齿轮泵）或 95%（柱塞泵）。分配器（阀）、油缸、马达等磨合试验要求符合原厂设计规定；各项技术指标应用液压系统检测仪（液压试验台）检测，指标应符合设计要求。

（3）液压系统、液压悬挂及牵引装置、分置式液压系统符合标准的规定。

12. 电气设备

（1）磁电机发火性能、磁稳定性能、点火变换提前角等主要性能符合设计要求。

（2）永磁交流发电机定子线圈不得有断路、短路和搭铁现象，其绝缘性能、转子磁通量符合原厂设计要求。

（3）直流发电机励磁线圈绝缘良好，电枢线圈的绝缘性能、整流子片之间及整流子与电枢间的绝缘性能符合原厂设计要求。

（4）硅整流发电机定子线圈绝缘性能、激磁线圈电阻值、集电环、二极管、电刷符合原厂规定。

（5）发电机与调节器匹配，与蓄电池并联，负极搭铁，装配后的交、直流发电机技术要求符合原厂规定。

（6）起动机的励磁线圈、电枢、整流子、碳刷、单向离合器、电磁开关符合原厂规定。

（7）蓄电池外壳无裂纹，接线良好、安装牢固，电量充足，技术性能符合原厂规定。

（8）照明信号装置及其他电气设备符合标准规定。

二、农机维修安全生产要求

（一）农机维修网点职责

（1）贯彻执行各级政府有关安全生产、职工劳动保护的法律、法规和规章，坚持“安全第一、预防为主、综合治理”工作方针，有效保证农机维修点生产经营活动的安全。

（2）建立健全安全生产责任制，维修点法人为安全生产第一责任人，部门负责人为安全生产直接责任人；维修点和维修车间须设立专（兼）职安全员，负责安全生产的日常管理和监督检查。

（3）坚持一切以安全为前提、生产服从安全的原则，严禁强迫命令、盲目指挥等不符合安全生产要求的恶劣行为发生。

（二）工作人员安全管理

（1）禁止在生产、服务区和公共场所存放汽油、柴油及其他易燃易爆品，清洗零件应在具备安全条件的专门场地进行，生产区内严禁抽烟，严禁使用明火。

（2）工作人员须进行必要的消防技能培训，熟练操作灭火器材，安全管理员须定期检查更换灭火器材。

（3）工作人员在指挥农业机械行驶、移位时，不得站在机械正前与后方，并注意周围障碍物。

（三）工作环节安全管理

（1）工作前应检查所使用工具是否完整无损，施工中工具必须整齐，不得随地乱放，工作完成后应将工具清点检查并擦拭干净，按要求放入工具车或工具箱内。

（2）使用千斤顶进行底盘维修作业时，必须选择平坦、坚实场地并用三角木将前后轮塞稳，然后用搁车凳将机械支撑稳固，严禁单纯用千斤顶顶起机械在车底作业。放松千斤顶时，须事先检查机械底部及周围是否有人或物，在确认安全后，方可放松千斤顶。

（3）发动机进行启动试运转前，应先检查各部位装配工作是否全部结束，是否按规定加足润滑油、冷却水，启动时须置变速器于空挡位置，拉紧手制动。机械底部有人时，严禁发动机械。启动时，任何人都不能处于机械的旋转位置或工作部件。

（4）发动机在运转中禁止进行检修工作。进行底盘检修时，要防止被排气管烫伤。发动机过热时，不能打开水箱盖，谨防沸水喷出烫伤。

（5）承接整车修理或底盘车身焊修等作业时，应先拆下油箱，并放置到指定的安全地点存放，修理结束后方可装回。

（6）零部件进行校正作业时应正确挟持、固定、牵制，并使用适合的顶杆、拉具、夹具及选择适宜的站立位置，谨防物件弹跳伤人。

（7）使用车床、点焊机、电焊机时，事前必须检查各部件及焊机接地情况，确认无异常情况后，方可按启动程序开动使用。电焊条要干燥、防潮，工作时应根据工件大小选择适当的电流及焊条。电焊作业时，操作者必须佩戴面罩等防护用品。

（8）氧气瓶、乙炔气瓶要放置在离火源较远的地方，不得在太阳下暴晒，不得撞击，所有氧焊工具不得沾上油污、油漆，并要定期检查焊枪、气瓶、表头、气管等是否漏气。搬运氧气瓶及乙炔气瓶时必须使用专门搬运小车，切忌在地上拖拉。

（9）进行氧焊点火时应先开乙炔气阀，后开氧气阀，熄火时先关乙炔气阀，再关氧气阀。定期检查、保持水封回火防止器的水位，发生回火（回燃）现象时应迅速卡紧胶管。

入职培训专题 7
岗位培养目标和业务能力要求

一、岗位培养目标

以企业用人需求作为学徒制岗位人才培养规格的标准，以学徒综合职业能力培养为核心，培养拥护党的基本路线，德、智、体、美、劳全面发展，具备良好的职业道德与修养的高素质技术技能人才。

二、岗位业务能力要求

（一）接修与诊断技能要求

（1）能按服务规定接待修理客户。

（2）能正确填写送修单。

（3）能选择常用的检测仪器，判断发动机及底盘重要部位的一般故障，提出排除方法。

（4）能进行农业机械电气设备故障诊断，提出排除方法。

（二）零件鉴定与修复技能要求

（1）能对农业机械零部件的损坏状况进行形位误差测量，做出继续使用、送修或报废的结论。

（2）能使普通车床车削修配一般零件；能对发动机及底盘重要零部件进行铰、刮、研磨等钳工维修作业。

（3）能使用电焊、气焊、钎焊设备，进行水箱等一般零部件的焊修作业。

（4）能进行修复件的退火、回火及正火等基本热处理作业。

（5）能选用胶黏剂修复农业机械较重要部位的缺陷。

（三）农机修理技能要求

（1）能进行发动机主要系统的安装和调整；能进行气门镶套、连杆矫正、连杆铜套铰削、轴瓦镗削与研配等修理作业。

（2）能进行喷油泵的换件修理和安装。

（3）能进行农业机械底盘的安装、修理和调整。

（4）能进行农业机械电气设备的一般性修理。

（5）能进行农业机械液压系统部件、总成的拆装和换件修理。

（6）能进行耕地、整地、播种、收割、排灌、植保、农副产品加工等作业机械的修理和调试。

（四）检验与交付技能要求

（1）能进行承修项目的质量检验。

（2）能说明承修项目故障原因及修理、换件情况。

（3）能提供承修项目使用注意事项。

（五）维修设备维护技能要求

（1）能进行磨气门机等一般维修设备的维护与调整。

（2）能进行常用量具的维护。

（3）能进行电焊、气焊设备的维护。

入职培训专题 8
制订学徒培养计划

一、人才培养模式与课程体系设计

（一）教学方案制订

遵循校企合作共赢、职责共担、双主体联合培养的原则，企业提出农机维修及售后服务岗位用人的需求标准，在专业技术技能委员会指导下，充分考虑高职学生应掌握的专业知识、能力、素质，搭建知识结构、能力结构、素质结构，确定培养途径，达到培养目标，即培养具有与合作企业所在行业相关岗位（群）生产技术相匹配的专业技术知识和岗位操作技能，并能自我提升发展，面向农业机械行业，从事农牧机械的维修及售后服务等工作的中高端技术技能人才。

依据培养目标和培养路径，按照前三学期在学校学习职业素质养成课程模块、专业技术技能基础课程模块，后三学期在企业学习岗位技术技能课程模块和学徒个人职业发展需求课程模块两个学习阶段，实施专业课程内容与职业标准对接，教学过程与生产过程对接，学历证书与职业资格对接融合的课程体系。按照校企双导师培养的教学要求，高职教育人才培养的基本规律和学徒的认知规律，校企双导师共同制订人才培养教学方案。学生经过由学徒跟岗到准员工顶岗的学习，形成专业综合能力，经过努力完成职业资格鉴定，并获取“出师”证书，成为高素质技术技能人才。

（二）课程体系开发

课程体系构建的思路：从人才培养教学实施的具体要求出发，按照企业岗位的实际要求，在兼顾职业资格考试要求的基础上，重新设置课程，整合专业教学内容，建立符合现代学徒制要求的农业装备应用技术专业教学课程体系，即“学校课程＋企业课程”的课程体系。

如图 2-8-1 所示，课程体系分为 4 个模块：职业素质养成课程模块（马克思主义理论和思想政治教育、英语、公文写作、企业文化、就业指导等）、专业技术技能基础课程模块（包含相对完整的专业基础理论知识体系和基本技术技能体系）、岗位（群）技术技能课程模块（专业技术技能基础课程、合作企业具体岗位的技术技能）和学徒个人职业发展需求课程模块（选修课、在岗的个性化培训课程）。课程体系，一是整合了多维培养目标，即学历教育目标、结合国家职业资格能力标准和企业岗位用人标准的职业资格目标、学徒的可持续发展基本目标；二是基于工作过程课程开发，提炼技能养成要素，遵循技术技能型人才成长规律，从典型工作岗位中提取典型工作过程与工作任务，结合专业知识基础进行课程开发。

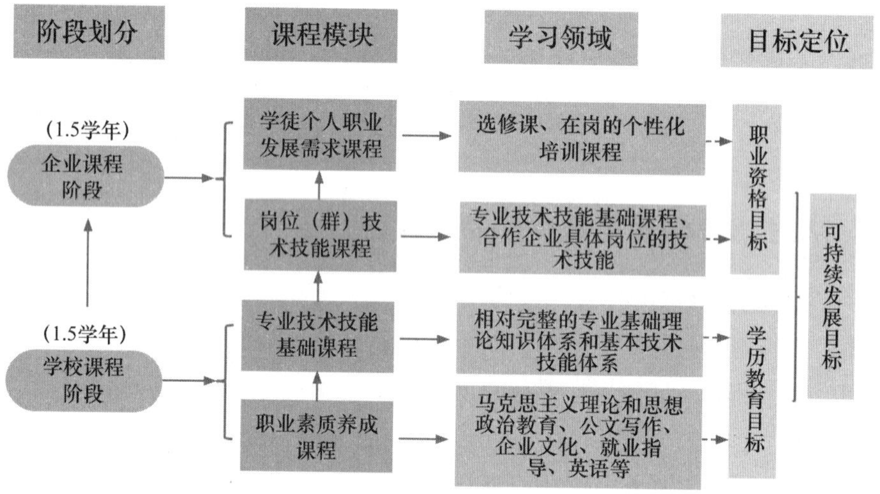

图 2-8-1 “学校课程＋企业课程”的课程体系

（三）教学过程

前三学期在校内实施教学，主要由专任教师完成，方法灵活多样，后三学期在企业实施教学，主要由企业师傅完成，以工作任务为导向教学，最后一学期毕业设计由校企教师共同完成，衔接有序。

校企对纳入教学质量监控体系的各部门（教研室和车间），按照工作职责设立了专门的监控机构（分院和人力资源部）。学校培养阶段，学校聘请用人单位代表、行业专家参加学校教学督导工作。企业培养阶段，学校选派教学能力强的教师参与企业实践培养环节的督导和监控，并通过双方文件和协议的形式固定下来，对双方参与教学和管理的教师相应的待遇也有协议，能够保障教学质量。

二、学徒岗位主要课程设置构建及课程标准

根据学徒制及农机行业需求岗位，按照满足岗位的核心能力要求，找准学习领域，选定开设的主要课程。主要专业课程设置构建见表 2-8-1。

表 2-8-1　主要专业课程设置构建

<table>
<tr><th>职业岗位</th><th>核心能力</th><th colspan="2">职业岗位典型任务工作过程分析
（工作过程、工作环境及设备、工作能力描述）</th><th>学习领域教学目标
及其环境设备分析</th><th>主要专业
课程设置</th></tr>
<tr><td rowspan="5">农机维修及售后服务</td><td>农机使用与维修技术</td><td>职业岗位典型任务工作过程</td><td>①根据农业机械的使用要求制订日常使用维护方案或计划；②按照方案规定和步骤进行使用、检查和维护；③做出周、月、季和年工作总结或报告</td><td rowspan="5">教学目标
知识点：液压与气动，电工电子，电气自动化控制，农业机械构造及原理，农机检测、调试和装配工艺。
专业能力点：电工维修，PLC（可编程控制器）控制，钳工，农机操作、检测、调试与维护技能。
素质点：平稳的工作心态、积极向上、爱岗敬业、合作精神。
教学环境
电工电子、液压、电气设备实训室，农机应用和维修企业。
教学设备
液压、电气控制设备和常用农业机械设备</td><td rowspan="5">机械制图、机械制造基础、电工电子、液压与气动、机械设计基础、机电设备控制、拖拉机构造与修理、农业机械应用、农机检测技术、农业机械化管理、农机作业标准</td></tr>
<tr><td rowspan="4">农机电气及液气压传动控制技术</td><td>工作环境</td><td>新疆机械研究院股份有限公司农机维修车间</td></tr>
<tr><td>所用设备</td><td>生产上常用的机械和农机电气设备和液压系统、农机检测、维修和调试工具</td></tr>
<tr><td>工作方案</td><td>农机维修维护计划的制订</td></tr>
<tr><td>工作实施</td><td>农机电路检查；农业机械液压气动机构检查；撰写维修工作总结或报告</td></tr>
</table>

The third part

The third part

第三部分

学徒工作学习任务

The third part

The third part

知识准备

农机维护与维修专业知识

知识目标

- 掌握机械装备图基本知识、机械加工基本知识、液压传动基本知识。
- 掌握柴油、润滑油、润滑脂、液压油、制动液的正确使用方法。
- 掌握标准件及常用件、钳工基础技能要求、焊工基础技能要求。
- 掌握常用工具、卡具、量具的使用方法。

技能目标

- 能够准确解读装配图，能够正确使用常用工具、卡具、量具。
- 能够独立进行钳工的基本操作，能够独立使用数字万用表测量电阻、电压、电流，能够独立进行手工电弧焊焊接操作。
- 能够进行简单的机械加工，如车削、铰削、刮削、研磨等。
- 能够说出液压传动的工作原理及系统组成，能够正确使用柴油、润滑油、润滑脂、液压油、制动液。

第一节 机械装配图基本知识

在生产中，任何复杂的机器都是由若干个部件组成的，而部件又是由许多零件装配而成的，通常我们把两个或多个零件装配在一起的零部件称为装配体，图 3-0-1 为千斤顶装配体。把表达装配体的图样称为装配图，千斤顶装配图如图 3-0-2 所示。

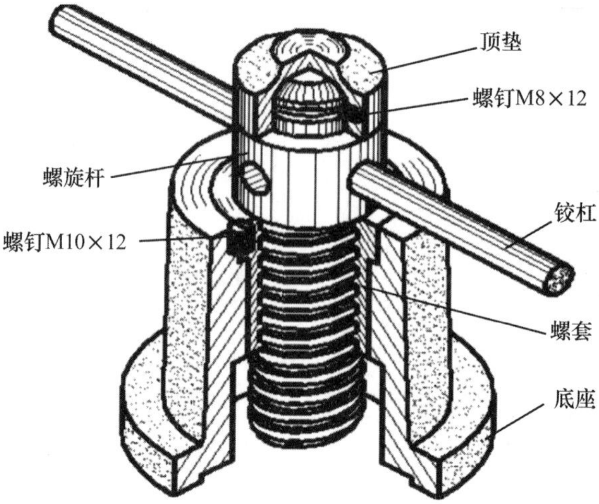

图 3-0-1　千斤顶装配体

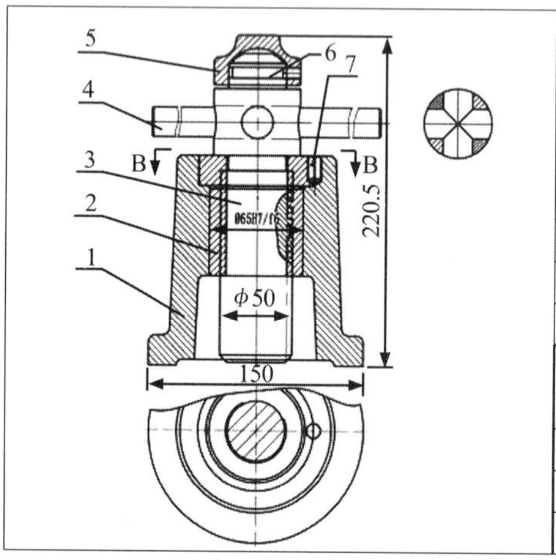

序号	名称	数量	材料	备注
7	螺钉 M10×12	1		GB/T 68—2016
6	螺钉 M8×12	1		GB/T 68—2016
5	顶垫	1	Q275	
4	铰杠	1	Q235A	
3	螺旋杆	1	45	
2	螺套	1	ZCuA19Mn2	
1	底座	1	HT200	

	比例		共　张	（图号）
	质量		第　张	
制图			××职业技术学院	
设计				
审核				

图 3-0-2　千斤顶装配图

一、装配图的作用和内容

（一）装配图的作用

装配图是用来表达机器或部件的图样，是用于表达部件或机器的工作原理、零件之间的装配关系、各零件的主要结构形状以及装配、检验、安装时所需的尺寸和技术要求的重要技术文件。表达一台完整机器的装配图称为总装配图，表达机器中某个部件的装配图称为部件装配图。

在新设计或测绘部件或机器时，一般先要画出装配图来表达该机器或部件的构造和装配关系，并确定各零件的结构形状和协调各零件的尺寸等，然后再根据装配图进行零件设计，画出符合部件或机器要求的零件图；在装配部件或机器时，则要根据装配图及其技术要求，把零件按一定顺序进行装配；在使用、管理、维修时，需要利用装配图了解部件或机器的结构和工作原理等。因此，装配图是反映设计思想，指导装配、使用机器和进行技术交流的重要技术文件。

（二）装配图的内容

从图 3-0-2 所示的千斤顶装配图可以看出，一张完整的装配图应包括以下四个方面的内容：

1. 一组图形

用于正确、完整、清晰地表达装配体的工作原理、各零件间的相对位置关系、相互连接方式和装配关系及主要零件的结构形状等。

2. 必要的尺寸

表示装配体的规格性能、装配尺寸、安装尺寸、总体尺寸和一些重要尺寸。

3. 技术要求

主要是对机器或部件的性能、装配、检验、安装调试、使用维护、运输等方面的要求。这些内容一般用文字或符号准确、简明地加以说明。

4. 标题栏、序号和明细栏

标题栏用来填写机器或部件的名称、规格、数量、材料、绘图比例、图号及设计单位和设计者的姓名等内容。

二、读装配图

在机器或部件的使用和维修过程中，在技术革新、技术交流等生产活动中，经常需要阅读装配图，因此，识读装配图是农机修理工必须具备的能力之一。

（一）读装配图时要了解的内容

(1) 了解机器的性能、作用及工作原理，即了解机器或部件是怎样实现其功能的，运动和动力是如何传递的。

(2) 了解各零件之间的装配关系和装拆顺序，即了解各零件的相对位置、连接和固定方式、配合松紧程度和装拆顺序。

(3) 了解各零件的名称、数量、材料、质量、主要结构形状特征和作用。

（二）读装配图的一般方法与步骤

1. 概括了解

(1) 看标题栏并参阅有关资料，了解机器或部件的名称、功用、性能和工作原理。

(2) 看零件编号和明细栏，了解标准件和常用件的名称、数量，对照图上的零件序号找出标准件和常用件的位置。

(3) 根据图样上的视图、剖视图、剖面图等的配置和标注，找出投影方向、剖切位置，弄清各视图之间的投影关系，以便了解各视图的表达重点。

2. 深入分析

在概括了解全图的基础上，对装配体进行细致的形体结构分析，弄清零件之间的相互关系，想象出各主要零件的结构形状。

（1）按视图的投影关系，利用零件序号、明细表以及剖视图中的剖面线的差异，看清内外件互相遮盖关系，将组合在一起的零件逐一进行分解识别，从而构想出各零件的结构形状。

（2）仔细研究相关零件间的连接方式、配合性质，判明固定件和运动件，弄清各传动路线的运动情况、作用和工作原理。

3. 归纳总结，获得完整概念

在对装配关系和主要零件的形体结构进行分析的基础上，还要对技术条件、全部尺寸进行研究，从而获得对装配体的总体认识，即能结合装配图说明其传动路线、拆装顺序，以及在安装和使用中应注意的问题。

（三）装配图识读实例

下面以图 3-0-3 中所示的平口钳装配图为例介绍识读装配图的方法和步骤。

1. 概括了解

（1）从标题栏中了解到一个平口钳由 11 个零件组成，制图比例为 1∶2。

（2）从明细栏中找出标准件和常用件。标准件有垫圈、螺钉、销等 4 件，非标准件有 7 件。

（3）平口钳装配图共用了 4 个图形，主视图采用了全剖视图，它表示出平口钳的工作位置和主要零件的装配关系，绝大多数的零件序号是从主视图上引出的，因此，应重点识读主视图。俯视图主要表达整个部件的结构外形，并做了一处局部剖视来表达固定钳身与钳口板的螺钉连接关系。左视图采用了半剖视，表达了整个部件的内、外结构形状。另外，采用移出断面图表达螺杆右端的方形断面。

2. 深入了解部件的工作原理和装配关系

（1）利用剖面线的方向和间隔来区分。根据装配图中同一零件的剖面线在各剖视图上的方向相同、间隔相等，相邻的两零件的剖面线方向相反（或方向一致而间隔不等），可以把固定钳身、活动钳身、螺母的剖面轮廓，从主、左视图上区分出来。

（2）利用轴、杆等实心件和标准件，若纵剖，按不剖的规定来区分。在主视图上，利用平面通过螺杆轴线，螺杆按不剖画出，可以把螺杆的轮廓从主视图上区分出来。同样可以区分出俯视图中局部剖视中的螺钉轮廓。

（3）利用视图间的三等投影规律区分。例如，按“高平齐”的规律，可以从主视图中已区分出的固定钳身剖面轮廓找到它在左视图上的投影；按“长对正”的投影规律，找到它在俯视图上的投影，从而想象出该零件的主要结构形状。

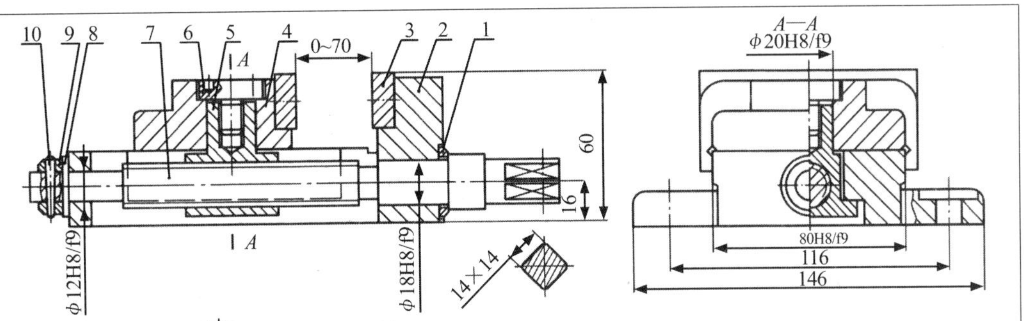

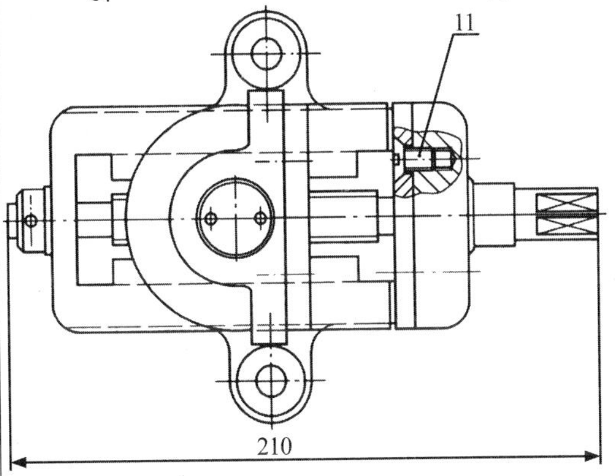

技术要求

1. 活动钳身移动应灵活，不得摇摆。
2. 装配后，两钳口板的夹紧表面应相互平行，钳口板上的连接螺钉头部不得伸出其表面。
3. 夹紧工件后不允许自行松开工作。

序号	名称	数量	材料	备注
11	螺钉 M8×8	4	4.8 级	GB/T 68—2016
10	圆锥销 4×25	1	35	GB/T 117—2000
9	挡圈	1	Q235	
8	垫圈 12	1	200HV 级	GB/T 97.2—2002
7	螺杆	1	45	
6	螺钉	1	Q235	
5	螺母	1	HT200	
4	活动钳身	1	HT200	
3	钳口板	2	45	
2	固定钳身	1	HT200	
1	垫圈	1	Q235	

平口钳		比例	1∶2	共 张	（图号）
		质量		第 张	
制图			××职业技术学院		
设计					
审核					

图 3-0-3　平口钳装配图

（4）在分析装配主线和看懂零件形状的基础上，按每条装配主线，弄清楚机器或部件的装配关系。从主视图上可分析出以螺杆轴线为主的一条装配主线，如固定钳身、螺杆、螺母、活动钳身、垫圈、挡圈、圆锥销等都是沿着这条轴线依次装配起来的。

（5）分析装拆顺序。平口钳的装配顺序是：先用螺钉 11 将钳口板 3 分别固定在固定钳身 2 和活动钳身 4 上，将螺母 5 放在固定钳身 2 的槽中；然后将套上垫圈 1 的螺杆 7 先后装入固定钳身 2 和螺母 5 的孔中；再在螺杆 7 左端装上垫圈 8、挡圈 9，并配作销孔装入销 10；最后将活动钳身 4 对准螺母 5，上端圆柱固定钳身上，在螺母 5 上端旋紧螺钉 6。拆卸顺序与装配顺序相反。

（6）分析工作原理。在读懂零件结构和装配关系的基础上，进一步了解机器或部件的工作原理。分析时可从传动关系入手。例如，平口钳的工作原理是当螺杆在固定钳身内旋转时，通过螺母使活动钳身做往复直线移动，两钳口板将工件夹紧或松开。

3. 归纳总结，获得完整概念

在以上分析的基础上，对装配体的运动情况、工作原理、装配关系、拆装顺序等进一步研究、加深理解。平口钳的实物图如图 3-0-4 所示。

图 3-0-4 平口钳的实物图

第二节 标准件及常用件

标准件是指结构、尺寸、材料等都标准化的机件，如螺纹紧固件、键、销、轴承等。标准件以规定画法表示，不单独画零件图。

常用件是指部分重要参数标准化的机件，如齿轮、弹簧等。

一、紧固件

紧固件也称为连接件，是将两个或两个以上的零件（或构件）紧固连接成为一个整体时所采用的一类机械零件的总称，包括螺栓、螺柱、螺钉、螺母与垫圈等。

（一）常用螺纹连接件

常用螺纹连接件如图 3-0-5 所示。

（二）螺纹紧固件的标记

螺纹紧固件的标记方法如下：

名称 标准编号 — 规格或公称尺寸 × 公称长度 — 产品形式 — 性能等级 — 产品等级 — 表面处理

例如，螺纹规格 d＝M12，公称长度 l＝80 mm，性能等级为 10.9 级，产品等级为 A，表面氧化处理的六角头螺栓，记为

图 3-0-5　常用螺纹连接件

螺栓 GB/T 5782—2016—M12×80—10.9—A—O

或简记为

螺栓 GB/T 5782 M12×80

（三）常用螺纹紧固件标记示例

常用螺纹紧固件标记示例见表 3-0-1。

表 3-0-1　常用螺纹紧固件标记示例

名称	图例	规定标记
六角头螺栓	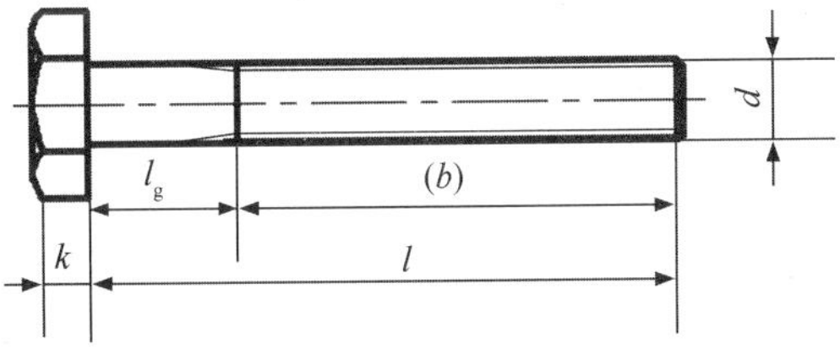	螺栓 GB/T 5782—2016 $d \times l$
双头螺柱	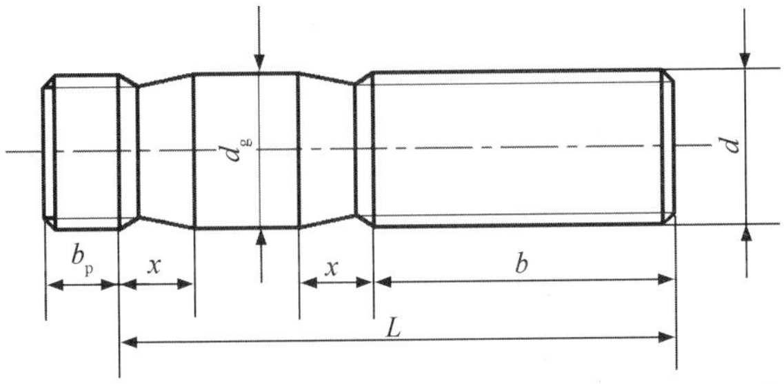	螺柱 GB/T 897—1988 $d \times L$

续表3-0-1

名称	图例	规定标记
开槽沉头螺钉	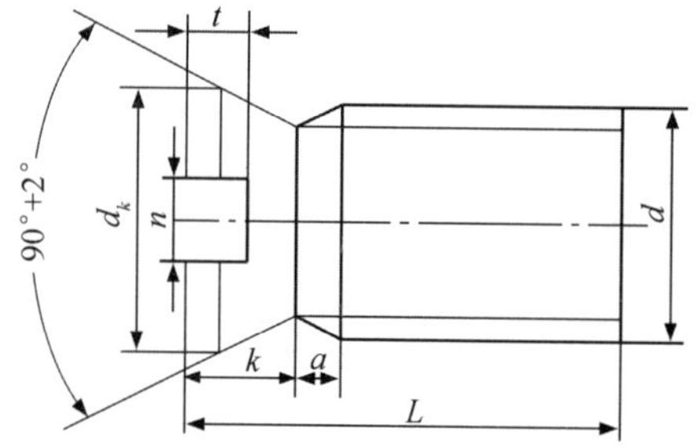	螺钉 GB/T 68—2016 $d\times L$
开槽长圆柱端紧定螺钉	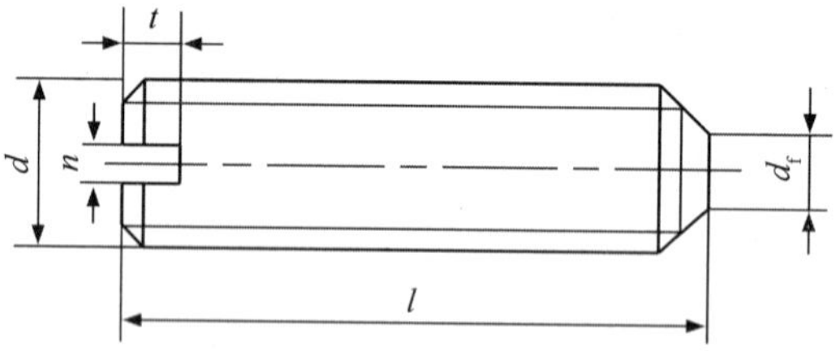	螺钉 GB/T 75—2018 $d\times l$
1 型六角螺母 A 和 B 级	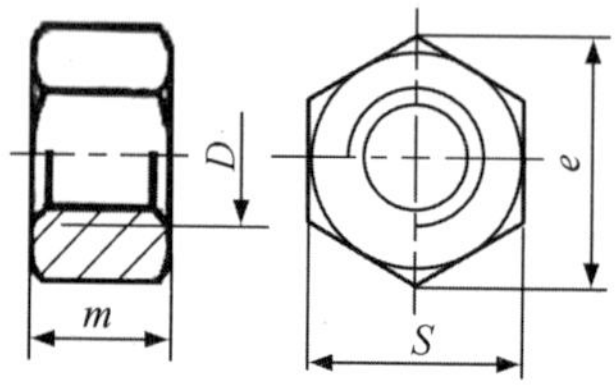	螺母 GB/T 6170—2015 D
1 型六角开槽螺母 A 和 B 级	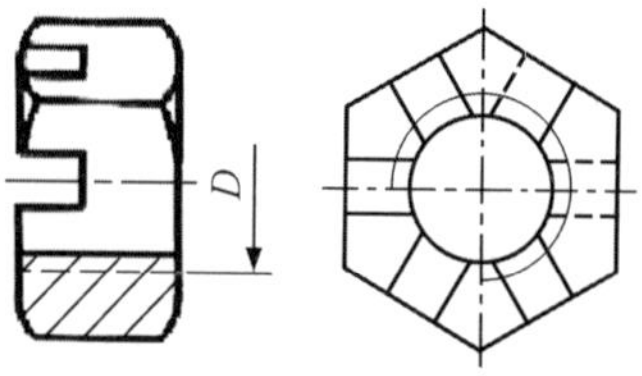	螺母 GB/T 6178—1986 D
平垫圈	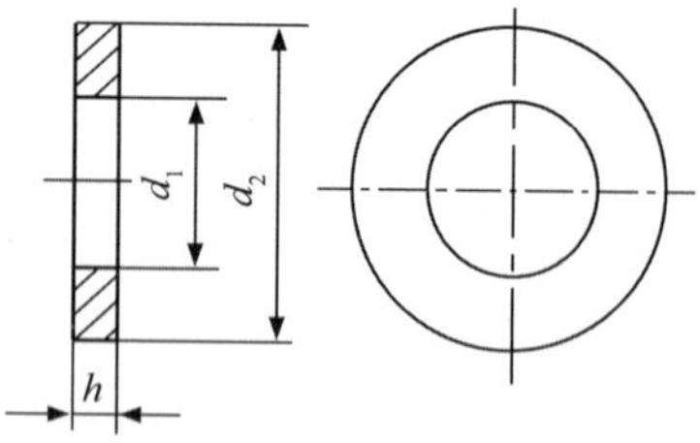	垫圈 GB/T 97.1—2002 d
标准型弹簧垫圈	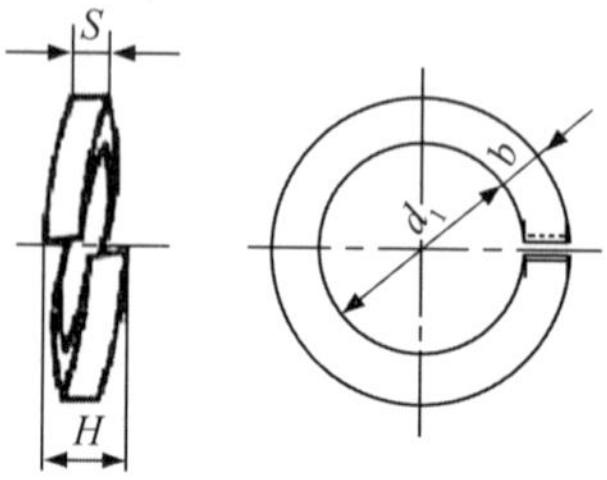	垫圈 GB/T 93—1987 d

二、滚动轴承

滚动轴承是支撑转动轴的部件，它具有摩擦力小、转动灵活、旋转精度高、结构紧凑、维修方便等优点，在生产中被广泛采用。滚动轴承是标准部件，由专门工厂生产，需要时根据要求确定型号，选购即可。

（一）滚动轴承的构造和类型

滚动轴承的种类很多，但其结构大致相同，通常由外圈、内圈、滚动体（安装在内、外圈的滚道中，如滚珠、滚锥等）和隔离圈（又叫保持架）等零件组成。常见轴承如图 3-0-6 所示。

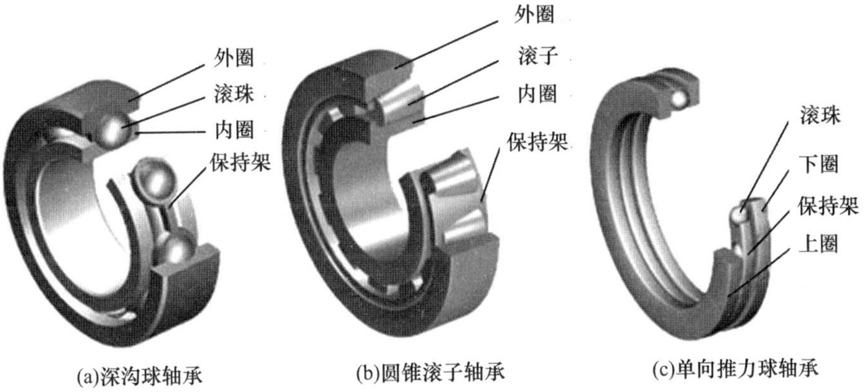

图 3-0-6　常见轴承

滚动轴承按其承受载荷的方向不同，可分为三类：

1. 向心轴承

向心轴承主要用以承受径向载荷，如深沟球轴承。

2. 推力轴承

推力轴承用以承受轴向载荷，如推力球轴承。

3. 向心推力轴承

向心推力轴承可同时承受径向和轴向的联合载荷，如圆锥滚子轴承。

（二）滚动轴承的代号

国家标准规定滚动轴承的结构、尺寸、公差等级与技术性能等特性用代号表示，滚动轴承的代号由前置代号、基本代号与后置代号组成。前置代号、后置代号是轴承在结构形状、尺寸、公差与技术要求等有所改变时，在其基本代号的左右添加的补充代号，需要时可以查阅有关国家标准。

一般常用的轴承用基本代号表示，基本代号表示轴承的基本类型、结构和尺寸。基本代号是滚动轴承代号的基础，由滚动轴承的类型代号、尺寸系列代号和内径代号构成。滚动轴承的类型代号用阿拉伯数字或大写拉丁字母表示，具体见表 3-0-2。

表 3-0-2　滚动轴承的类型代号

代号	轴承类型	代号	轴承类型
0	双列角接触球轴承	6	深沟球轴承
1	调心球轴承	7	角接触球轴承
2	调心滚子轴承和推力调心滚子轴承	8	推力圆柱滚子轴承
3	圆锥滚子轴承	N	圆柱滚子轴承（双列或多列字母 NN 表示）
4	双列深沟球轴承	U	外球面球轴承
5	推力球轴承	QJ	四点接触球轴承

尺寸系列由宽（高）度系列和直径系列代号组成，一般由两位数字组成，表示同一内径的轴承，其内、外圈的宽度、厚度不同，承载能力随之不同。尺寸系列代号可查阅有关标准。

内径代号表示轴承的公称内径，即轴承内圈的孔径，一般也由两位数字组成。滚动轴承公称内径（$d \geqslant 10$）的代号见表 3-0-3。

表 3-0-3　滚动轴承公称内径（$d \geqslant 10$）的代号

公称内径/mm		内径代号
10～17	10	00
	12	01
	15	02
	17	03
20～480（22、28、32 除外）		内径代号用公称内径除以 5 的商数表示。商数为个位数时，需在商数左边加“0”

滚动轴承的规定标记示例：

滚动轴承 6205 GB/T 276—2013

其中：

6——轴承类型代号，表示深沟球轴承。

2——尺寸系列（02）代号。宽度系列代号为“0”，省略，表示窄系列；直径系列代号为“2”，表示轻系列。

05——轴承内径代号，内径 $d=5\times5=25$ mm。

滚动轴承 32210 GB/T 297—2015

其中：

3——轴承类型代号，表示圆锥滚子轴承。

22——尺寸系列（22）代号。宽度系列代号为“2”，表示宽系列；直径系列代号为“2”，表示轻系列。

10——轴承内径代号，内径 $d=5\times10=50$ mm。

（三）滚动轴承的拆卸和装配方法

1. 滚动轴承的拆卸

（1）拆卸滚动轴承要使用专用工具，操作时要注意受力部位。例如，从轴上拆卸滚动轴承，受力部位是轴承内圈；从轴承孔中拆卸轴承时，则应是外圈受力。

（2）利用拉取器拆卸时，作用力要通过零件的轴心，拉取器两脚杆与螺杆保持平行，且与螺杆距离相等，使被拆零件受力均匀，防止损坏或变形。

（3）在拆卸时，也可用浇热油（约 100 ℃）的方法来加热轴承内座圈，但要防止轴颈受热。

2. 滚动轴承的装配

（1）安装前，应把轴承、轴颈、座孔以及油孔等用煤油或汽油清洗干净。需用润滑脂的，要涂上清洁的润滑脂。

（2）轴承向轴安装时，不可用手锤直接敲打轴承外圈，应使用专用工具，把力加在内圈上。

（3）把轴承装入轴孔时，力应加在轴承外圈上（不允许内圈受力）。

（4）如果往轴上安装的同时，也装入座孔，则应使内、外圈都受力。

三、键和销

（一）键

键通常用来连接轴和装在轴上的转动零件（如齿轮），起传递扭矩的作用。常用的键有普通平键、半圆键和钩头楔键，如图 3-0-7 所示。

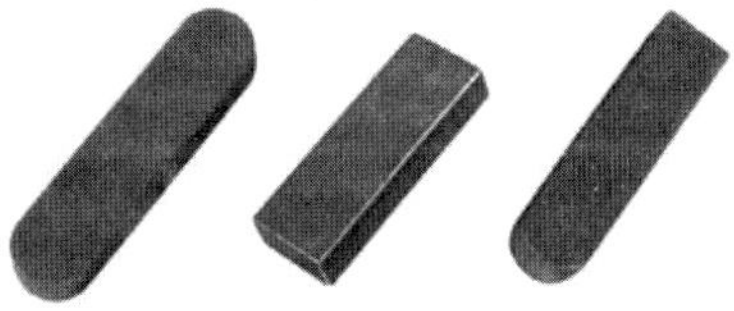
(a)普通平键

(b)半圆键

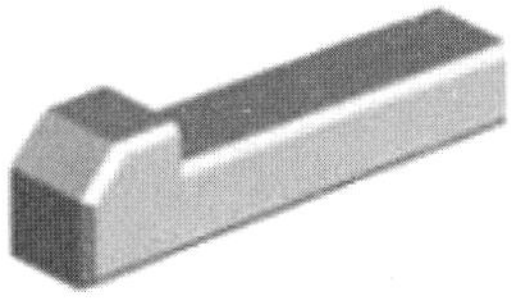
(c)钩头楔键

图 3-0-7　常用的键

键的标记格式为

国标代号 − 名称 − 键的公称尺寸

键的标记见表 3-0-4。

表 3-0-4　键的标记

名称	图例	规定标记与示例
普通平键	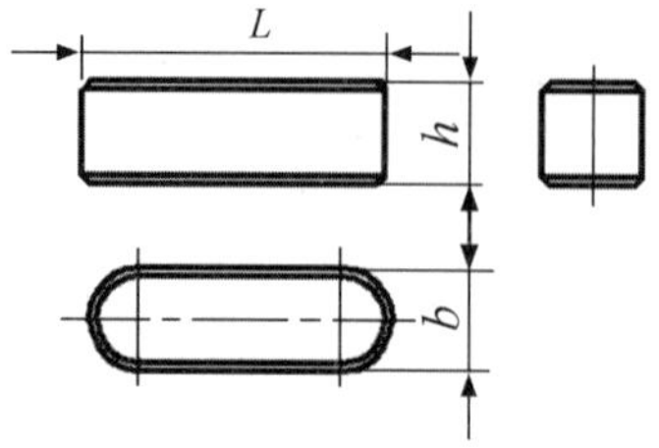	A 型圆头普通平键，宽度 $b=10$ mm，高度 $h=8$ mm，长度 $L=36$ mm。标记示例：GB/T 1096 键 10×8×36
半圆键	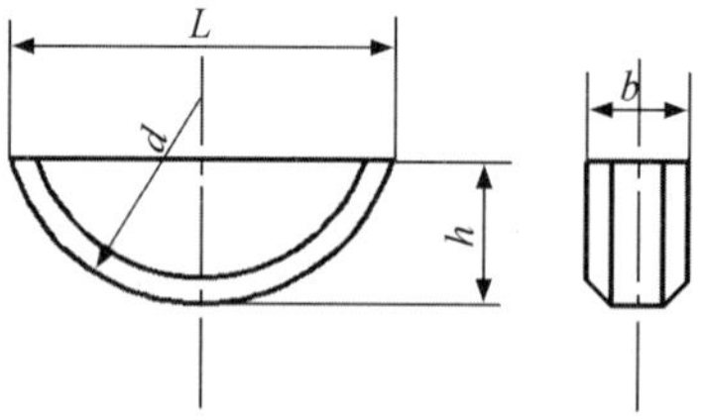	半圆键，宽度 $b=6$ mm，高度 $h=10$ mm，直径 $d=25$ mm。标记示例：GB/T 1099.1 键 6×10×25
钩头楔键	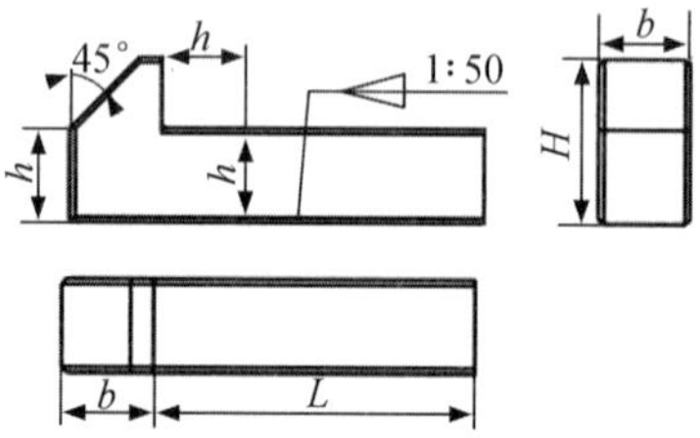	钩头楔键，宽度 $b=8$ mm，长度 $L=40$ mm。标记示例：GB/T 1565 键 8×40

（二）销

销是标准件。销主要用来固定零件之间的相对位置，通常用于零件间的连接或定位，也可用于轴与轮毂的连接，传递不大的载荷，还可作为安全装置中的过载剪断元件。销的常用材料为 35 钢、45 钢。常用的销有圆柱销、圆锥销、开口销等，如图 3-0-8 所示。

(a)圆柱销　(b)圆锥销　(c)开口销

图 3-0-8　销

圆柱销：主要用于定位，也可用于连接，只能传递不大的载荷。

圆锥销：分为 A、B 两种形式，有 1∶50 的锥度（有自锁作用），定位精度比圆柱销高，销孔需铰制。主要用于定位，也可用于固定零件，传递动力，用于经常装拆的轴上。

开口销：用于锁定其他紧固件，常与六角槽形螺母配合使用。

销的标记见表 3-0-5。

表 3-0-5 销的标记

名称及标准编号	图例	规定标记与示例
圆柱销 不淬硬钢和奥氏体不锈钢 GB/T 119.1—2000 圆柱销 淬硬钢和马氏体不锈钢 GB/T 119.2—2000	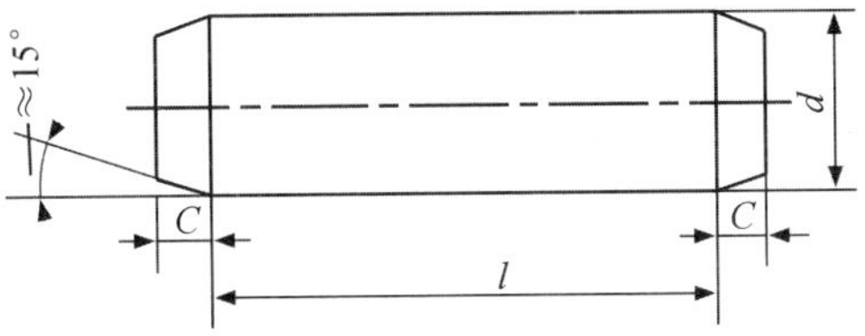	公称直径 $d=10$ mm、公差为 m6、公称长度 $l=40$ mm、材料为钢、不经淬火、不经表面热处理的圆柱销，其标记为 销 GB/T 119.1 10 m6×40
圆锥销 GB/T 117—2000	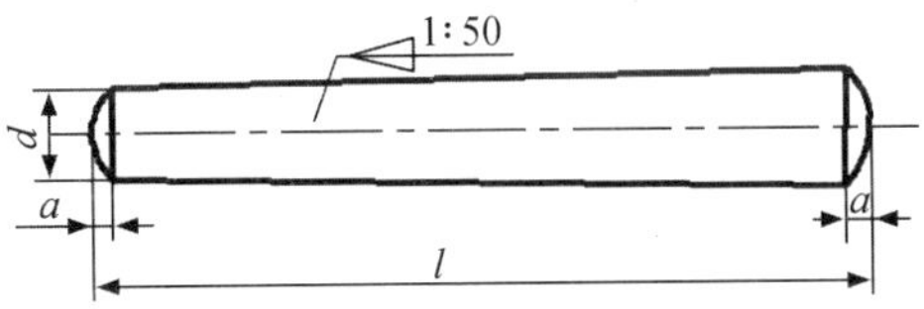	公称直径 $d=10$ mm、公称长度 $l=40$ mm、材料为 35 钢、热处理硬度 28～38 HRC、表面氧化处理的 A 型圆锥销，其标记为 销 GB/T 117 10×40 当销为 B 型时，其标记为 销 GB/T 117 B10×40
开口销 GB/T 91—2000	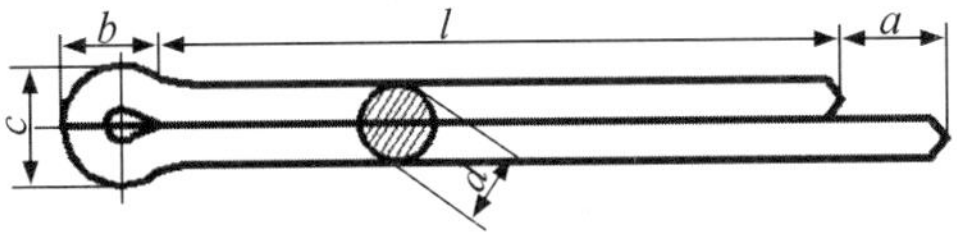	公称直径 $d=8$ mm、公称长度 $l=60$ mm、材料为 Q235、不经表面处理的开口销，其标记为 销 GB/T 91 8×60

（三）键与销的拆卸和装配

1. 拆卸

（1）平键的侧面为工作面，楔键的底面和顶面为工作面，在拆卸时不可敲击工作面，应从两端将其撬出。

（2）导向平键应使用起键螺钉将其拔出。

（3）圆柱销、圆锥销拆卸时，应使用铜棒或在头部垫上东西再将其敲出。圆柱销不可多次拆卸。

2. 装配

（1）装配前应把所要装配的零件清洗干净，并在配合面涂以少许机油。

（2）装配平键时，先把键放入轴上的键槽内，然后推上轮毂。

（3）装配楔键时，对于圆头楔键要先放入键槽，然后打紧轮毂；对于钩头楔键应在轮毂装到适当的位置后，再将键打紧。

（4）装配销时，应将被连接的两零件紧固在一起，同时进行钻孔或铰孔，尤其是定位销。

（5）钻圆锥销孔时可按小端直径选取钻头，并要控制孔深。一般用试配估测确定，以销能自由插入销长的80%为宜。当用锤子敲入后，销子的大头可稍露出被连接零件的表面或平齐。

（6）装配销时，将铜棒垫在销子上端轻轻打入孔中，敲打时用力不要过大，以免将销头打出翻边。

（7）钩头楔键安装在轴端时，应注意加装安全罩。

四、弹簧

弹簧是一种弹性元件，它可以在载荷作用下产生较大的弹性变形。

（一）弹簧的作用

弹簧在各类机械中应用十分广泛，主要用于：

（1）控制机构的运动，如制动器、离合器中的控制弹簧，内燃机气缸的阀门弹簧等。

（2）减振和缓冲，如汽车、火车车厢下的减振弹簧，以及各种缓冲器用的弹簧等。

（3）储存及输出能量，如钟表弹簧、枪栓弹簧等。

（4）测量力的大小，如测力器和弹簧秤中的弹簧等。

（二）弹簧的类型

按照所承受的载荷不同，弹簧可分为拉伸弹簧、压缩弹簧、扭转弹簧和弯曲弹簧等；按照弹簧的形状不同，又可分为螺旋弹簧、环形弹簧、碟形弹簧、板簧和平面涡卷弹簧等。

五、密封件

密封总是与泄漏联系在一起的。泄漏可造成浪费和污染，甚至使机械设备发生故障。密封件的作用就是将结合面间的间隙封住，隔离或切断泄漏的通道，增加泄漏通道中的阻力，以阻止泄漏。

第三节　常用工具、卡具、量具

一、钢直尺

钢直尺是钳工常用的低精度简单量具。它主要用来测量平面的长度和宽度，确定外卡钳所测量的尺寸，还可以用来进行划线工作等。如图3-0-9所示，使用钢直尺时，需要注意以下几个问题：

（1）使用钢直尺时，应以“0”刻线作为测量基准。测量矩形工件时，应使尺端面与工件垂直；测量圆柱形工件长度时，钢直尺必须与工件的轴线平行；测量圆的小径或大径时，应使尺端面靠住工件的一端不动，使其另一端摆动，通过圆心以求量取最大尺寸。读尺寸时，应正视钢直尺，取其刻线中央读数。

（2）不可用钢直尺直接测量高温物体的尺寸，不准用其敲打工件。用后将其表面擦拭干净，垂直放置或置于平台上，并保持干燥，以防腐蚀生锈。

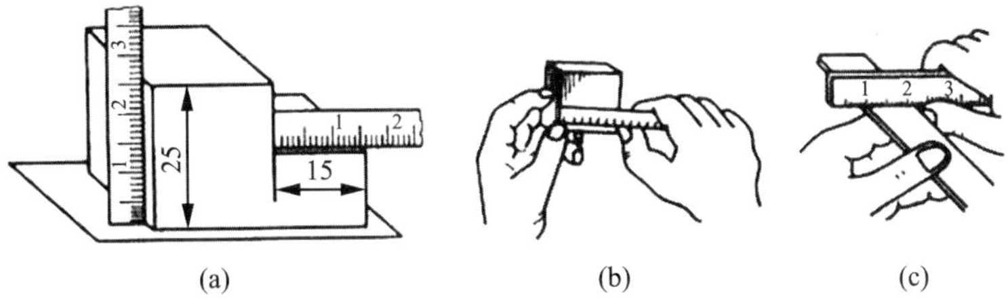

图 3-0-9　钢直尺测量工件

二、钢卷尺

钢卷尺又称盒尺，也是维修作业常用的低精度量具，常用来测量前轮前束、轮距、轴距等。使用钢卷尺时，需要注意以下几个问题：

（1）使用时，将其端头的直角尺钩拉出挂到待测物体的一个边缘上，并用手轻轻按住，沿着被测物体的测量方向将尺拉直，观察与被测物体另一端相对尺带上的刻度值，即被测量物体的长度。在无法直接测量圆的直径时，可用其测量周长来求出直径。

（2）使用时不许硬折，尽量不使刻线面与被测面摩擦。拉尺带时不要用力过猛，用完慢慢退回尺带，拉出或退回尺带时应注意安全。不能用钢卷尺作为划线工具，用后将尺带擦拭干净。

三、塞尺

塞尺也称厚薄规或塞规，由一束具有各种不同厚度的钢片组成，每个钢片上都标刻出该片的厚度，如图 3-0-10 所示。使用塞尺时，需要注意以下几个问题：

（1）使用前，必须先清除塞尺片和工件上的灰尘及油污；使用后，要将每片擦拭干净。

（2）测量机件的间隙（如气门间隙、缸套间隙等）时，以钢片平整插入间隙内，松紧适度为止，不能用力过大，也不允许将钢片猛烈弯曲。

（3）根据零件的尺寸间隙需要，可用一片或数片重叠在一起插入间隙内。

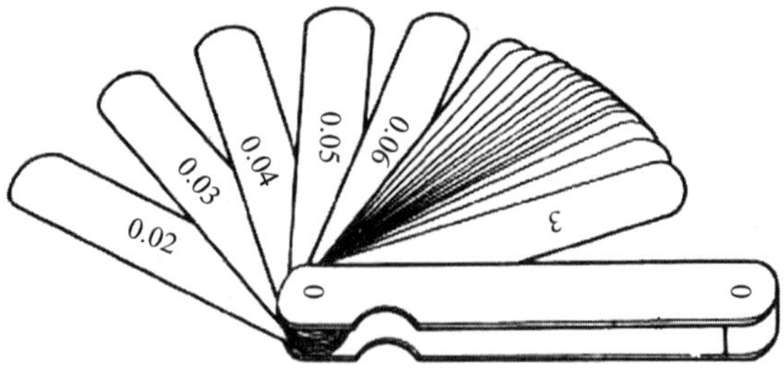

图 3-0-10　塞尺

四、游标卡尺

游标卡尺是具有较高精度的常用量具，如图 3-0-11 所示。在修理作业中，可直接测量出零件的小径、大径、宽度、长度及深度尺寸。使用游标卡尺时，需要注意以下几个问题：

（1）测量前松开紧固螺钉，把卡尺擦拭干净，检查卡尺两个测量面和测量刀口是否平直无损，然后合并量爪，检查两结合面是否贴合，并检查主尺和游标的零刻线是否对齐。

（2）测量时，测量外形尺寸应使量爪贴靠到被测零件的表面上；测量小径尺寸应使卡尺量爪的两测量面位于孔的直径位置处；测量内孔深度应使尺身端面紧贴在工件端面，并使尺子尖端贴住内孔底面；测量圆弧形沟槽应使用刀口形量爪测量。读数时，用紧固螺钉固定尺框后，再轻轻取出卡尺进行读数。

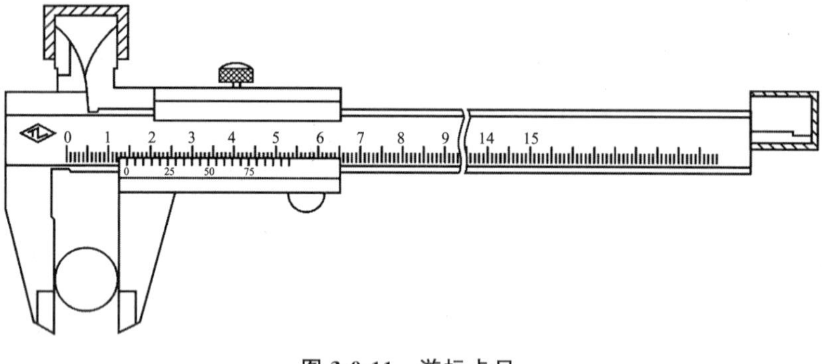

图 3-0-11　游标卡尺

五、千分尺

千分尺又称螺旋测微器，是比游标卡尺更精密的测量长度的工具，如图 3-0-12 所示，用它测量长度可以精确到 0.01 mm，测量范围为几个厘米。使用千分尺时，需要注意以下几个问题：

（1）测量时，把零件被测表面擦拭干净，放正千分尺，使测量轴线方向与被测零件的尺寸方向一致。

（2）测量时，应使测杆与零件的轴线垂直，要轻轻转动活动套管，在测量面刚要接触到工件时，应改用棘轮装置，直到听到棘轮发出响声为止。

（3）最好直接在零件上读数。如需取下千分尺读数，应用止动器将测量杆锁紧，然后轻轻地从零件上取下。

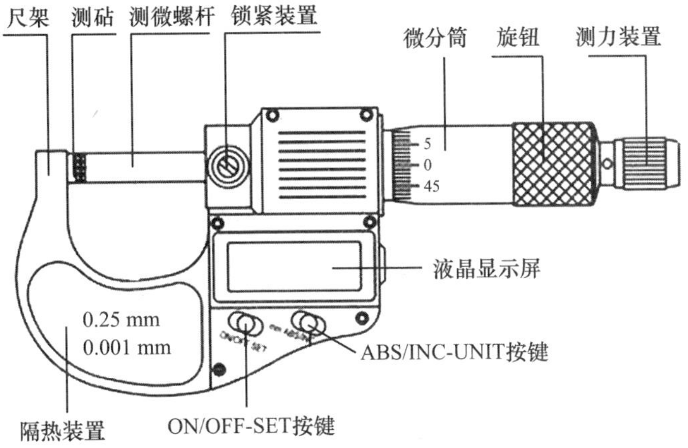

图 3-0-12　千分尺

（4）读数时，先从固定套管上露出的刻线数读出被测尺寸的毫米整数和半毫米数，再从微分筒上由固定套管纵刻线所对准的刻线读出被测尺寸的小数（百分之几毫米）；不足一格的数，即千分之几毫米，由估计确定。

（5）千分尺使用完毕，应用清洁的棉纱擦拭干净，涂上防锈油，放入盒内保管。

（6）要定期进行检查和校正，以保持测量精度。

六、内径百分表

内径百分表即量缸表，如图 3-0-13 所示，主要用来测量发动机缸套的圆度、圆柱度误差和磨损情况等。使用内径百分表时，需要注意以下几个问题：

（1）使用前，应根据气缸直径，选择合适的接杆旋入表的下端。

（2）测量前，要用千分尺校对量缸表所量气缸的标准尺寸，并适当留出测杆的伸缩量，一般使测杆被压缩为整毫米数，旋转表盘，使零位对正大指针，并记住小指针指示的毫米数。

（3）测量时，手握在隔热手柄上，使活动测头压缩，将量具伸入被测孔内，然后前后或左右稍稍摆动量缸表使表针摆动出现最小数字。

（4）测量时，如果指针正好指在零处，说明被测缸径与标准尺寸的缸径相等；当表针顺时针方向离开零位，表示缸径小于标准尺寸；当表针逆时针方向离开零位时，

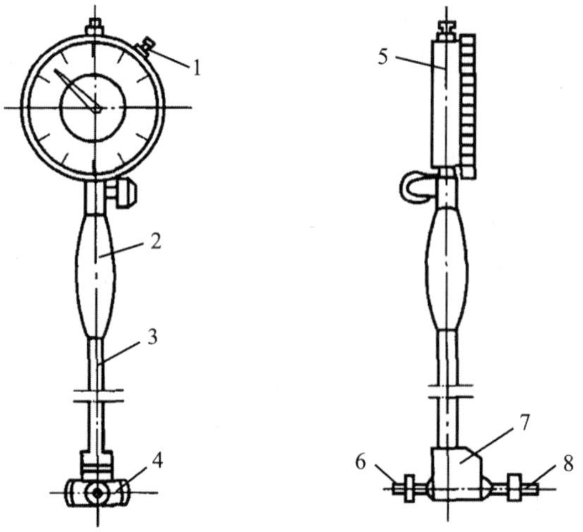

1. 制动器　2. 手柄　3. 直管　4. 定位护桥　5. 表
6. 可换测头　7. 主体　8. 活动测头

图 3-0-13　内径百分表

表示缸径大于标准尺寸。

（5）测量时，不得使测杆的行程超出量缸表的测量范围，不得使测头突然撞到零件上。

（6）使用完毕，应将量缸表擦拭干净，涂上防锈油，放入盒内保管。

（7）要定期进行检测和校正，以保持测量精度。

第四节　钳工基础

一、钳工的特点和应用范围

钳工工作主要以手工方法，利用各种工具和常用设备对金属进行加工。

（一）钳工的特点

（1）加工灵活、方便，能够加工形状复杂、质量要求较高的零件。

（2）工具简单，制造刃磨方便，材料来源充足，成本低。

（3）劳动强度大，生产率低，对工人技术水平要求较高。

（二）钳工的应用范围

（1）加工前的准备工作，如清理毛坯、在工件上划线等。

（2）加工精密零件，如锉样板、刮削或研磨机器量具的配合表面等。

（3）零件装配成机器时互相配合零件的调整，整台机器的组装、试车、调试等。

（4）机器设备的保养维护。

二、钳工的常用设备

钳工的常用设备如图 3-0-14 所示。

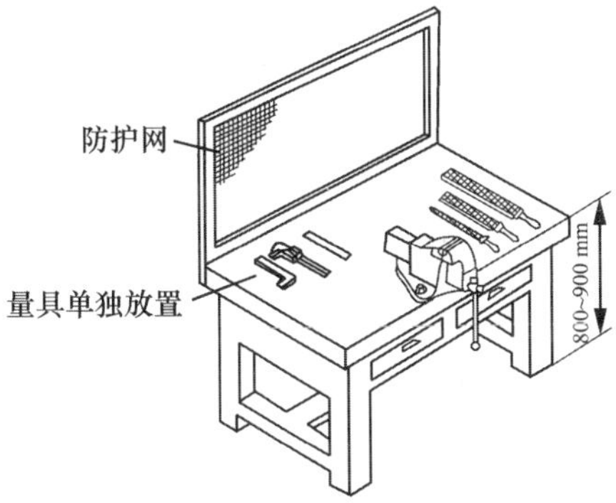

(a)钳台

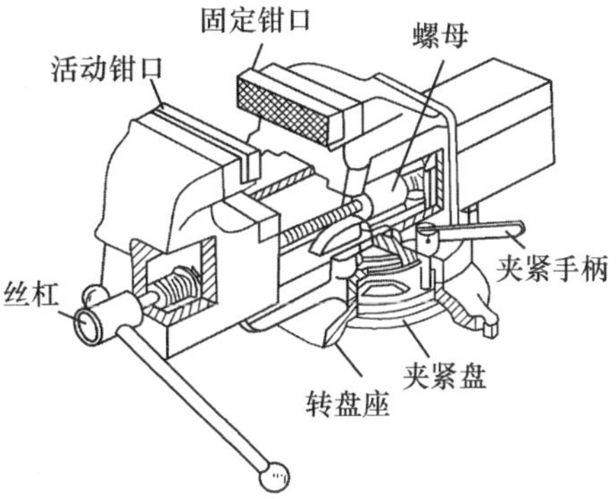

(b)台虎钳

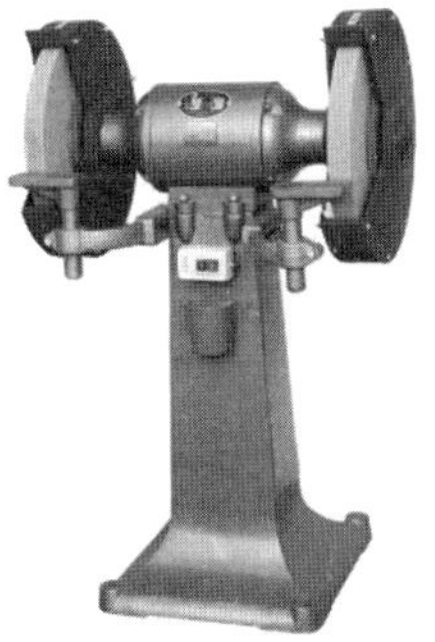

(c)砂轮机

(d)平口虎钳

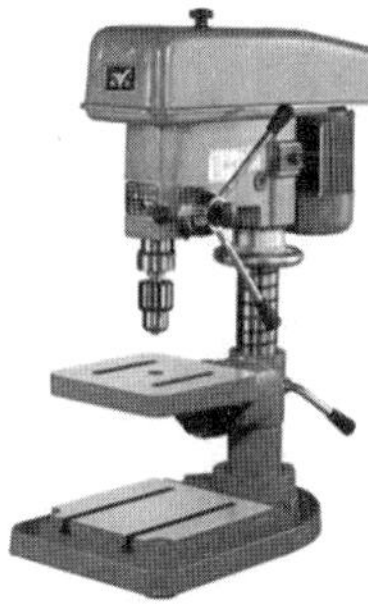

(e)台钻

图 3-0-14　钳工的常用设备

三、钳工的基本操作

（一）划线

划线是在某些工件的毛坯或半成品上按零件图样要求的尺寸划出加工界线或找正线的一种方法。其主要是为了确定工件加工表面的加工余量和位置，检查毛坯的形状、尺寸是否合乎图纸要求，以合理分配各加工面的余量。

（二）锉削

锉削是利用锉刀对工件材料进行切削加工的操作。其应用范围很广，可锉工件的外表面、内孔、沟槽和各种形状复杂的表面。锉削工具种类有普通锉（按断面形状不同分为平锉、方锉、圆锉、三角锉、半圆锉）、整形锉（用于修整工件上的细小部位）、特种锉（用于加工特殊表面）。锉刀使用及安全注意事项如下：

（1）不使用无柄或柄已裂开的锉刀，防止刺伤手腕；

（2）不能用嘴吹铁屑，防止铁屑飞进眼睛；

（3）锉削过程中不要用手抚摸锉面，以防锉时打滑；

（4）锉面堵塞后，用铜锉刷顺着齿纹方向刷去铁屑；

（5）锉刀放置时不应伸出钳台以外，以免碰落砸伤脚。

（三）錾削

錾削是利用手锤敲击錾子对工件进行切削加工的一种操作。工具包括錾子和手锤。錾子根据形状分为扁錾、尖錾；手锤由锤头和木柄构成，锤头由碳素工具钢制成，为保证安全，在使用前要检查锤头是否有松动，若有松动，即时修整楔铁，以防锤头脱落、伤人。錾削操作注意事项如下：

（1）先检查錾口是否有裂纹；

（2）检查锤子手柄是否有裂纹，锤子与手柄是否有松动；

（3）不要正面对人操作；

（4）錾头不能有毛刺；

（5）操作时不能戴手套，以免打滑；

（6）錾削临近终了时要减力锤击，以免用力过猛伤手。

（四）锯削

用手锯锯断金属材料或在工件上锯出沟槽的操作称为锯削。主要作用为分割各种材料或半成品，锯掉工件上的多余部分，在工件上锯槽。锯削加工安全操作注意事项如下：

（1）锯条松紧要适度；

（2）工件快要锯断时，施加给手锯的压力要轻，以防突然断开砸伤人。

（五）钻孔、扩孔、铰孔、锪孔

1. 钻孔

用钻头在实心工件上加工孔叫钻孔。钻孔只能进行孔的粗加工。

2. 扩孔

扩孔用于扩大已加工出的孔，它常作为孔的半精加工。

3. 铰孔

铰孔是用铰刀从工件壁上切除微量金属层，以提高其尺寸精度和表面质量。

4. 锪孔

用锪钻对工件上的已有孔进行孔口形面的加工，其目的是保证孔端面与孔中心线的垂直度，以便使与孔连接的零件位置正确，连接可靠。

（六）攻螺纹、套螺纹

攻螺纹和套螺纹如图 3-0-15 所示。

1. 攻螺纹（攻丝）

用丝锥在工件孔中切削出内螺纹的加工方法称为攻螺纹。

攻丝前先钻螺纹底孔，然后用头锥攻螺纹。开始必须将头锥垂直放在工件内，可用目测或直角尺从两个方向检查是否垂直，开始攻丝时一手垂直加压，另一手转动手柄，当丝锥开始切削时，即可平行转动手柄，不再加压，这时每转动 1～2 圈，要反转 1/4 圈，以便使切屑断落，防止切屑挤坏螺纹。另外，攻丝时要加润滑液。

头锥用完再用二锥，当攻通孔时，用头锥一次攻透即可，不再使用二锥，如不是通孔，必须使用二锥。

2. 套螺纹（套丝）

用板牙在圆柱棒上切出外螺纹的加工方法称为套螺纹。套丝前首先确定圆杆直径，套丝时，板牙端面与圆杆垂直（圆杆要倒角 15°～20°），开始转动要加压，切入后，两手平行转动手柄即可，时常反转断屑，加润滑液。

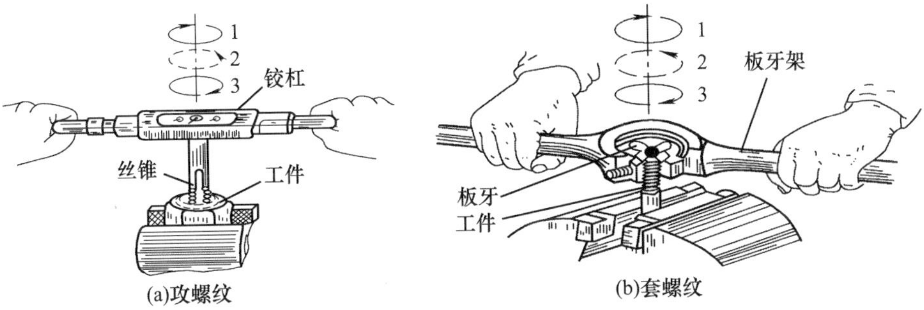

图 3-0-15　攻螺纹和套螺纹

（七）刮削

刮削是用刮刀从工件表面上刮去一层很薄的金属的方法。它用具简单，不受工件形状和位置以及设备条件的限制，具有切削量小、切削力小、产生热量小、装夹变形小等特点，能获得很高的形位精度、尺寸精度、接触精度、传动精度及较低的粗糙度值（图 3-0-16）。

（八）装配

装配是指在装配车间，按照一定的精度、标准和技术要求将若干零件组装成机器的过程，经过调整、试验合格后涂上油装箱，整个工作完成。其分为组件装配、部件装配、总装配。

装配要求如下：

（1）装配时应检查零件是否合格，有无变形、损坏等；

（2）固定连接的零部件不准有间隙，活动连接在正常间隙下，可以灵活均匀地按规定方向运动；

（3）各运动表面润滑充分，油路必须畅通；

（4）密封部件装配后不得有渗漏现象；

图 3-0-16　刮削

(5) 试车前，应检查各部件连接可靠性、灵活性，试车由低速到高速，根据试车情况进行调整，达到要求。

第五节　电工基础

一、电路基础

电路是电流的通路，是为了某种需要由电工设备或电路元件按一定方式组合而成的。其作用是实现电能的传输、分配与转换和实现信号的传递与处理。理想电路元件主要有电阻元件、电感元件、电容元件和电源元件等。农机中常用的电路一般由三部分组成：提供电能的设备（电池、发电机）、传输设备（连接导线）、使用电能的设备（负载如电灯等）。

（一）电路的基本物理量

1. 电流

单位时间内流过导体横截面的电荷量定义为电流强度，用以衡量电流的大小。电工技术中，常把电流强度简称为电流，用 I 表示。在电场力的作用下，电荷有规则地定向移动，形成了电流。规定正电荷的方向为电流的实际方向。在国际单位制（SI）中，在 1 s 内通过导体横截面的电荷量为 1 C 时，其电流为 1 A。

2. 电压

电场力把单位正电荷从电场中的点 a 移到点 b 所做的功称为 a、b 之间的电压，用 U_{ab} 表示。习惯上把电位降低的方向作为电压的实际方向，可用“+”“−”表示，也可用字母的双下标表示，有时也用箭头表示。在国际单位制中，当电场力把 1 C 的正电荷从一点移到另一点所做的功为 1 J，则这两点间的电压为 1 V。

在电路中任选一点作为参考点，则某点到参考点的电压就称为该点（相对于参考点）的电位。电位用符号 V 表示。参考点的选择是任意的。参考点的电位规定为零。所以，参考点又叫零电位点。

（二）电路的基本定律

欧姆定律和基尔霍夫定律是电路的基本定律，此二定律提示了电路基本物理量之间的关系，是电路分析计算的基础和依据。

1. 欧姆定律

对一个电阻元件来说，其中流过的电流与其两端的电压成正比。在图 3-0-17 所示的电流参考方向的情况下，可以表示为

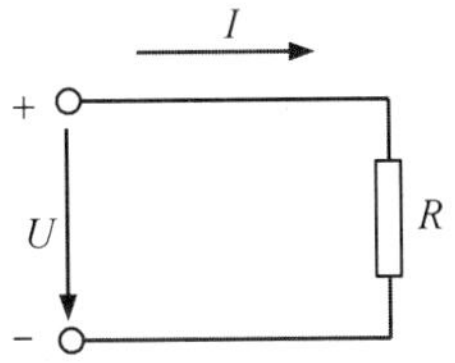

图 3-0-17　欧姆定律

$$I=\frac{U}{R}$$

或

$$R=\frac{U}{I}$$

此为欧姆定律，它确定了电阻元件的电流 I 与电压 U 的关系。电阻 R 的单位是欧姆（Ω），简称欧。电阻数值很大时，则以千欧（kΩ）或兆欧（MΩ）为单位，即

$$1\ \text{k}\Omega=10^3\ \Omega$$

$$1\ \text{M}\Omega=10^6\ \Omega$$

欧姆定律只适合于线性电阻电路的分析计算。

2. 基尔霍夫定律

（1）支路、节点、回路。支路：通常情况下，通以相同的电流无分支的一段电路称为支路。图 3-0-18 中有三条支路。其中两条含电源的支路称为有源支路。不含电源的支路称为无源支路。

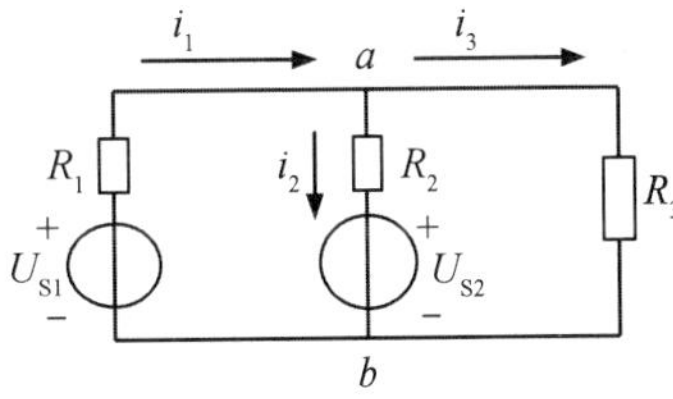

图 3-0-18　基尔霍夫定律

节点：三条或三条以上支路的连接点称为节点，图 3-0-18 中有两个节点 a、b。

回路：电路中任一闭合路径称为回路，不含交叉支路的回路称为网孔，在图 3-0-18 中，回路有三个，网孔只有两个。

（2）基尔霍夫电流定律（KCL）。在电路中，任何时刻，对任一节点所有支路电流的代数和等于零。即在电路中对任一节点，在任一时刻流进节点的电流等于流出该节

点的电流。

（3）基尔霍夫电压定律（KVL）。在电路中任何时刻，在任一回路内所有支路电压的代数和等于零。

二、数字万用表的使用

数字万用表是一种多用途电子测量仪器，一般包含安培计、电压表、欧姆计等功能，有时也称为万用计、多用计、多用电表、三用电表。

一般农机维修中，常见的测量包括：电阻的测量，直流、交流电压的测量，直流、交流电流的测量，电容的测量，二极管的测量，三极管的测量。

图 3-0-19　测电阻

（一）电阻的测量

1. 测量步骤

如图 3-0-19 所示，首先红表笔插入“VΩ”孔，黑表笔插入“COM”孔；量程旋钮打到“Ω”量程挡适当位置；分别用红、黑表笔接到电阻两端金属部分；读出显示屏上显示的数据。

2. 注意事项

（1）量程的选择和转换。量程选小了，显示屏上会显示“1”，此时应换用较大的量程；反之，量程选大了，显示屏上会显示一个接近于“0”的数，此时应换用较小的量程。

（2）显示屏上显示的数字再加上挡位选择的单位就是它的读数。要提醒的是，在“200”挡时单位是“Ω”，在“2 k～200 k”挡时单位是“kΩ”，在“2 M～2 000 M”挡时单位是“MΩ”。

（3）如果被测电阻值超出所选择量程的最大值，将显示过量程“1”，应选择更大的量程，对于大于 1 MΩ 或更大的电阻，要几秒钟后读数才能稳定，这是正常的。

（4）当没有连接好时，例如开路情况，仪表显示为“1”。

（5）当检查被测线路的阻抗时，要保证移开被测线路中的所有电源，所有电容放电。被测线路中，如有电源和储能元件，会影响线路阻抗测试正确性。

（6）万用表的 200 MΩ 挡位，短路时有 10 个字，测量一个电阻时，应从测量读数中减去这 10 个字。如测一个电阻时，显示为 101.0，应从 101.0 中减去 10 个字。被测元件的实际阻值为 100.0，即 100 MΩ。

（二）直流电压的测量

1. 测量步骤

如图 3-0-20 所示，红表笔插入“VΩ”孔，黑表笔插入“COM”孔；量程旋钮打到“V⎓”适当位置；读出显示屏上显示的数据。

图 3-0-20 测直流电压

2. 注意事项

（1）把旋钮旋到比估计值大的量程挡（注意：直流挡是“V⎓”，交流挡是“V～”）；接着把表笔接电源或电池两端，保持接触稳定。数值可以直接从显示屏上读取。

（2）若显示为“1”，则表明量程太小，那么就要加大量程后再测量。

（3）若在数值左边出现“－”，则表明表笔极性与实际电源极性相反，此时红表笔接的是负极。

图 3-0-21 测交流电压

（三）交流电压的测量

1. 测量步骤

如图 3-0-21 所示，红表笔插入“VΩ”孔，黑表笔插入“COM”孔；量程旋钮打到“V～”适当位置；读出显示屏上显示的数据。

2. 注意事项

（1）表笔插孔与直流电压的测量一样，不过应该将旋钮打到交流挡“V～”处所需的量程即可。

（2）交流电压无正负之分，测量方法跟前面相同。

（3）无论测交流电压还是直流电压，都要注意人身安全，不要随便用手触摸表笔的金属部分。

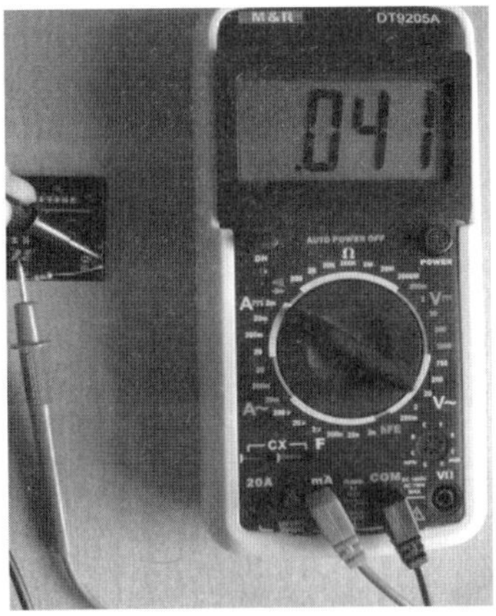

图 3-0-22 测直流电流

（四）直流电流的测量

1. 测量步骤

如图 3-0-22 所示，断开电路；黑表笔插入“COM”孔，红表笔插入“mA”孔或者“20A”孔；功能旋转开关旋转至“A⎓”（直流），并选择合适的量程；断开被测线路，将数字万用表串联入被测线路中，被测线路中电流从一端流入红表笔，经万用表黑表笔流出，再流入被测线路中；接通电路，读出 LCD

显示屏数字。

2. 注意事项

(1) 估计电路中电流的大小。若测量大于 200 mA 的电流，则要将红表笔插入“10A”插孔并将旋钮打到直流“10A”挡；若测量小于 200 mA 的电流，则将红表笔插入“200 mA”插孔，将旋钮打到直流 200mA 以内的合适量程。

(2) 将万用表串联入电路中，保持稳定，即可读数。若显示为“1”，那么就要加大量程；如果在数值左边出现“－”，则表明电流从黑表笔流进万用表部分。

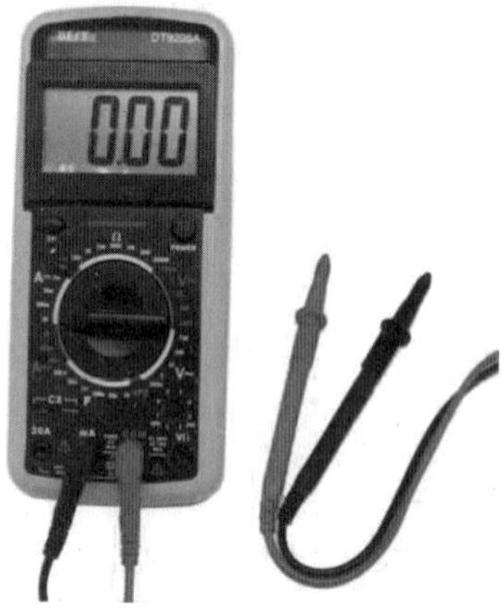

图 3-0-23 测交流电流

（五）交流电流的测量

1. 测量步骤

如图 3-0-23 所示，断开电路；黑表笔插入“COM”孔，红表笔插入“mA”或者“20A”孔；功能旋转开关旋转至“A～”（交流），并选择合适的量程；断开被测线路，将数字万用表串联入被测线路中，被测线路中电流从一端流入红表笔，经万用表黑表笔流出，再流入被测线路中；接通电路，读出 LCD 显示屏数字。

2. 注意事项

(1) 测量方法与测量直流电流相同，不过挡位应该打到交流挡位。

(2) 电流测量完毕后应将红笔插回“VΩ”孔。

(3) 如果使用前不知道被测电流范围，将功能开关置于最大量程并逐渐下降。

(4) 如果显示器只显示“1”，表示过量程，功能开关应置于更大量程。

(5) 将功能开关置于“200 mA”处，表示最大输入电流为 200 mA，过量的电流将烧坏保险丝，应再更换，20A 量程无保险丝保护，测量时不能超过 15 s。

（六）电容的测量

1. 测量步骤

如图 3-0-24 所示，将电容两端短接，对电容进行放电，确保数字万用表的安全；将功能旋转开关旋转至电容“F”测量挡，并选择合适的量程；将电容插入万用表“CX”插孔；读出 LCD 显示屏上数字。

图 3-0-24 测电容

2. 注意事项

(1) 测量前电容需要放电，否则容易损坏万用表；

(2) 测量后也要放电，避免埋下安全隐患；

（3）仪器本身已对电容挡设置了保护，故在电容测试过程中不用考虑极性及电容充放电等情况；

（4）测量电容时，将电容插入专用的电容测试座中（不要插入表笔“COM”“VΩ”插孔）；

（5）测量大电容时稳定读数需要一定的时间；

（6）电容的单位换算：1 μF=10^6 pF，1 μF=10^3 nF。

（七）二极管的测量

1. 测量步骤

如图 3-0-25 所示，红表笔插入“VΩ”孔，黑表笔插入“COM”孔；转盘打在“—▷|—”挡；判断正负；红表笔接二极管正极，黑表笔接二极管负极；读出 LCD 显示屏上数据；两表笔换位，若显示屏上显示为“1”，正常，否则此管被击穿。

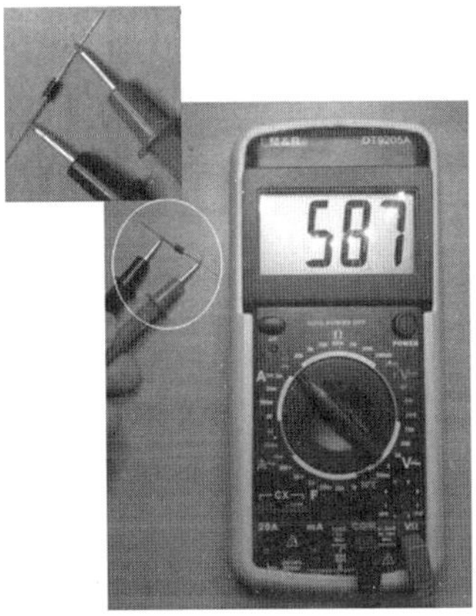

图 3-0-25　测二极管

2. 注意事项

二极管正负好坏判断。红表笔插入“VΩ”孔，黑表笔插入“COM”孔，转盘打在“—▷|—”挡，然后颠倒表笔再测一次。如果两次测量的结果是一次显示“1”字样，另一次显示零点几的数字，那么此二极管就是一个正常的二极管。假如两次显示都相同，那么此二极管已经损坏，LCD 显示屏上显示的一个数字即二极管的正向压降（硅材料为 0.6 V 左右，锗材料为 0.2 V 左右），根据二极管的特性，可以判断此时红表笔接的是二极管的正极，而黑表笔接的是二极管的负极。

图 3-0-26　测三极管

（八）三极管的测量

1. 测量步骤

如图 3-0-26 所示，红表笔插入“VΩ”孔，黑表笔插入“COM”孔；转盘打在“—▷|—”挡；找出三极管的基极 b；判断三极管的类型（PNP 或者 NPN）；转盘打在“hFE”挡；根据类型插入 PNP 或 NPN 插孔测 β；读出显示屏中 β 值。

2. 注意事项

（1）e、b、c 管脚的判定。表笔插位同上；其原理同二极管测量。先假定 A 脚为基极，用黑表笔与该脚相接，红表笔分别接触其他两脚；若两次读数均为 0.7 V 左右，然后再用红表笔接 A 脚，黑表笔分别接触其他两脚，若均显示“1”，则 A 脚为基极，否则需要重新测量，且此管为 PNP 管。

（2）集电极和发射极的判定。我们可以利用“hFE”挡来判断：先将挡位打到“hFE”挡，可以看到挡位旁有一排小插孔，分为 PNP 和 NPN 管的测量。前面已经判断出管型，将基极插入对应管型“b”孔，其余两脚分别插入“c”“e”孔，此时可以读取数值，即 β 值；再固定基极，其余两脚对调；比较两次读数，读数较大的管脚位置与表面“c”“e”相对应。

（九）数字万用表使用注意事项

（1）如果无法预先估计被测电压或电流的大小，则应先拨至最大量程挡测量一次，再视情况逐渐把量程减小到合适位置。测量完毕，应将量程开关拨到最高电压挡，并关闭电源。

（2）满量程时，仪表仅在最高位显示数字“1”，其他位均消失，这时应选择更大的量程。

（3）测量电压时，应将数字万用表与被测电路并联。测电流时应与被测电路串联。测直流量时不必考虑正、负极性。

（4）当误用交流电压挡去测量直流电压，或者误用直流电压挡去测量交流电压时，显示屏将显示“000”，或低位上的数字出现跳动。

（5）禁止在测量高电压（220 V 以上）或大电流（0.5 A 以上）时换量程，以防止产生电弧，烧毁开关触点。

（6）当万用表的电池电量即将耗尽时，液晶显示器左上角会出现电池电量低提示，若仍进行测量，测量值会比实际值偏高。

三、安全用电

（一）触电事故

电流通过人体所受损伤，根据伤害性质不同可分为电伤和电击两种情况。电伤是指人体外部的伤害，如皮肤的灼伤、电的烙印等；电击是指电流通过人体内部组织所引起的伤害，如不及时摆脱带电体，就会有生命危险。大多数的触电事故是在正常工作时接触不带电部分，而绝缘损坏引起触电。电动机绕组绝缘破坏而使机壳或设备带电引起的触电伤亡应特别注意，为此应采取保护措施。

（二）保护接地

保护接地就是将电气设备不带电的金属部分与接地体之间做良好的金属连接。

（三）触电预防

预防触电最重要的措施是遵守安全规程和操作规程。安全注意事项如下：

（1）在一般情况下不要带电作业，在检修电气设备前应先断开电源，并用试电笔检验确认无电后才能进行工作。

（2）各种运行的电气设备，如电动机、启动器和变压器等金属外壳，必须采取保护接地。

（3）经常对电气设备进行检查，发现温升过高或绝缘下降时，应及时查明原因，消除故障。

（4）临时用电线路及设备的绝缘必须良好。

（5）电动施工机械和手持电动工具的外壳应接地，所使用的导线应是绝缘的橡皮软线。

（6）连接电动施工机械和工具时，应装开关或插座。

（7）若有人触电，应使触电者就地平卧，解开衣服以利呼吸。气候寒冷时应注意保温，同时应迅速请医生诊治。如果触电者呼吸、脉搏、心脏跳动均已停止，必须立即施行人工呼吸或心脏复苏，并在就诊途中不得中断。

第六节　焊接基本技术

一、手工电弧焊

（一）手工电弧焊焊接过程

手工电弧焊是用手工操纵焊条进行焊接的一种电弧焊方法。焊条电弧焊的过程如图 3-0-27 所示。

焊接前，把焊钳和焊件分别接到电焊机输出端的两极，并用焊钳夹持焊条。焊接时，在焊条与焊件间引燃电弧，电弧的热量同时将焊条和焊件熔化成熔池。随着焊条沿焊接方向移动，新的熔池陆续形成，原先熔池的金属不断冷却凝固构成了焊缝，使两焊件连接在一起。

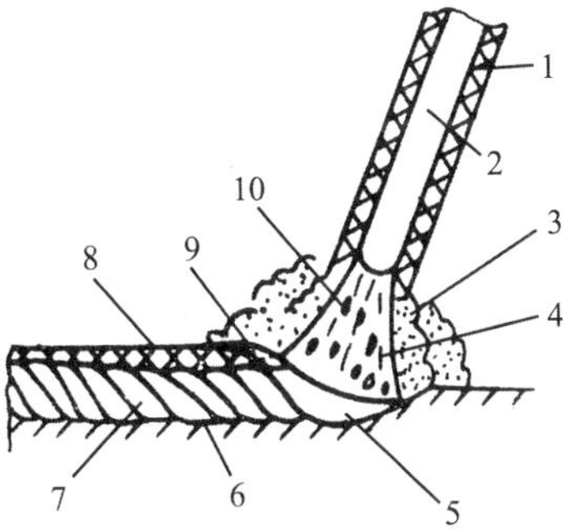

1. 药皮　2. 焊芯　3. 保护气　4. 电弧　5. 熔池　6. 母材　7. 焊缝　8. 渣壳　9. 熔渣　10. 熔滴

图 3-0-27　焊条电弧焊的过程

（二）手工电弧焊设备与工具

1. 电焊机

（1）交流电焊机。交流电焊机实际上是一种特殊的降压变压器。交流电焊机有多种结构类型，BXI-330 型交流电焊机是最常用的一种，它的电流调节有粗调和细调两种：粗调是通过改变接线柱上的接线位置来实现的；细调是靠转动调节手柄来实现的。电焊机的空载电压为 60～70 V，工作电压为 30 V，焊接电流调节范围为 50～450 A。

（2）直流电焊机。直流电焊机有旋转式和整流式两种。

①旋转式直流电焊机。旋转式直流电焊机由一台交流电动机和一台直流发电机组成，由电动机带动发电机而产生焊接电流。AX-320 型直流电焊机是常用的一种，该电焊机的空载电压为 50～80 V，工作电压为 30 V，焊接电流调节范围为 45～320 A。

②整流式直流电焊机。整流式直流电焊机的结构相当于在交流电焊机上加装整流器，把交流电整流而变成直流电。它与旋转式直流电焊机相比，具有噪声小、空载耗电少、成本低、制造和维修容易等优点。

2. 辅助设备及工具

辅助设备及工具主要有焊钳、焊接电缆、面罩、钢丝刷、敲渣锤、石棉条和焊条桶等。焊钳用来夹持焊条和传导电流，焊接电缆用以传导焊接电流，面罩用来遮挡飞溅的金属屑和弧光。

3. 焊条

焊条由焊芯和药皮两部分组成。

（1）焊芯。焊芯既充当电极又充当填充金属。

（2）药皮。药皮由各种不同的矿石粉、铁合金和有机物按一定比例配制，压涂在焊芯表面。在焊接过程中，药皮有机械保护、冶金处理和改善焊接工艺性能的作用。按化学成分，焊条可分为碳钢焊条、低合金焊条、不锈钢焊条及铝合金焊条；按熔渣性质，焊条可分为酸性焊条和碱性焊条。

4. 焊接接头形式

由于焊接的结构形状、厚度和使用条件不同，手工电弧焊常用的接头形式有对接接头、I 形接头、角接接头、搭接接头。在焊接厚度大于 6 mm 的钢板时，要在钢板的焊接处开坡口。

（三）焊接方法

1. 焊接操作基本方法

（1）电弧的引燃与控制。引燃电弧时必须将焊条的末端与焊件表面先接触形成短路，然后迅速将焊条向上提起 2～4 mm，电弧即可引燃，并使弧长保持在稳定燃烧的范围内。

（2）运条。焊接过程中，焊条要向下送进、沿焊接方向移动和横向摆动，这几种运动必须密切配合。运条方法有直线法、环形法、三角形法等，操作者可根据焊缝的空间位置和接头形式适当选用。

（3）收弧。收弧方法有划弧收弧法、反复断弧收弧法和后移收弧法。收弧时一定要填满弧坑。

2. 焊接工艺规范的选择

焊接工艺规范的选择主要是指焊条直径、焊接电流、焊接速度和电弧长度等的选择，通常焊接速度和电弧长度由操作人员根据实际情况确定。

(1) 焊条直径。焊条直径的大小取决于焊件厚度。当焊件厚度在 4 mm 以上时，焊条直径一般取 3.2～6 mm。在立焊和仰焊时，为防止熔池过大和铁水下流，焊条直径一般不超过 4 mm。

(2) 焊接电流。焊接电流的大小主要取决于焊条直径，焊条直径越大，则焊接电流也相应越大。例如，焊条直径为 3.2 mm 时，焊接电流可取 90～130 A；焊条直径为 4 mm 时，焊接电流可取 160～210 A。

（四）劳动保护用品

劳动保护用品主要有护目镜、防护面罩、防护工作服、电焊手套和工作鞋、防尘口罩等。电焊面罩如图 3-0-28 所示。

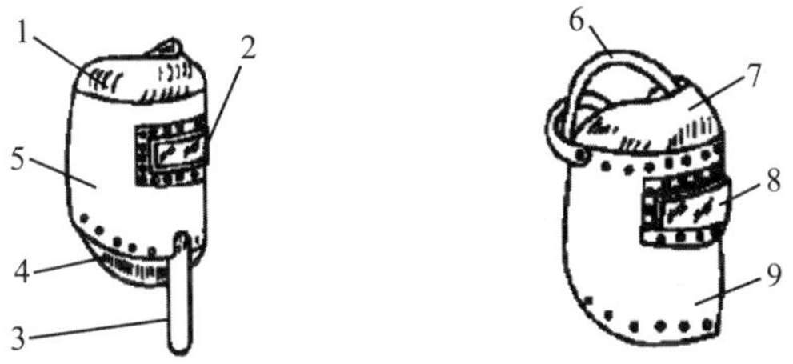

(a) 手持式电焊面罩　　(b) 头盔式电焊面罩

1、7. 上弯司　2、8. 观察窗　3. 手柄　4. 下弯司　5、9. 面罩主体　6. 头箍

图 3-0-28　电焊面罩

二、气焊

（一）气焊的特点

气焊是利用可燃气体燃烧时产生的热量，将焊件与焊丝熔化而形成焊缝的焊接方法。

1. 优点

加热过程比较平稳、缓慢；温度容易控制；气焊火焰容易调节，便于焊前预热，焊后继续加热和控制冷却速度。

2. 缺点

焊缝接头强度低，焊件容易变形。

（二）气焊用的气体和设备

1. 氧气和氧气瓶

氧气是一种无色、无味的气体，本身不能燃烧，但能助燃。氧气瓶是储存高压氧气的圆柱形钢瓶，上部有氧气瓶阀，外表漆成天蓝色作为标志。氧气瓶的最高压力为 15 MPa。

2. 乙炔和乙炔瓶

乙炔是无色的可燃气体，工业用乙炔因混有硫化氢、磷化氢等杂质，具有刺鼻的臭味。乙炔瓶是一种储存和运输乙炔用的容器，其形状和构造与氧气瓶相似，其外表涂成白色并用红漆标注“乙炔”两字，瓶口安装乙炔气阀。乙炔瓶的最高压力为1.5 MPa。

3. 减压器

减压器的作用是降低氧气瓶输出的氧气压力，使其达到焊接时所需的工作压力，并保证在工作过程中压力不变。

4. 焊炬（枪）

焊炬是气焊的主要工具，有时也用作气体火焰钎焊和火焰加热。目前射吸式焊炬应用最广泛。

（三）气焊操作基本方法

1. 火焰的点燃与控制

点燃火焰时，先打开氧气阀，放出微量的氧气，再拧开乙炔阀放出少量的乙炔，将焊嘴接近火源，点燃混合气体。然后根据焊接的需要，调节气体的比例，获得所需要的火焰。

2. 焊点控制

火焰点燃调整好后，开始进入正常的焊接过程，右手持焊炬，左手拿焊丝，然后移动焊丝进行焊接。

根据焊炬移动方向不同，焊接可分为左向焊和右向焊。

（1）左向焊。左向焊是焊炬由右向左移动，焊丝在焊炬前面，适用于焊接薄的钢板和有色金属，是最常见的气焊操作方法。

（2）右向焊。右向焊是焊炬由左向右移动，焊丝在焊炬后面，适用于焊接较厚的焊件。

3. 停焊

焊接结束或中途停焊时，应先关闭乙炔阀，后关闭氧气阀。

三、气割

（一）气割原理

气割是利用可燃气体火焰（如氧-乙炔、氧-液化石油气等）将被切割的金属预热到燃点，然后通以高压氧气流，使金属燃烧（剧烈氧化），形成熔渣和放出大量的热，并借助高压氧的吹力将燃烧产生的熔渣吹掉，从而形成切口。

一般来说，气割只适用于切割低、中碳钢，高碳钢气割质量难以保证。铸铁、铜、铝不能气割。

（二）割炬（枪）

割炬是使可燃气体与氧气按一定比例混合，形成具有一定热能和形状的预热火焰，并能在火焰的中心喷射切割氧气流，以进行气割。割炬和割嘴的型号可根据工件材料和厚度选择。

（三）气割操作基本方法

(1) 气割前，先将被切割工件垫起，使工件下面留出一定空间并使其畅通，保证切口的熔渣能向下顺利排出。

(2) 工件表面的油污和铁锈应清理干净。

(3) 点燃预热火焰，并调整到中性焰。

(4) 将割嘴对准工件边缘进行加热至燃点，并慢慢开启切割氧气阀。

(5) 气割结束应先关闭切割氧气阀，再关乙炔调节阀，最后关氧气调节阀。

四、焊接安全注意事项

(1) 应预防触电事故。

(2) 焊工应按规定使用劳保用品。

(3) 严禁在易燃、易爆品处焊接（应距 5 m 以外）。

(4) 严禁在有压力的容器上焊接。焊油桶或油箱等必须先将油放净，并用碱水清洗干净；在容器中焊接需配备良好的通风装置；在超过 3 m 以上的高空作业，要系好安全带。

(5) 氧气在压缩状态（由氧气瓶里放出来的）与油脂等易燃物接触时，能强烈地燃烧甚至引起爆炸，所以在使用中，瓶嘴、氧气表、氧气管、焊炬及割炬等切不可被油脂沾染。

(6) 氧气瓶有爆炸危险，搬运时禁止撞击和避免剧烈振动。氧气瓶距离工作点或其他火源应在 10 m 以上。夏天要防止暴晒；冬天在阀门冻结时，严禁用火烤，应当用热水解冻。氧气瓶中的氧气不允许全部用完，应至少留 0.1 MPa 的氧气，以防瓶内混入其他气体而引起爆炸。

(7) 乙炔是易燃气体，凡是用来储存乙炔的容器或直接与之接触的器材，除焊炬和割炬外，都不允许用银或含铜 70%以上的铜合金制造。在气路系统中，除了焊炬和割炬的混合室内允许乙炔和氧气混合流出燃烧外，其他地方不允许混合。乙炔燃烧时绝对禁止用四氯化碳灭火剂灭火（会促进燃烧和引起爆炸）。

(8) 乙炔瓶在使用、运输中除了必须遵守氧气瓶的使用要求外，还应严格注意以下几点：

①乙炔瓶在工作时应直立放置。

②乙炔瓶表面的温度不得超过 40 ℃。

③乙炔瓶减压器与瓶阀的连接必须可靠，严禁在漏气情况下使用。

④乙炔瓶内的乙炔气不能全部用完，最少应剩下 98 kPa 的乙炔气，并将瓶阀关严，防止漏气。

第七节　机械加工基本技术

一、车削

（一）车削加工的范围和工艺特点

车削是在车床上进行的切削加工。它主要用来加工各种回转表面及端面。车削加工时所需的切削运动的主运动为车床主轴带动工件旋转，而刀具纵向、横向或斜向移动为进给运动。其加工精度为 IT11～IT6，最高可达 IT6 级，表面粗糙度 Ra 值为 12.5～0.8 μm。

车削加工工艺有以下一些特点：

1. 易于保证各加工表面的位置精度

车削时，工件绕某固定轴线回转，各个表面具有统一的回转轴线，故易于保证加工表面的同轴度要求。

2. 车削过程比较平稳

一般情况下车削过程是连续进行的，并且当刀具几何形状、背吃刀量和进给量一定时，切削层的截面尺寸稳定不变，切削力基本不变，故切削过程比铣削、刨削稳定。另外，车削允许采用较大的切削用量进行高速切削或强力切削，这有利于生产率的提高。

3. 适用于有色金属和某些低碳不锈钢零件的精加工

对于有些不宜采用磨削加工的有色金属和低碳不锈钢零件，可以采用车削的方法进行精加工。

4. 刀具简单

车刀是机床刀具中最简单的一种刀具，其制造、刃磨和安装都比较方便。

（二）车削加工的基本方法

1. 车削外圆

车削加工中最基本的是车削外圆。车削外圆通常需经过粗车与精车两个步骤。粗车的目的是尽快地从毛坯上切去大部分加工余量，使工件接近最后形状和尺寸。为了保护刀刃，提高刀具的耐用度，减少基本工艺时间，粗车时第一刀的背吃刀量应尽量取大些，并尽可能将粗车余量在一次或两次进给中切去。车削铸件、锻件时，因其表面有硬皮，可先车端面，或者先倒角，然后选择大于硬皮厚度的背吃刀量切削，以免刀刃被硬皮过快磨损。精车时主要考虑保证加工精度和表面粗糙度的要求，一般采用较小的背吃刀量和进给量，而采用较高的切削速度。

车削外圆的步骤：安装工件—安装车刀—调整机床—试切—车削外圆。

2. 车削端面

车削端面时常用偏刀或弯头车刀。车刀安装时，刀尖应准确对准工件中心，以免车出的端面留有凸台。

3. 车削锥面

锥面分为外锥面和内锥面，车削锥面的方法有宽刀法、靠模法、偏移尾座法、转动小拖板法。

4. 车成形面

对表面轮廓为曲面的成形面（如手柄、手轮等零件）的加工称为成形面加工。一般可采用双手控制法、成形刀法和靠模法加工。

5. 车螺纹

车削是最常用的螺纹加工方法。

二、铰削、刮削、研磨

（一）铰削

铰削主要是对孔进行加工。铰孔是用铰刀对中、小尺寸的孔进行半精加工或精加工，由于铰刀导向性好，刚性大，加之铰削余量小，铰削的加工精度和生产率都比较高，在生产中应用较广泛。

在铰孔时，铰刀的轴向进给由工件上原有的孔导向，所以不能纠正原有孔轴线的偏移。铰孔的质量主要取决于铰刀及操作技术，而与机床关系不大，这一点与钻孔不同，一把铰刀只能用于加工一种尺寸的孔。对于盲孔、浅孔或非标准尺寸的孔，不采用铰孔方法。

（二）刮削

刮削是用刮刀从工件表面上刮去一层很薄的金属的操作。刮削一般在机械加工（车、铣或刨）以后进行，属于精密加工。刮削常用于零件上互相配合的重要滑动表面（如机床导轨、滑动轴承等）的加工，以便使两配合表面能均匀接触。

刮削生产率低，劳动强度较大，常用于某些不便用磨削的零件表面的加工。

（三）研磨

1. 研磨的基本原理

研磨工艺的基本原理是游离的磨料通过辅料和研磨工具（以下简称研具）物理和化学的综合作用对工件表面进行光整加工。

2. 研磨参数

（1）研磨速度。研磨速度应根据不同的研磨工艺要求合理地进行选取。例如，研磨狭长的大尺寸平面工件时应选取低速研磨，而研磨小尺寸或低精度工件时则应选取高速研磨。一般手研每分钟往复 40～60 次，精研每分钟往复 20～40 次。

（2）研磨压力。研磨压力在一定范围内与研磨效率成正比，但研磨压力过大，研具磨损加剧，将产生较高的温度，从而使工件和研具因受热而变形，直接影响研磨质量、研磨效率及研具的耐用度。对于机械研磨，在机床开始启动时，可将研磨压力调小些，研磨进行中可调到某一定值；在研磨终了时可将研磨压力再减小一些，以提高研磨质量。在一定范围内，工件表面粗糙度随研磨压力的增加而降低。

（3）研磨时间。对于粗研，研磨时间可根据磨料的切削性能来确定。

第八节　液压传动基本知识

液压传动是以液体作为工作介质对能量进行传递和控制的一种传动形式。液压传动相对于电力拖动和机械传动而言，因其具有输出力大、质量轻、惯性小、调速方便以及易于控制等优点而广泛应用于工程机械、建筑机械和机床等设备上。

一、液压传动的工作原理及系统组成

（一）液压传动系统的工作原理

1. 液压千斤顶

图 3-0-29 所示为液压千斤顶的工作原理图。大油缸 9 和大活塞 8 组成举升液压缸。杠杆手柄 1、小油缸 2、小活塞 3、单向阀 4 和 7 组成手动液压泵。如提起手柄使小活塞向上移动，小活塞下端油腔容积增大，形成局部真空，这时单向阀 4 打开，通过吸油管 5 从油箱 12 中吸油；用力压下手柄，小活塞下移，小活塞下腔压力升高，单向阀 4 关闭，单向阀 7 打开，下腔的油液经管道 6 输入举升大油缸 9 的下腔，迫使大活塞 8 向上移动，顶起重物。再次提起手柄吸油时，单向阀 7 自动关闭，使油液不能倒流，

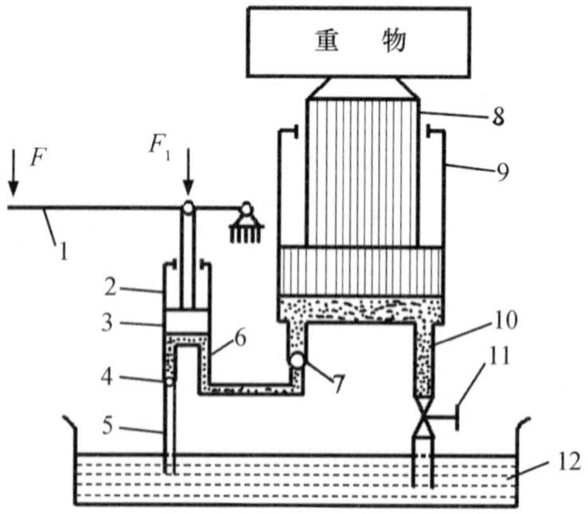

1. 杠杆手柄　2. 小油缸　3. 小活塞　4、7. 单向阀　5. 吸油管　6、10. 管道
8. 大活塞　9. 大油缸　11. 截止阀　12. 油箱

图 3-0-29　液压千斤顶的工作原理图

从而保证了重物不会自行下落。不断地往复扳动手柄，就能不断地把油液压入举升缸下腔，使重物逐渐地升起。如果打开截止阀 11，举升缸下腔的油液通过管道 10、截止阀 11 流回油箱，重物就向下移动。这就是液压千斤顶的工作原理。

通过对液压千斤顶工作过程的分析，可以初步了解液压传动的基本工作原理。

液压传动以液体（一般为矿物油）作为传递运动和动力的工作介质，而且传动中必须经过两次能量转换。首先压下杠杆手柄 1 时，小油缸 2 输出压力油，是将机械能转换成油液的压力能，压力油经过管道 6 及单向阀 7，推动大活塞 8 举起重物，是将油液的压力能又转换成机械能。

油液必须在密闭容器（或密闭系统）内传送，而且必须有密闭容积的变化。如果容器不密封，就不能形成必要的压力；如果密闭容积不变化，就不能实现吸油和压油，也就不可能利用受压液体传递运动和动力。

液压传动利用液体的压力能工作，它与在非密闭状态下利用液体的动能或位能工作的液力传动有根本的区别。

2. 简单机床的液压传动系统

机床的液压传动系统要比液压千斤顶的液压传动系统复杂得多。如图 3-0-30 所示，它由油箱、滤油器、液压泵、溢流阀、开停阀、节流阀、换向阀、液压缸以及连接这些元件的油管、接头组成。其工作原理如下：液压泵由电动机驱动后，从油箱中吸油。油液经滤油器进入液压泵，油液在泵腔中从入口低压到泵出口高压，在图 3-0-30（a）所示状态下，通过开停阀、节流阀、换向阀进入液压缸左腔，推动活塞使工作台向右移动。这时，液压缸右腔的油经换向阀和回油管 6 排回油箱。

如果将换向阀手柄转换成图 3-0-30（b）所示状态，则压力管中的油将经过开停阀、节流阀和换向阀进入液压缸右腔，推动活塞使工作台向左移动，并使液压缸左腔的油经换向阀和回油管 6 排回油箱。

工作台的移动速度是通过节流阀来调节的。当节流阀开大时，进入液压缸的油量增多，工作台的移动速度增大；当节流阀关小时，进入液压缸的油量减少，工作台的移动速度减小。为了克服移动工作台时所受到的各种阻力，液压缸必须产生一个足够大的推力，这个推力是由液压缸中的油液压力所产生的。要克服的阻力越大，缸中的油液压力越高；反之压力就越低。这种现象正说明了液压传动的一个基本原理——压力取决于负载。

（二）液压传动系统的组成

从机床工作台液压系统的工作过程可以看出，一个完整的、能够正常工作的液压系统，应该由以下 5 个主要部分来组成。

1. 能源装置（动力元件）

液压能源装置（动力元件）起着向系统提供动力源的作用，是系统不可缺少的核

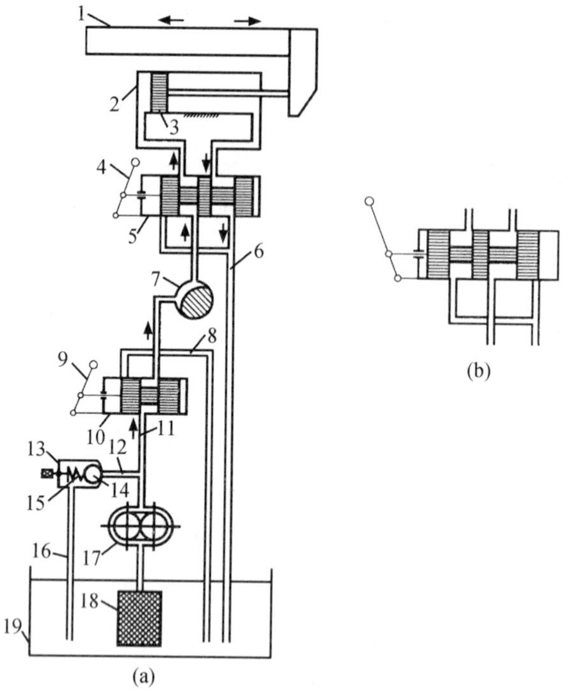

1. 工作台　2. 液压缸　3. 活塞　4. 换向手柄　5. 换向阀　6、8、16. 回油管　7. 节流阀　9. 开停手柄　10. 开停阀　11. 压力管　12. 压力支管　13. 溢流阀　14. 钢球　15. 弹簧　17. 液压泵　18. 滤油器　19. 油箱

图 3-0-30　机床工作台液压系统工作原理图

心元件。液压系统是以液压泵作为向系统提供一定的流量和压力的动力元件，液压泵将原动机（电动机或内燃机）输出的机械能转换为工作液体的压力能，是一种能量转换装置。

液压泵由原动机驱动，把输入的机械能转换为油液的压力能，再以压力、流量的形式输入系统中去，它是液压传动的心脏，也是液压系统的动力源。在液压系统中，液压泵是容积式的，依靠容积变化进行工作。

单柱塞液压泵具有一般容积式液压泵的基本特点：

（1）具有若干个密封且又可以周期性变化的空间。液压泵输出流量与此空间的容积变化量和单位时间内的变化次数成正比，与其他因素无关。这是容积式液压泵的一个重要特性。

（2）油箱内液体的绝对压力必须恒等于或大于大气压力。这是容积式液压泵能够吸入油液的外部条件。因此，为保证液压泵正常吸油，油箱必须与大气相通，或采用密闭的充压油箱。

（3）具有相应的配流机构，将吸油腔和排液腔隔开，保证液压泵有规律地、连续地吸、排液体。液压泵的结构原理不同，其配油机构也不相同。

选择液压泵的原则：根据主机工况、功率大小和系统对工作性能的要求，首先确定液压泵的类型，然后按系统所要求的压力、流量大小确定其规格型号。表 3-0-6 列出了液压系统中常用液压泵的性能比较。

表 3-0-6　液压系统中常用液压泵的性能比较

性能	常用液压泵				
	外啮合齿轮泵	双作用叶片泵	限压式变量叶片泵	径向柱塞泵	轴向柱塞泵
输出压力	低压	中压	中压	高压	高压
流量调节	不能	不能	能	能	能
效率	低	较高	较高	高	高
输出流量脉动	很大	很小	一般	一般	一般
自吸特性	好	较差	较差	差	差
对油的污染敏感性	不敏感	较敏感	较敏感	很敏感	很敏感
噪声	大	小	较大	大	大

一般来说，由于各类液压泵各自突出的特点，其结构、功用和运转方式各不相同，因此应根据不同的使用场合选择合适的液压泵。在机床液压系统中，往往选用双作用叶片泵和限压式变量叶片泵；在筑路机械、港口机械以及小型工程机械中，往往选择抗污染能力较强的齿轮泵；在负载大、功率大的场合，往往选择柱塞泵。

2. 执行装置（元件）

执行装置是把液压能转换成机械能以驱动工作机构的装置。其形式有做直线运动的液压缸，做回转运动的液压马达，它们又称为液压系统的执行元件。

（1）液压马达。液压马达可以实现连续的回转运动。其分为高速液压马达和低速液压马达。

高速液压马达：额定转速高于 500 r/min，基本形式有齿轮式、螺杆式、叶片式和轴向柱塞式等。主要特点是转速较高，转动惯量小，便于启动和制动，调节（调速和换向）灵敏度高。通常高速液压马达的输出扭矩不大，仅几十牛·米到几百牛·米，所以又称为高速小扭矩液压马达。

低速液压马达：额定转速低于 500 r/min，基本形式是径向柱塞式，如多作用内曲线式、单作用曲轴连杆式和静压平衡式等。主要特点是排量大，体积大，转速低，有的可低到每分钟几转甚至不到一转。通常低速液压马达的输出扭矩较大，可达几千牛·米到几万牛·米，所以又称为低速大扭矩液压马达。

（2）液压缸。直线运动的液压缸：可以实现直线往复运动，输出推力（或拉力）

和直线运动速度。

摆动液压缸：实现往复摆动，输出角速度。

3. 控制调节装置（元件）

控制调节装置是对系统中的压力、流量或流动方向进行控制或调节的装置。

（1）按用途分类：压力控制阀、流量控制阀、方向控制阀。

（2）按控制方式分类。

①开关（或定值控制）阀：借助于手轮、手柄、凸轮、电磁铁、弹簧等来开关液流通路，定值控制液流的压力和流量的阀类，统称普通液压阀。

②伺服控制阀：输入信号（电气、机械、气动等）多为偏差信号（输入信号与反馈信号的差值），可以连续成比例地控制液压系统中压力流量的阀类，多用于要求高精度、快速响应的闭环液压控制系统。

③比例控制阀：这种阀的输出量与输入信号成比例。它们是一种可按给定的输入信号变化的规律成比例地控制系统中液流的参数的阀类，多用于开环液压程序控制系统。

④数字控制阀：用数字信息直接控制的阀类。

（3）按结构形式分类：滑阀（或转阀）、锥阀、球阀、喷嘴挡板阀、射流管阀。

（4）按连接方式分类：螺纹连接阀、法兰连接阀、板式连接阀、叠加式连接阀、插装式连接阀。

4. 辅助装置（元件）

辅助装置（元件）是指上述三部分之外的其他装置，如油箱、滤油器、油管等。它们对保证系统正常工作是必不可少的。

5. 工作介质

液压系统中的工作液体既是传递功率的介质，又是液压元件的冷却、防锈和润滑剂。在工作中产生的磨粒和来自外界的污染物，也要靠工作液体带走。

液压工作介质一般称为液压油（有部分液压工作介质已不含油的成分）。液压系统对工作介质的基本要求如下：

（1）有适当的黏度和良好的黏温特性。黏度是选择工作介质的首要因素。液压油的黏性对减少间隙的泄漏、保证液压元件的密封性能都起着重要作用。黏度过高，各部件运动阻力增加，温升快，泵的自吸能力下降，同时，管道压力降和功率损失增大。反之，黏度过低会增加系统的泄漏，并使液压油膜支撑能力下降，而导致摩擦副之间产生摩擦。所以工作介质要有合适的黏度范围，同时在温度、压力变化下和剪切力作用下，油的黏度变化要小。

（2）氧化安定性和剪切安定性好。工作介质与空气接触，特别是在高温、高压下容易氧化、变质。氧化后酸值增加会增强腐蚀性，氧化生成的黏稠状油泥会堵塞滤油器，妨碍部件的动作以及降低系统效率。因此，要求它具有良好的氧化安定性和热安定性。

剪切安定性是指工作介质通过液压节流间隙时，要经受剧烈的剪切作用，会使一些聚合型增黏剂高分子断裂，造成黏度永久性下降，在高压、高速时，这种情况尤为严重。为延长使用寿命，要求剪切安定性好。

(3) 抗乳化性、抗泡沫性好。工作介质在工作过程中可能混入水或出现凝结水。混有水分的工作介质在泵和其他元件的长期剧烈搅拌下，易形成乳化液，使工作介质水解变质或生成沉淀物，引起工作系统锈蚀和腐蚀，所以要求工作介质有良好的抗乳化性。

抗泡沫性是指空气混入工作介质后会产生气泡，混有气泡的介质在液压系统内循环，会产生异常的噪声、振动，所以要求工作介质具有良好的抗泡沫性和空气释放能力。

(4) 闪点、燃点要高，能防火、防爆。

(5) 有良好的润滑性和防腐蚀性，不腐蚀金属和密封件。

(6) 对人体无害，成本低。

(三) 液压传动系统图的图形符号

图 3-0-31 为机床工作台液压系统的图形符号图，它具有直观性强、容易理解的

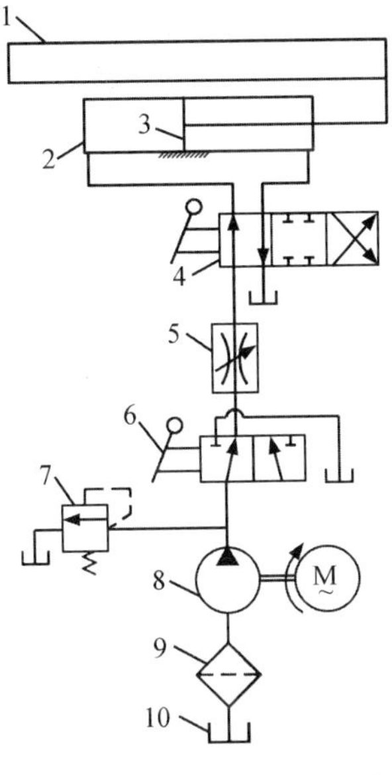

1. 工作台　2. 液压缸　3. 油塞　4. 换向阀　5. 节流阀
6. 开停阀　7. 溢流阀　8. 液压泵　9. 滤油器　10. 油箱

图 3-0-31　机床工作台液压系统的图形符号图

优点。当液压系统发生故障时，根据原理图检查十分方便，但原理图比较复杂，绘制比较麻烦。我国已经制定了一种用规定的图形符号来表示液压原理图中的各元件和连接管路的国家标准，即《流体传动系统及元件　图形符号和回路图　第1部分：图形符号》（GB/T 786.1—2021）。在标准中，对这些图形符号有以下几条基本规定：

（1）符号只表示元件的职能，连接系统的通路，不表示元件的具体结构和参数，也不表示元件在机器中的实际安装位置。

（2）元件符号内的油液流动方向用箭头表示，线段两端都有箭头的，表示流动方向可逆。

（3）符号均以元件的静止位置或中间零位置表示，当系统的动作另有说明时，可作例外。

二、液压传动的优缺点

（一）液压传动系统的主要优点

液压传动之所以能得到广泛的应用，是因为它与机械传动、电气传动相比具有以下主要优点：

（1）因为液压传动是用油管连接的，所以借助油管的连接可以方便灵活地布置传动机构，这是比机械传动优越的地方。例如，在井下抽取石油的泵可采用液压传动来驱动，以克服长驱动轴效率低的缺点。液压缸的推力很大，加之极易布置，在挖掘机等重型工程机械上，已基本取代了老式的机械传动，不仅操作方便，而且外形美观大方。

（2）液压传动装置的质量轻、结构紧凑、惯性小。例如，相同功率时，液压马达的体积为电动机的12%～13%。液压泵和液压马达单位功率的质量指标，目前是发电机和电动机的1/10，液压泵和液压马达可小至0.002 5 N/W，发电机和电动机则约为0.03 N/W。

（3）可在大范围内实现无级调速。借助阀或变量泵、变量马达，可以实现无级调速，调速范围可达1∶2 000，并可在液压装置运行的过程中进行调速。

（4）传递运动均匀平稳，负载变化时速度较稳定。正因为此特点，金属切削机床中的磨床传动现在几乎都采用液压传动。

（5）液压装置易于实现过载保护。借助于设置溢流阀等可实现过载保护，同时液压件能自行润滑，因此使用寿命长。

（6）液压传动容易实现自动化。借助于各种控制阀，特别是液压控制和电气控制结合使用，能很容易地实现复杂的自动工作循环，而且可以实现遥控。

(7) 液压元件已实现了标准化、系列化和通用化，便于设计、制造和推广使用。

(二) 液压传动系统的主要缺点

(1) 液压传动系统中的漏油等因素，影响运动的平稳性和正确性，使液压传动不能保证严格的传动比。

(2) 液压传动对油温的变化比较敏感，温度变化时，液体黏性变化引起运动特性的变化，使工作的稳定性受到影响，所以它不宜在温度变化很大的环境条件下工作。

(3) 为了减少泄漏，以及为了满足某些性能上的要求，液压元件的配合件制造精度要求较高，加工工艺较复杂。

(4) 液压传动要求有单独的能源，不像电源那样使用方便。

(5) 液压系统发生故障时不易检查和排除。

总之，液压传动的优点是主要的，随着设计制造和使用水平的不断提高，有些缺点正在逐步加以克服。液压传动有着广泛的发展前景。

三、液压传动的应用和发展

(一) 液压传动系统的主要应用

驱动机械运动的机构以及各种传动和操纵装置有多种形式。根据所用的部件和零件，传动装置可分为机械的、电气的、气动的、液压的。几种不同的形式也可以组合起来运用。液压传动具有很多优点，使这种新技术发展得很快。液压传动应用于金属切削机床也不过四五十年的历史。航空工业在 1930 年以后才开始采用。特别是最近二三十年以来，液压技术在各种工业中的应用越来越广泛。

在机床上，液压传动常应用在以下的一些装置中：

1. 进给运动传动装置

磨床砂轮架和工作台的进给运动大部分采用液压传动；车床、六角车床、自动车床的刀架或转塔刀架，铣床、刨床、组合机床的工作台等的进给运动也都采用液压传动。这些部件有的要求快速移动，有的要求慢速移动，有的则既要求快速移动也要求慢速移动。这些运动多半要求有较大的调速范围，要求在工作中无级调速；有的要求持续进给，有的要求间歇进给；有的要求在负载变化下速度恒定；有的要求有良好的换向性能等。所有这些要求都是可以用液压传动来实现的。

2. 往复主体运动传动装置

龙门刨床的工作台、牛头刨床或插床的滑枕，要求做高速往复直线运动，并且要求换向冲击小、换向时间短、能耗低，因此都可以采用液压传动。

3. 仿形装置

车床、铣床、刨床上的仿形加工可以采用液压伺服系统来完成。其精度可达

0.01～0.02 mm。此外，磨床上的成形砂轮修正装置也可采用这种系统。

4. 辅助装置

机床上的夹紧装置、齿轮箱变速操纵装置、丝杠螺母间隙消除装置、垂直移动部件平衡装置、分度装置、工件和刀具装卸装置、工件输送装置等，采用液压传动后，有利于简化机床结构，提高机床自动化程度。

液压传动在各类机械行业中的应用举例见表 3-0-7。

表 3-0-7　液压传动在各类机械行业中的应用举例

行业名称	应用场所举例
工程机械	挖掘机、装载机、推土机、压路机、铲运机等
起重运输机械	汽车起重机、港口起重机、叉车、装卸机械、皮带运输机等
矿山机械	凿岩机、开掘机、开采机、破碎机、提升机、液压支架等
建筑机械	打桩机、液压千斤顶、平地机等
农业机械	联合收割机、拖拉机、农具悬挂系统等
冶金机械	电炉炉顶、轧钢机、压力机等
轻工机械	打包机、注塑机、校直机、橡胶硫化机、造纸机等
汽车工业	自卸式汽车，平板车，高空作业车，汽车中的转向器、减振器等
智能机械	折臂式小汽车装卸器、数字式体育锻炼机、模拟驾驶舱、机器人等

（二）液压传动技术的发展概况

液压传动相对于机械传动来说是一门新学科。从 17 世纪中叶帕斯卡提出静压传动原理，18 世纪末英国制成第一台水压机算起，液压传动已有二三百年的历史，只是由于早期技术水平和生产需求的不足，液压传动技术没有得到普遍应用。随着科学技术的不断发展，对传动技术的要求越来越高，液压传动技术自身也在不断发展，特别是在第二次世界大战结束后，液压技术迅速转向民用工业，不断应用于各种自动机及自动生产线。

我国的液压工业开始于 20 世纪 50 年代，液压元件最初应用于机床和锻压设备。20 世纪 60 年代获得较大发展，已渗透到各个工业部门，在机床、工程机械、冶金、农业机械、汽车、船舶、航空、石油及军工等领域中都得到了普遍应用。近 30 年来，原子能技术、航天航空技术、控制技术、材料科学、微电子技术等学科的发展，再次将液压技术推向前进，使它发展成为包括传动、控制、检测在内的一门完整的自动化技术，在国民经济的各个部门都得到了应用。当前，液压技术正向高压、高速、大功率、高效率、低噪声、低能耗、长寿命、高度集成化等方向发展。同时，新元件的应用、计算机辅助设计、计算机仿真和优化、微机控制等工作，也取得了显著成果。

第九节 柴油、润滑油、润滑脂、液压油、制动液的使用

一、柴油

（一）柴油的类型和规格

柴油分为轻柴油、重柴油、军用柴油和农用柴油等。

1. 轻柴油

轻柴油是转速在 1 000 r/min 以上的高速柴油机的燃料。使用轻柴油的农业机械主要有拖拉机、联合收割机、农用柴油汽车、柴油发电机组及排灌用高速柴油机。

轻柴油按凝点分为 10 号、0 号、−10 号、−20 号、−35 号和−50 号六个牌号，分别表示凝点不高于 10 ℃、0 ℃、−10 ℃、−20 ℃、−35 ℃、−50 ℃，牌号越高凝点越低。

2. 重柴油

重柴油是转速在 1 000 r/min 以下的中、低速柴油机的燃料。重柴油按凝点分为 10 号、20 号、30 号三个牌号，分别表示凝点不高于 10 ℃、20 ℃、30 ℃。

（二）柴油的主要使用性能

柴油的使用性能主要有燃烧性能（着火性）、供给性能（低温流动性）、喷雾性能（雾化性和蒸发性）和腐蚀性。

1. 燃烧性能

柴油的燃烧性能是指柴油喷入气缸后的自燃能力。评定柴油燃烧性能的主要质量指标是十六烷值。

十六烷值高的柴油易形成过氧化物，着火延迟期短，燃烧性能好，速燃期内压力升高率正常，启动性好，柴油发动机工作平稳；反之，燃烧性能不好，柴油发动机工作粗暴，积炭多，不易启动，气缸磨损增加。经试验，十六烷值从 39 升到 56 时，油耗增大 7%～9%，排烟量增加 12%～24%。

一般来说，1 000 r/min 以上的高速柴油机使用十六烷值为 40～50 的轻柴油，500～1 000 r/min 的中速柴油机使用十六烷值为 30～40 的轻柴油，500 r/min 以下的低速柴油机使用重柴油。

2. 供给和喷雾性能

供给和喷雾性能实际上是指柴油的低温流动性、雾化性和蒸发性，它们直接影响供油和喷雾状况，而决定上述性能的主要指标是柴油的黏度、浊点、凝点、冷滤点、馏程、闪点、水分和机械杂质等。

(1) 黏度。黏度表示柴油的流动难易程度和稀稠程度，它直接影响喷雾性能和燃

烧性能。一般高速柴油机使用黏度较小的柴油，低速柴油机使用黏度较大的柴油。

（2）浊点、凝点和冷滤点。浊点、凝点和冷滤点是反映柴油低温流动性能的指标。

①浊点。由于柴油中含有水分和石蜡，当温度降低时，水分和石蜡就会析出、结晶，使柴油出现混浊现象，这一最初温度称为浊点。柴油在浊点时开始变成糊状，其流动和过滤变得困难。

②凝点。柴油出现浊点后继续降温，即开始凝固而失去流动性，这时的初始温度称为凝点。我国的轻柴油按凝点划分牌号。

③冷滤点。冷滤点是指在规定条件下，在 1 960 Pa 真空压力下进行抽吸，1 min 内使柴油通过过滤器不足 20 mL 的最高温度。冷滤点与柴油实际使用的最低温度有良好的对应关系，即冷滤点可作为根据气温选用柴油的依据。

（3）馏程。馏程是油品在规定条件下蒸馏所得到的以初馏点和终馏点表示其蒸发特征的温度范围。馏分轻的柴油蒸发性好，启动性好，燃烧完全。但馏分过轻的柴油，十六烷值过低，柴油机工作粗暴。馏分过重的柴油，十六烷值过高，蒸发慢，黏度也大，雾化不良，所以馏分要适当。轻柴油的馏程采用 50%、90%、95%馏出温度（馏出物体积分别为 50%、90%、95%时的温度）来衡量。一般用 300 ℃的馏出量来评定柴油的蒸发性。

（4）闪点。闪点是评定油料的蒸发性和安全性的指标。油料在规定条件下加热蒸发，蒸气和空气的混合气遇明火发生短促闪燃的最低温度称为闪点。储运时，油料受热的最高温度应低于闪点 20～30 ℃。一般冬季用柴油的闪点要求高于 50 ℃，而夏季用柴油的闪点必须高于 65 ℃。

（5）水分和机械杂质。水分和机械杂质也是评定柴油供给性能的指标。柴油中的水分在 0 ℃以下时容易结冰或生成小颗粒的冰晶，会冻结油管或堵塞过滤口，造成供油中断或供油不畅。同时，水分与柴油燃烧形成的硫化物生成硫酸，会腐蚀机器。此外，还会加剧燃油系统精密件的磨损或引起卡塞，导致供油压力降低，雾化性能变差或不能正常供油。在国家标准中，对生产油品所含的水分和机械杂质做了严格规定。

3. 腐蚀性

柴油中含有的硫分、酸、碱、水分、灰分和残炭等杂物，都对发动机的零件产生腐蚀作用，其中以硫分影响最大。使用硫分较多的柴油，不但会增大对发动机的腐蚀，而且由于含硫油料燃烧后生成硬质积炭，还会增加机械磨损。经试验，当含硫量超过1%时，磨损将剧烈增加，同时含硫的废气进入曲轴箱，会增加润滑油的沉淀和促使润滑油老化变质。

（三）轻柴油的选用

原则上要求柴油的凝点略低于当地的气温，以保证在最低气温时不致凝固。各号轻柴油适用的气温范围见表 3-0-8。

表 3-0-8　各号轻柴油适用的气温范围　℃

轻柴油牌号	10 号	0 号	－10 号	－20 号	－35 号	－50 号
凝点（不高于）	10	0	－10	－20	－35	－50
适用地区的最低气温	15	5	－5	－15	－30	－45
风险率为 10%的适用地区最低气温	—	4	－5	－14～－5	－14～－2	－44～－29

不同牌号的轻柴油可以调和使用以改变其凝点。在缺乏低凝点轻柴油时，可以用凝点稍高的柴油掺入适量煤油使用，但柴油中不能加入汽油。如只能使用较高凝点的柴油时，可采用预热及加温等措施。

二、润滑油

（一）内燃机油

1. 内燃机油的分类

我国石油产品及润滑剂按国家标准规定进行分类。内燃机油属于 L 类（润滑剂和有关产品）中的 E 组。内燃机油按特性和使用场合分为汽油机油和柴油机油。

2. 内燃机油的牌号和规格

内燃机油的牌号和规格由质量等级和黏度等级两部分组成，质量等级用字母表示，黏度等级用数字表示。

（1）汽油机油质量等级。汽油机油按质量等级分为 SE、SF、SG、SH、GF-1、SJ、GF-2、SL 和 GF-3 九个品种。其中常用的有以下几种：SE 用于轿车和某些货车的汽油机，具有防止高温氧化、低温锈蚀和高温沉积的能力；SF 用于轿车和某些货车的汽油机，氧化稳定性较好，同时改进了抗磨性；SG 用于轿车、货车的汽油机，可抑制发动机沉积与机油氧化，减少发动机磨损，减少低温油泥生成；SH 用于轿车和轻型货车的汽油机，防挥发性和过滤性更佳。

（2）柴油机油质量等级。柴油机油按质量等级分为 CC、CD、CF、CF-4、CH-4 和 CI-4 六个品种。其中常用的有以下几种：CC 用于燃料质量较低，中及重载荷的柴油机，可防止低温或高温沉积，防止锈蚀和腐蚀；CD 用于高硫燃料柴油机，可有效减轻磨损和防止沉积物生成；CF 可用于各种类型的发动机，尤其是间接喷油柴油发动机。

（3）内燃机油黏度分级。冬用机油按－18 ℃时的黏度分为 0 W、5 W、10 W、15 W、20 W、25 W（W 指低温黏度），春季、夏季机油按 100 ℃时的黏度分为 20、30、40、50、60 五个等 级。在－18 ℃和 100 ℃时所测的黏度值只能满足其中之一者，称为单级油，同时能满足两种温度下黏度要求的机油称为多级油。如 5 W/20、10 W/30、15 W/30、20 W/30 等，分母表示 100 ℃黏度等级，分子表示低温黏度等级。

3. 内燃机油的主要使用性能

内燃机油的主要使用性能指标有黏度、黏温性、氧化安定性、腐蚀性、水分和机械杂质等。

（1）黏度。黏度表示润滑油黏稠程度，是评价润滑油流动性的指标。黏度太大，流动性能差，润滑油不能及时进入润滑部位，往往形成半干摩擦和干摩擦。反之，油的黏度太小，润滑表面不易形成油膜或油膜易破坏，润滑不可靠，也将加剧机器的磨损和损坏。

（2）黏温性。油品黏度随温度变化的特性称为黏温性。润滑油的黏度随温度变化的程度越小，则油品的黏温性越好。农业机械的工作环境温度变化较大，要求润滑油在工作条件下的黏度随温度变化的程度尽量小些。

（3）氧化安定性。氧化安定性表示润滑油抵抗氧化的能力。一般润滑油在常温下，氧化安定性很好，在高温下却迅速变差。在高温氧化和金属催化作用下，会生成大量的胶质和酸性物质，使润滑油品质恶化，在发动机各部位形成沉积物。

（4）腐蚀性。腐蚀性是指润滑油对金属的腐蚀能力。控制润滑油腐蚀性的指标有酸值、水溶性酸或碱及腐蚀度等。

（5）水分和机械杂质。油品中的水分和机械杂质主要是在运输、储存和使用过程中混入的。油中含有水分，将使润滑油加速氧化或乳化变质（变白），使油品中的添加剂失效。

4. 内燃机油的选用

（1）黏度等级的选用原则。在保证液体润滑的条件下，尽量选用黏度小的润滑油，这样能减轻摩擦和磨损，节油、冷却和清洁效果好。

发动机负载大、转速低（如大型推土机、起重机、挖掘机、履带式牵引车和船用内燃机）时，应选用黏度大的润滑油，反之应选用黏度小的润滑油。

冬季寒冷地区，如东北、西北地区，应选用黏度小、低温流动性好的内燃机机油，最好选用多级油。多级油有良好的黏温性和低温流动性，既能满足高负载条件下的润滑，又能满足低温顺利启动的要求，还可以节约燃料、降低机油的消耗，而且多级油可以四季不换油。

（2）油品质量等级的选用原则。根据发动机的机械负载和热负载，以及是否增压选用。机械负载和热负载大，以及增压发动机，一般选 SM 等级以上、润滑性能较好的润滑油。

根据使用条件选用。若发动机长期在负载大、道路条件差和气候恶劣的条件下工作，长期处在低温、低速状态下工作，或长期处于高温、高速情况下工作，则选润滑油时要提高一个质量等级。

根据发动机情况选用。对于旧发动机，技术状况恶化，工作中机油循环系统耗油量大，没有必要使用质量等级过高的润滑油。

（3）汽油机油的选用原则。汽油机油的选用主要考虑其黏度、当地气温及发动机磨损情况。气温高时，选用黏度大的润滑油；气温低时，选用黏度小的润滑油；磨损严重的发动机可选用黏度大的润滑油；新发动机应选用黏度小的润滑油；南方比北方选用的机油黏度要大；用于拖拉机比用于汽车的机油黏度要大；发动机转速低、轴承负载大时比转速高、负载小时所用机油黏度要大。此外，还应考虑发动机轴承合金的耐蚀性，如耐蚀性好的锡基巴氏合金轴承，可选用一般的车用机油，而耐蚀性差的铅轴承等，就应选用加有抗腐蚀添加剂的车用机油。

（4）柴油机油的选用原则。柴油机油的选用原则与汽油机油的选用原则基本上是一致的，所不同的是一般汽油机因负载较小，都用锡基巴氏合金轴承或铅基巴氏合金轴承；而高速柴油机由于负载较大、温度较高，常采用铅青铜或锡基合金等，这类合金耐高压和耐磨，但耐蚀性都较差。因此，高速柴油机要求使用腐蚀性较低的柴油机油，即要求柴油机油的酸值要小，加入的抗氧、抗腐蚀添加剂要多一些，添加量一般为0.3%。选用时要注意，一般情况下汽油机油与柴油机油不能换用。

（二）车辆齿轮油

1. 车辆齿轮油的分类、牌号和规格

（1）车辆齿轮油的分类。参照《润滑剂和有关产品（L类）的分类　第7部分：C组（齿轮）》（GB/T 7631.7—1995），我国的车辆齿轮油分为普通车辆齿轮油、中负荷车辆齿轮油和重负荷车辆齿轮油三种，分别相当于按美国石油学会（API）使用性能分类的GL-3级、GL-4级和GL-5级。

（2）车辆齿轮油的牌号。参照美国汽车工程师学会（SAE）黏度分类法，我国的车辆齿轮油分为70W、75W、80W、85W、90、140和250七个牌号。

（3）车辆齿轮油的规格。车辆齿轮油的规格包括API使用性能和SAE黏度等级号两部分内容。

普通车辆齿轮油适用于中速和负荷比较苛刻的手动变速器和螺旋锥齿轮驱动桥，主要有80 W/90、85 W/90和90三个牌号。

中负荷车辆齿轮油适用于低速高扭矩、高速低扭矩下操作的各种齿轮，特别是客车和其他各种车辆的准双曲面齿轮。

重负荷车辆齿轮油适用于高速冲击负荷、高速低扭矩和低速高扭矩下操作的各种齿轮，特别是轿车和其他各种车辆的双曲面齿轮，主要有75 W、80 W/90、85 W/90、85 W/140和90五个牌号。

2. 车辆齿轮油的主要使用性能

车辆齿轮油的主要使用性能包括极压抗磨性能、抗腐蚀性能和消泡性能等。

3. 车辆齿轮油的选用

选用车辆齿轮油时，应按车辆使用说明书的规定选择与该车型相适应的车辆齿轮

油品种和牌号，也可以根据齿轮类型和工作条件的苛刻程度选择齿轮油的使用性能级别，根据当地季节气温选择车辆齿轮油的黏度级别。

三、润滑脂

（一）润滑脂的代号

润滑脂通过在润滑油（基础油）中加入稠化剂、稳定剂、添加剂等制成。按加入稠化剂（皂基）的不同分为钙基、钠基、钙钠基、锂基及二硫化钼润滑脂等。润滑脂实际上是一种稠化的润滑油，常温下是黏稠的半固体油膏。在润滑脂中，润滑油含量一般为80%～85%，它的黏度决定了润滑脂的润滑性；稠化剂是动植物油（如钙皂、钠皂等），它的作用是增加油的稠度。用水和甘油将润滑油和金属皂基稳定在一起，便成为钙基润滑脂、钠基润滑脂、钙钠基润滑脂等。稠化剂构成骨架，润滑油被吸附在骨架的空隙里。

我国润滑脂的整体代号由三部分组成，即L＋一组大写字母（5个）＋稠度等级代号。

例如，L-XEGHB 00，其中每项的含义如下：

L——润滑剂和有关产品的类别代号。

X——润滑脂的组别代号。

E——最低的操作温度，A～E依次表示最低的操作温度为0 ℃、－20 ℃、－30 ℃、－40 ℃和小于－40 ℃。

G——最高的操作温度，A～G依次表示最高的操作温度为60 ℃、90 ℃、120 ℃、140 ℃、160 ℃、180 ℃和大于180 ℃。

H——在水污染的操作条件下，其抗水性能和防锈水平。对于环境条件，L表示干燥环境，M表示静态潮湿环境，H表示水洗；对于防锈性，L表示不防锈，M表示淡水存在下的防锈性，H表示盐水存在下的防锈性。用字母A～I分别表示各种环境条件和防锈性的组合，例如，A表示干燥环境、不防锈（L＋L），B表示干燥环境、淡水防锈（L＋M）。

B——在高负载或低负载场合下的润滑性能。A表示非极压型脂，B表示极压型脂。

00——润滑脂稠度等级（锥入度）。

（二）润滑脂的用途

1. 钙基润滑脂

钙基润滑脂是一种使用广泛的通用润滑脂，其特点是抗水性较强，耐高温性差，适用于拖拉机、汽车和各种农业机械的大部分滚动轴承中，一般适用于潮湿环境或与水接触的各种机械部件的润滑。其使用温度一般不超过70 ℃，润滑部件的转速在3 000 r/min以下。低温时，钙基润滑脂内所含水分容易结成冰，因而也不宜低温使用。

加注润滑脂时，不要过满，一般装 1/3～1/2 即可，否则会增加摩擦阻力，使轴承发热。

2. 钠基润滑脂

钠基润滑脂是由动植物油加烧碱制成的钠皂与稠化机油制成的，以甘油作稳定剂。它的特点是耐高温性好，抗水性较差，遇水起乳化作用（因钠皂最易溶于水）。因此，其不能在潮湿条件下工作，适用于温度高、不遇水的润滑部位，如离合器前轴承、发电机轴承等。

3. 钙钠基润滑脂

钙钠基润滑脂是用钙皂、钠皂和稠化润滑油制成的，其性能介于钙基润滑脂与钠基润滑脂之间。它既有一定的抗水性（优于钠基），又有一定的耐高温性（优于钙基），广泛用于拖拉机、汽车和各类电动机轴承的润滑。

钙钠基润滑脂适用于潮湿环境中，工作温度为 80～100 ℃，其价格较贵，要注意合理选用。

4. 锂基润滑脂

锂基润滑脂是由脂肪酸锂皂和稠化润滑油制成的，外观呈发亮的奶油状。其特点是耐高温性较好，适应温度范围广，并具有良好的机械安定性、耐低温性、流动性、抗水性和较小的摩擦因数，性能上优于其他各种润滑脂。它可以代替钙基、钠基润滑脂等。

5. 二硫化钼润滑脂

二硫化钼润滑脂是用二硫化钼粉以质量分数为 3%～5%的比例加到各种润滑脂里制成的。其耐高温性、抗压性、耐腐蚀性等使用性能均有较大的改善，对高速、重负载、高温及有化学腐蚀的润滑部位，均有良好的润滑效果。将二硫化钼润滑脂用到拖拉机及各种农业机械的轴承上，润滑效果良好，并可延长保养周期。

（三）润滑脂的主要使用性能指标

润滑脂的主要使用性能指标是锥入度、滴点和胶体安定性等。

1. 锥入度

锥入度是润滑脂的软硬性（稠度）指标。

2. 滴点

滴点是使用温度指标。滴点越高，耐高、低温性能越好，润滑脂的使用温度一般要比滴点低 20～30 ℃，甚至低 40～60 ℃。

3. 胶体安定性

胶体安定性（析油量）是表示润滑脂在储存和使用中油、皂不分层的特性，也就是润滑油与稠化剂结合的稳定性。

四、液压油

（一）液压油的规格及用途

液压油是液压系统传递动力的介质，也是相对运动零件的润滑剂，它除了传递动力外，还具有润滑、冷却、洗涤、密封和防锈等用途。

液压油分石油基液压油和难燃液压油两大类。石油基液压油可分为普通液压油、专用液压油、抗磨液压油和高黏度指数液压油等。难燃液压油可分为合成液压油和含水液压油。含水液压油又可分为水-二元醇基液压油和乳化液，乳化液又分为油包水乳化液和水包油乳化液。

目前，除大型锻压设备上应用难燃液压油外，一般液压设备都采用石油基液压油。农业机械的液压传动大多采用石油基液压油。

根据《润滑剂、工业用油和相关产品（L类）的分类　第2部分：H组（液压系统）》（GB/T 7631.2—2003），液压油分为HH液压油、HL液压油、HM液压油、HR液压油、HV液压油、HS液压油及HG液压油等。液压油代号中的L表示属于润滑剂、工业用油和相关产品类，H组表示液压系统。

（二）液压油的使用性能

液压油的使用性能指标有黏度、黏温性、氧化安定性、腐蚀性、低温流动性和润滑性等，这里只介绍液压油的抗乳化性、消泡性和可压缩性。

1. 抗乳化性

液压油遇水时能有效地抵抗乳化的性能和能迅速地与水分离的能力，称为抗乳化性。

2. 消泡性

液压油对油液的消泡性能要求很高，这是因为空气在常压下以6%～12%（体积）溶解在油中，当压力增高时，空气的溶解度也增加。若空气在液压油中溶解过多，多余的空气则以气泡的形式存在并形成泡沫。含气泡的液压油进入液压系统，会出现工作不灵、振动、噪声及运动不平稳等现象。液压油中过多的空气还可加速油液的氧化。为防止这些现象发生，在液压油中加入消泡沫添加剂，可以提高油液自身的消泡性能。

3. 可压缩性

液压油在压力作用下，容积减小，密度增大。液体的可压缩性随温度和压力而变化。一般液压油的可压缩性很小，但油中有气泡时，可压缩性将大大增加，从而降低液压传动效率。

（三）液压油的选用

选用液压油时应考虑使用条件、液压泵类型、液压机构的结构、工作压力、工作温度和气温等因素。

（1）一般静液压传动要求恩氏黏度$^\circ E_{50}=2\sim3$，50 ℃运动黏度为$(11.4\sim20.3)\times10^{-6}\ m^2/s$；动液压传动要求恩氏黏度$^\circ E_{50}=2\sim3.5$，50 ℃运动黏度为$(20.5\sim24.6)\times10^{-6}\ m^2/s$。

（2）周围环境温度高，采用高黏度油；周围环境温度低，选用低黏度油。

（3）一般压力高时，选用高黏度液压油，反之选用低黏度液压油。如压力低于7 MPa时，用50 ℃运动黏度为$(20\sim28)\times10^{-6}\ m^2/s$的液压油；压力为7～20 MPa时，用50 ℃运动黏度为$60\times10^{-6}\ m^2/s$的液压油（$\leqslant110\times10^{-6}\ m^2/s$）。

(4) 在低压往复运动的驱动中，当活塞速度很高（速度大于或等于 8 m/min）时，采用低黏度液压油；在旋转驱动中，用黏度较高的液压油。

(5) 在高温、高压、需要密封处，以及间隙大、运动速度不高、漏油损失又很大时，可采用黏度高的液压油。当转速或运动速度很高时，油液流速也高，液压损失急剧增加，宜用黏度低的液压油。

(6) 稠化液压油是我国近年生产的一种专用液压油，性能良好，适合在要求比较高的情况下工作。该液压油工作时泡沫少，噪声小，可用于建筑、工程和起重机械等液压系统。

(7) 农业机械上常用液压油的选用：拖拉机液压传动两用油主要用于传动与液压系统同用一个油箱的大、中型拖拉机及工程机械；HM 液压油用于拖拉机、汽车及工程机械的液压系统；HV 液压油用于严寒地区的拖拉机、汽车及工程机械的液压系统。

五、制动液

《机动车辆制动液》（GB 12981—2012）规定，合成制动液分为 4 级：HZY3、HZY4、HZY5 和 HZY6，其中，HZY3、HZY4 和 HZY5 分别对应美国交通运输部制动液类型的 DOT3、DOT4、DOT5.1，沸点逐级升高。

制动液的旧标准很多，其中有些目前仍在广泛使用，而且销售时多用商品名称（如 912 合成制动液、ZJ-100 制动液等），驾驶员很难掌握制动液标准名称，因此应严格按照使用说明书规定的要求选用制动液。

【农机行业典型人物案例】

案例一

王树军，山东潍柴动力一号工厂首席技师，曾获山东省十大“齐鲁工匠”“齐鲁首席技师”“山东省有突出贡献技师”“富民兴鲁劳动奖章”“山东省省管企业道德模范”；2019 年 1 月 18 日，当选 2018 年“大国工匠年度人物”；2019 年 4 月 23 日，荣获全国五一劳动奖章。王树军攻克的海勒加工中心光栅尺气密保护设计缺陷，填补国内空白，成为中国工匠勇于挑战进口设备的经典案例；独创的“垂直投影逆向复原法”，解决了斗山加工中心定位精度为千分之一度的 NC 转台锁紧故障，打破了国际技术封锁和垄断。

王树军 1997 年从潍柴技校毕业，毕业后的第一份工作，就是在潍柴的老车间维修老式的机床。2005 年，潍柴为提升主力产品 WP10 发动机竞争力，先后从德国和日本引进了世界最先进数控加工中心和加工单元。在这些顶尖设备安装初期，在某品牌加工中心调试过程中，废品率高达 10%，外国专家一筹莫展。王树军根据非对称铸造件内应力缓释原理，结合实际、大胆创新，在原设计基础上加装夹紧力自平衡机构，将废品率成功控制在 0.1%之内，为中国工人赢得了尊重。2012 年，一台定位精度为千分之一度的进口加工中心 NC 转台锁紧出现严重漏油现象，面对这个整合了机械、液压、电气、气动各个环节的铁疙瘩，售后服务人员也无从下手，建议返厂维修。王树军利用独创的“垂直投影逆向复原法”，绘制传动三维示意图确定复原思路，在不使用专用工装的情况下，凭借“机械传动微调感触法”，成功在微米级装配精度下排除设备故障。2014 年，他仅用 10 天时间就成功改进进口双轴精镗床，解决了产品新工艺刀具不配套的加工难题，缩短了新产品的投产周期，节约购置资金 300 余万元。2016 年，他用 50 天时间主持完成了气缸盖两气门生产线向四气门生产线换型的改造，改进设备 15 台套、改进工装 20 套，累计节省采购成本 1 024 万元。

由王树军设计制造的“气缸盖气门导管孔自动铰孔装置”，解决了漏铰及铰孔质量差的问题，每年创造效益 500 余万元，获得国家实用新型发明专利。“H1 气缸盖自动下料单元”有效解决了人工搬运工件及翻转磕碰伤问题，每年创造效益 850 万元，获得潍柴科技创新大会特等奖。“机体框架自动合箱机”“机体主螺栓自动拧紧单元”等 10 多项自动化设备成功用于生产，整体效率提升 25%，每年创造经济效益 2 530 余万元。

案例二

缪士贵，出生于 1970 年，是扬中一位地道的农民，在田间地头摸爬滚打二十几年，练就了一手“望闻问切”的绝活，成为远近闻名的“农机医生”。在首届“全国农业行业职业技能大赛”中，勇夺一等奖个人第三名的好成绩，获得人力资源和社会保障部授予的“全国技术能手”荣誉称号。

初中学历的缪士贵刚接触农机维修时感觉有点力不从心，他就跑到农机厂家听培训、学图纸、记原理，能当场解决的当场消化，暂时弄不明白的带回家彻夜研究。为了弄懂故障原理，机械类书籍看了一本又一本；门市上的新机器被缪士贵拆了又装、装了又拆。

1998 年，缪士贵的姐姐承包了扬中兴隆农机门市部，并购买了收割机。“那个时候收割机很少见，更别说维修了。每次机器一坏，就要请公司专业人员来修，费钱费时。”缪士贵说，于是姐弟俩决定去收割机公司学习，凭借扎实的农机修理底子，他很快“学成归来”。2005 年，插秧机来了，从步进式到自走式，插秧速度越来越快。再后来，治虫、施肥一类的植保机也开始推广运用……对农业机械化的发展，缪士贵如数家珍，在多年的农机维修生涯中，他也在不断见证各类新农机走进农村，改变着传统的种田方式。

对缪士贵而言，“每一台新农机都是一个新挑战。”每次有到农机厂家学习培训的机会，他从不会落下，自己还订了好几份农业科技、农机维修方面的刊物，一有空就静心钻研。因为这样的精神，缪士贵的技术越来越好。农忙时，一旦农机出故障，村民们第一个想到的就是缪士贵，一接到求助电话，他总是第一时间赶到现场调整修理，成了“及时雨”。

缪士贵说，“三百六十行，行行出状元”，不论从事什么工作，都要爱一行钻一行，才能在平凡的岗位上做出不平凡的业绩。

典型人物事迹感想：____

____

____

____

____

____

典型人物工匠精神总结凝练：____

____

____

____

____

____

项目一
农机零件的鉴定与修复

任务　农机零件的鉴定与修复

【任务目标与质量要求】

对农机零件进行鉴定，判定零件是否可继续使用，或需要修理，或报废；对可修复的零件，编制工艺并采用正确的方法进行修复。

【学习产出目标】

（1）了解磨损零件的分类，掌握零件鉴定的方法；

（2）编制零件修复工艺；

（3）采用镗修、磨修、焊修、热处理等方法修复零件。

【工作程序与方法要求】

第一项　零件的鉴定

查明零件的技术状态，确定它们是否可继续使用与是否适于修理；确定需要更换、补充或加工制造零件的名称、规格和数量；对于适于修理的零件，拟订合理的修理方案和技术要求；零件修理后也要进行鉴定，以查明其质量是否合乎技术要求。

第二项　编制零件修复工艺

修复工艺规程要根据修复工艺的操作规程和修复零件的具体情况制订。修复是指将磨损的零件恢复到原有的几何形状或标准尺寸的修理技术。修复方法有机械加工法、塑性变形法、铸补法、涂覆金属层工艺、补焊法、胶粘法、表面强化处理等。

现以补焊法和表面强化处理两种方法为例，编制修复工艺。

对需要修复的零件进行补焊是应用较广泛的一种修复工艺。补焊的性能要满足零件工作条件和性能要求。以箱体类零件为例，补焊的修复工艺路线如下：箱体类修复零件的表面清洁－待修复零件补焊－磁力探伤检查－车工－成品检查。

待修复零件可能同时有几个缺陷，需要拟定合理的修复工艺顺序，制订适宜的修复工艺路线，优选各道工序的工艺和规范，制订工艺卡片，以保证修复质量，提高生产效率和降低成本。如花键轴同时存在以下缺陷：作为工艺基准的顶尖孔损伤、轴弯曲、轴承安装带磨损、花键侧面磨损。其合理的零件修复工艺路线如下：修复顶尖孔—校正轴的弯曲—喷焊轴承安装带—喷焊花键侧面—检查校直—磨修轴承安装带—磨削键齿侧面—成品检查。

第三项　采用镗修、磨修、焊修、热处理等方法修复零件

1. 镗修

计算镗削量，选择镗缸定位基准，确定气缸镗削中心，选择适当的吃刀量。

2. 磨修

（1）曲轴的磨削：在曲轴校正的基础上进行曲轴轴颈的磨削。

（2）连杆轴颈的磨削：偏心磨削法和同心磨削法。

（3）曲轴严重磨损，采用等离子喷涂法修复：喷涂前轴颈的表面处理、喷涂、喷涂后检查喷涂层与轴颈基体是否结合紧密。

3. 焊修

根据零件的特点，选择不同的焊修方式。

4. 典型零件的热处理

（1）锻造连杆热处理工艺：锻造—正火—粗加工—调质—精加工。

（2）犁铧热处理工艺：下料—冲型（热冲）—铣刃口—冲孔、压型—淬火、回火—检验。

【业务知识】

一、磨损零件分类依据

（一）极限磨损

当零件不可能或不应再继续使用时的磨损程度就称为极限磨损。也就是说，这时零件必须修理或更换，否则就会引起事故或经济性很差。

正确、合理地确定极限磨损是很重要的。如果定得过严，就不能充分发挥零件应

有的作用；如果定得过松，就不能保证机器正常的工作，甚至会受到不应有的损失。确定不同类型零件极限磨损时所依据的原则应有不同。

对拖拉机来说，其大致上可以分为两大类。第一类是传动机构的零件，如曲轴、轴承和齿轮等。随着工作时间的增加，这类零件逐渐磨损，其配合间隙也随之增大。当间隙增大到一定程度时，液体润滑条件被破坏，同时产生冲击，开始产生剧烈的磨损。如果再继续工作下去，就会导致零件破坏，这是不允许的。因此，开始发生剧烈磨损时所对应的零件磨损量就应该被定为该零件的极限磨损值。第二类是发动机中与产生动力直接相关的零件，如活塞组、配气系统的零件等。这类零件一般不会发生剧烈磨损，但随着它们的磨损，发动机的功率下降、燃油和润滑油消耗增加。当其状况显著恶化时，再继续工作下去就很不经济，这时零件的磨损量就应该被定为该零件的极限磨损值。

（二）许可磨损

零件已有某种程度的磨损，但在修理前还不会达到磨损极限，允许不加修理继续使用，这种允许不加修理的磨损限度称为许可磨损，修理技术标准中“允许不修理的”一项即该项。

某些零件的磨损虽未达到极限磨损，但已超过许可磨损，如果继续工作下去，就可能达到极限磨损，不得不提前进行修理或更换，从而增加修理次数和成本，降低机器使用效率。因此，凡是超过许可磨损的零件，虽未达到极限磨损，也应进行修理。应该指出的是，不能认为凡超过了许可磨损限度的零件就一定要修理。这是因为超过许可磨损而尚未达到极限磨损的零件仍然能继续使用一定的期限。因此，应按不同情况合理处理。

以上所述的是零件自然磨损的情况，至于其他缺陷，如裂纹、疲劳剥落、严重锈蚀等，一经发现就应立即修理或更换。

二、正确划分零件的类别

进行零件修前鉴定时，要根据零件磨损程度和其他缺陷情况，将零件分为可继续使用、需要修理和报废三类。正确划分零件的类别对保证修理质量和降低修理成本有重要的作用。

（一）可继续使用的零件

未超过许可磨损，且无其他不允许缺陷的零件，都可继续使用。已超过许可磨损但未达到极限磨损的零件，可参考下述原则确定其继续使用期限。

首先要设法弄清该零件不加修理继续使用达到极限磨损以前的时间。如果知道在正常情况下每磨损 0.01 mm 能工作多长时间（称为磨损速度系数），则可根据其极限磨损值和实际测得的磨损值计算出能继续使用的时间（由于目前还缺乏可靠的磨损速度系数，只有根据历年的统计资料或经验来估计）。若这个时间较长，则应划为可继续使用的零件；若可使用期已不长，一般应修理或更换。对于那些不需要进厂大修即可修理或更换的零件，即使可使用期已不长，也应该继续使用，以便充分发挥其作用。此外，还应根据修理的难易程度和配件供应等情况加以综合考虑，并与送修者协商确定。

（二）需要修理的零件

零件的磨损已达到极限磨损，或虽未达到极限磨损，但因其他缘故不宜继续使用的，或产生了不允许的缺陷的，如果有适当的修复方法，且在经济上也合算，这些零件则划为需要修理的一类。

（三）报废的零件

当零件的磨损或损坏达到不能修复的程度，或工艺复杂、成本高，不值得修理时，则应列为报废的一类，必须换新件。

三、零件鉴定的内容

（一）零件修复前的鉴定内容

零件修复前鉴定的目的是检查零件损坏的程度，确定其有无修复价值和可能，进而确定修复方法。

（1）零件尺寸和几何形状精度，如零件的直径、圆度、圆柱度、同轴度、直线度、平面度、平行度、垂直度和倾斜度等。

（2）零件表面状态及内部情况，如裂纹、剥落、刮痕、腐蚀麻点、变形等。

（3）零件的破碎、折断和烧损等。

（4）零件间相互配合关系变化情况，如间隙、过盈、齿轮的啮合情况等。

（二）零件修复后的鉴定内容

零件修复后鉴定的目的主要是鉴定修复质量是否符合技术要求。

（1）涂覆层与基体金属结合的情况，如电镀层、喷涂层、堆焊层与基体金属的结合强度，轴承合金与瓦底的结合强度。

（2）零件的摆差、配合件的严密性、啮合情况、过盈及间隙等。

（3）零件的尺寸及几何形状。

（4）关键零件（如曲轴）不论是新的还是修复后的，都要检查内部缺陷，如浇注件的夹渣、气孔、焊缝以及零件内部的裂纹等。

四、零件鉴定的方法

零件鉴定的方法可根据检验技术要求的不同，分为外观检验、几何尺寸测量、零件位置公差测量及零件的内部组织缺陷检验等。

零件出现破裂，具有明显裂纹、变形或磨损时，一般可通过外部检视进行检验。零件因磨损引起尺寸上的变化，或因变形引起几何形状或相互位置公差的变化，必须采用通用或专用量具，通过测量尺寸或相对位置公差来确定零件的技术状况。对零件的物理机械性能和零件内部的隐蔽缺陷，则必须采用染色法、磁力探伤法、X射线法、超声波法等来检验。

零件鉴定的方法具体有经验判断法、量具测量法、仪器检查法、不拆卸检查法等。

（一）经验判断法

通过观察、敲击和感觉等手段来判断零件的技术状态，具体措施如下。

1. 目测鉴定

用目测或借助于放大镜来鉴别零件外表的损伤或表面材料性质的恶化情况，如零件破裂、齿轮或滚动轴承工作表面的疲劳剥落、离合器和制动器摩擦材料的磨损或烧损、排气门的烧损、活塞环与气缸套的漏光度等。

2. 声音判断

用锤子轻轻敲击零件要检查的部位，从发出的声音进行判断，一般完好的零件发音清脆，有缺陷的零件发音哑浊。此法可检查零件的裂纹、轴承合金与瓦背的结合情况、铆接或螺钉连接的松紧情况等。但需注意，不要敲击零件的加工面。

3. 手感判断

凭手的感觉可粗略地判断气门杆与导管的间隙大小和滚动轴承的磨损量；柱塞副、出油阀偶件的密封性，也可用对手吸力的大小进行判断等。

4. 油浸检验

将零件浸入（或刷涂）煤油、苯等渗透性强的溶液中，使其渗入裂纹或疏松的地方，擦去表面溶液，立即涂上一层白粉（可用粉笔涂），用锤子轻敲零件，浸入缺陷中的溶液渗出，润湿白粉，就显示出缺陷的部位和形状。此法适用于检查零件的表面裂纹、疏松、气孔等。

（二）量具测量法

量具测量法是一种比较精确的鉴定方法，主要采用各种量具检查零件的配合尺寸、间隙、表面形状和位置偏差等。常用的量具包括游标卡尺、千分尺、百分表、塞尺、卡钳、钢带尺、直尺等。量具测量法又可分为量规样板测量和通用量具测量两种。

1. 量规样板测量

通用性的量规有塞尺、螺纹规、圆角规、线径规等。在量具不足或测量零件批量大的情况下，按技术要求自制专用样板测量，只要将被鉴定零件与样板进行比较，看其偏差是否在允许范围内即可，方法简便，误差较小，不需读数。例如，修复齿轮、犁壁曲面等用样板测量十分方便。

2. 通用量具测量

常用的尺寸量具有钢直尺、游标卡尺、游标深度尺、齿厚游标尺、百分表、千分尺（螺旋测微计）、内径百分表（量缸表）、游标万能角度尺等。有些量具有几种不同的量程和测量精度，应根据零件的尺寸和技术要求合理选用量具。

（三）仪器检查法

有些零件的性能不能用简单的方法鉴别，而需要使用专门的检查鉴定仪器来检查。例如，用弹力检查仪检查弹簧弹力和活塞环的弹力；用水压试验器检查机体、缸盖和散热器的裂纹和空洞的密封性能；用静或动平衡试验台检查转动件的平衡状态等。

1. 零件弹力的检查

活塞环、螺旋弹簧等零件的弹力可用弹力试验器来检查。试验器由秤体、秤杆、秤锤及加压装置等组成。秤杆有公斤标度和克标度两种标尺。加压装置可根据被检查件的高度固定在支柱的适当位置上。支柱上有标尺，可以检查零件的高度。在检查弹簧时，首先要检查仪器“零”位的准确性，然后将被检查的弹簧置于仪器上，并将它压缩到所需要的长度，用秤杆、秤锤和砝码来确定压缩弹簧的压力。

2. 零件平衡性的检查

检查曲轴飞轮组的平衡性，应用动平衡检测仪。若没有这种仪器，修理中要注意保证不破坏原来的装配关系和整修时的平衡问题。

检查发动机风扇的平衡时，可将风扇置于检查架上，在下面的叶片上用粉笔做一标记，转动叶片，有标记的叶片若能停在不同位置，则证明良好；否则，用锉削法进行调整。

3. 零部件严密性、耐压性的检验

拖拉机的缸盖、机体、散热器等，要求在一定压力下保证严密性；气门和气门座要求具有很高的气密性；喷油器、喷油泵柱塞副、出油阀等则要求具有很高的油密性；轮胎内胎不允许漏气；等等。上述零部件的严密性、耐压性检验原理基本相似，都是将需要检验的零部件封闭起来，充满油、水或空气，加压到一定程度，检查渗漏情况，测定压力下降的速度，作为严密性、耐压性的指标。

4. 电磁探伤

电磁探伤是利用磁力探伤器来检查某些重要零件（如曲轴、连杆等）的表层或接近表层的裂纹等缺陷的方法。探伤器会产生很强的磁场，其磁力线通过被检查的零件，如果零件表面有裂纹，则在裂纹部位磁力线会偏散形成磁极，如图 3-1-1 所示。如果在零件表面撒上磁性铁粉，铁粉会被磁化并吸附在裂纹处，从而显现出裂纹的位置和大小。

磁力探伤时必须使磁力线垂直通过裂纹，否则裂纹便不易被发现。磁力线的方向可由通过的电流方向来控制。

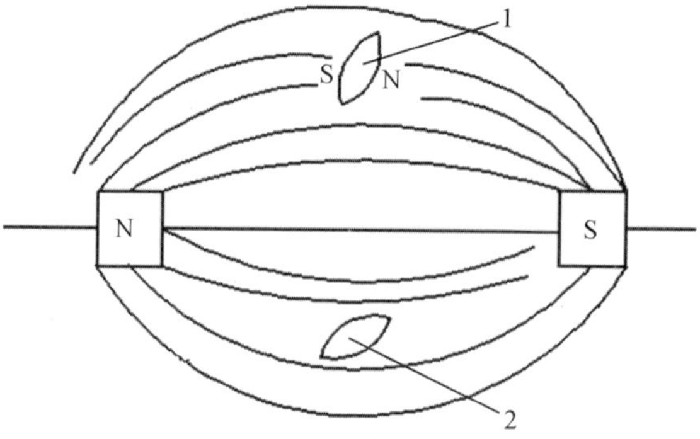

1. 垂直于磁力线的裂纹　2. 平行于磁力线的裂纹

图 3-1-1　磁力线在缺陷边缘的分布及磁极的形成

根据零件的形状和裂纹延伸的方向不同，零件磁化的方法有以下三种：

（1）纵向磁化。纵向磁化是将被鉴定的零件置于马蹄形电磁铁的两极之间，当线圈通过电流时，电磁铁产生磁通，经过零件封闭的磁路，在零件内产生平行于零件轴线的纵向磁场，这样便可以发现横向的裂纹。纵向磁化原理如图 3-1-2 所示。

（2）环形磁化。环形磁化是用强电流通过零件轴心线，使零件表层产生环形磁场，以显示零件的轴向裂纹。环形磁化原理如图 3-1-3 所示。

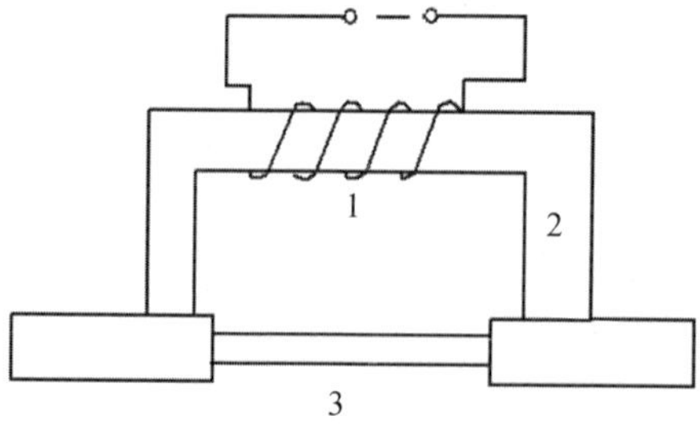

1. 磁化线圈　2. 电枢　3. 被检零件

图 3-1-2　纵向磁化原理

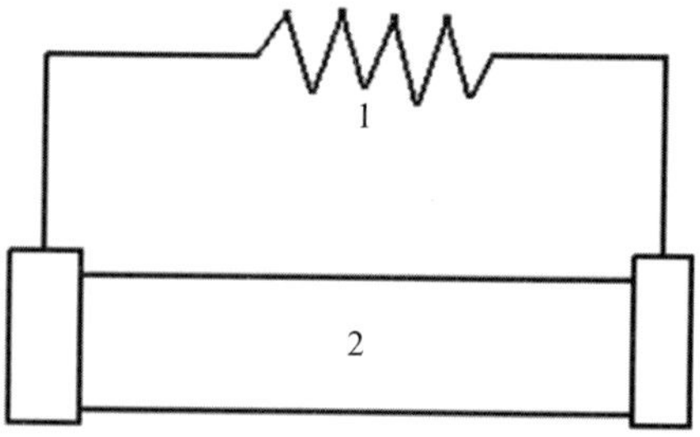

1. 变压器　2. 被检零件

图 3-1-3　环形磁化原理

（3）联合磁化。联合磁化是同时在零件上施加两种磁场。磁化时应该一个是交流的，另一个是直流的，这样便产生变化的联合磁场，有利于发现方向不同的裂纹，其原理如图 3-1-4 所示。

探伤后的零件必须退磁，否则在使用时将吸附磨损下来的金属屑而加速零件的磨损。退磁的方法有两种：一是直流电退磁法，将通到零件上的退磁电流很快地改变方向，并逐渐减弱到零；二是交流电退磁法，将频率很低的交流电通到零件上，并逐渐减小到零，或把零件从 50 Hz 的交流磁场中慢慢地抽出，即可将剩磁退尽。

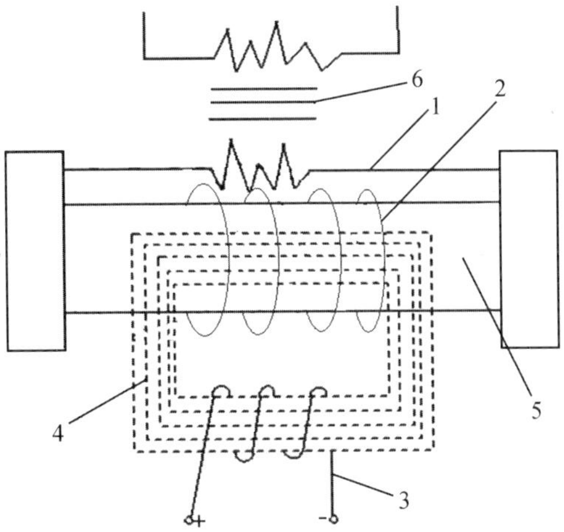

1. 低压交流环形磁化电路　2. 环形磁场　3. 纵向磁化直流电路
4. 纵向磁场　5. 被检零件　6. 变压器

图 3-1-4　联合磁化原理

5. 荧光探伤

荧光探伤是采用荧光的变化来检测材料缺陷的存在或其变化趋势的方法。检查时，将零件浸入荧光液中 10～15 mm，取出后用两个大气压的冷水将荧光液从零件表面洗除，并用压缩空气吹干，将零件稍加热后，渗入零件裂纹内的液体便向表面扩散，用紫外线照射时，根据绿黄色的光亮，即可发现裂纹的位置和形状。使用的荧光液主要由 0.25 L 的变压器油、0.5 L 的煤油、0.25 L 的混合液，再加入 0.25 g 的金黄带绿色的染料混合而成。

6. 超声波探伤

超声波探伤是利用超声波在金属中传播时遇到裂纹或缩孔后会反射回来的特性进行探伤的。图 3-1-5 所示为脉冲回声法探伤的原理。脉冲发生器激励压电发射器（探头），探头将超声波以很短的脉冲送入零件中。脉冲到达零件的另一边时由表面折回，返到接收探头。如果有裂纹损伤，超声波便提早折回，在接收探头中产生电信号，经过电子管放大器的放大，在阴极射线管中会出现放大的脉冲。和脉冲发生器同时工作的扫描发生器，在阴极射线管的屏极上产生一条水平的时间展开线。在屏极上显示的第一个脉冲和第三个脉冲（底的信号）之间的距离相当于零件的厚度，中间的一个脉冲是由损伤处折回的。

（四）不拆卸检查法

不拆卸检查法是各零件在装配条件下，用量具或其他仪器测量其与附近配合零件的各种水平、垂直、斜交距离，或检查其封闭性、直线性或配合间隙大小，从而判断零件的工作状态是否良好。

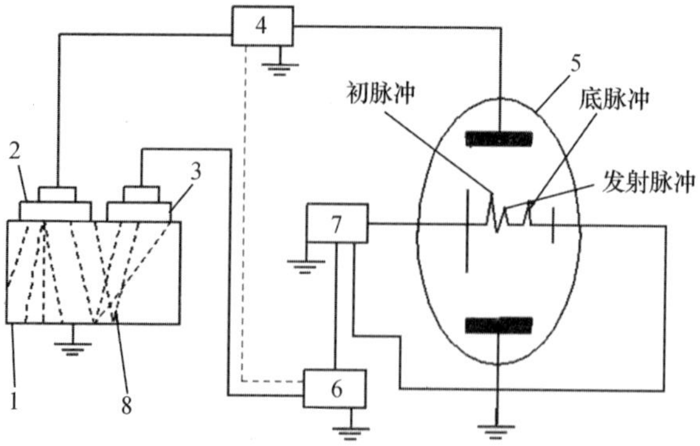

1. 被检零件　2. 接收探头　3. 压电发射器　4. 电子管放大器
5. 阴极射线管　6. 脉冲发生器　7. 扫描发生器　8. 裂纹

图 3-1-5　脉冲回声法探伤的原理

五、零件修复方法的选择原则

零件的修复方法具有一定特点和适用范围，根据零件的缺陷特征进行分类，磨损零件的修复方法基本上可分为两类：一是对已磨损零件进行机械加工，使其恢复正确的几何形状和配合特性并获得新的几何尺寸；二是利用堆焊、喷涂电镀和化学镀等方法对零件的磨损部位进行增补，或采用胀大（缩小）镦粗等压力加工方法增大（或减小）磨损部位的尺寸，然后进行机械加工，恢复其名义尺寸、几何形状及规定的表面粗糙度。变形零件的修复可采用压力校正法、火焰校正法和敲击校正法。零件上的裂纹、破损等损伤缺陷采用焊接、钎焊或钳工等机械加工法。

对于某种待修零件，可能用几种方法都可修复，但用哪种方法最好，这就要对零件的修复方法进行选择。在选择零件的修复方法时通常遵循以下三条原则。

（一）生产上的可行性

生产上的可行性是指企业在修复零件时生产上是否可能，主要是指生产手段、技术力量、管理水平是否允许。

1. 生产手段

维修企业一般是根据零件的损伤形式、修复件的技术要求等决定采用哪种修复方法。但本企业能否承担这样的任务，取决于是否具备生产手段，如果不具备，是否能靠协作进行修理。

2. 技术力量

企业有了生产手段，旧件修复是否能投入生产，这要取决于企业本身的技术力量。在技术力量薄弱的情况下投入生产，会影响产品质量和企业的经济效益。

3. 管理水平

要求企业管理人员应具备用现代科学方法管理企业的能力。

（二）质量上的可靠性

零件修复后，应保证其可靠的力学性能，主要指标有修复层与基体的结合强度、修复层的耐磨性、修复层对零件疲劳强度的影响等。

大量经验表明，手工电弧焊修复层抗拉强度比较高，但不耐磨；镀铬比45钢淬硬更耐磨，但磨合性不好；振动堆焊层、镀铁层与45钢淬硬差不多；电弧金属喷涂层抗拉强度低，但因喷涂层结构是多孔状，可以存油，所以耐磨性最好；等离子喷涂采用硬质合金粉末，喷涂层的耐磨性大大提高；振动堆焊对零件的疲劳强度影响较大，故许多修理厂规定不用振动堆焊修复转向节、半轴套管等零件。

（三）经济上的合理性

待修与报废件的主要区分标志就是经济上的合理性。经济上合理就修复，否则应当作废品处理。衡量零件修复经济上是否合理，通常采用成本比较法和耐用系数法两种。

1. 成本比较法

成本比较法是修理企业经常采用的一种方法，就是零件的修复成本小于新制零件成本时，修复才是合理的。即

$$C_p < C_H$$

式中：C_P 为零件的修复成本，元；C_H 为零件的制造成本，元。

有时也用零件修理费用与购买费用做比较决定，如果买件比修件合适，就不进行修理。

2. 耐用系数法

修复零件的使用寿命与新制零件使用寿命的比值称为耐用系数。引入耐用系数后，对零件修复是否合理用下式判断：

$$C_p \leqslant K_i C_H$$

式中：C_p 为零件的修复成本，元；K_i 为修复零件的耐用系数；C_H 为零件的制造成本，元。

耐用系数值可按耐磨性、屈服强度、结合强度等进行考查（表3-1-1）。在一定条件下，上述各系数只有一种起主导作用，对零件的使用寿命有主要影响。计算时，取有主要影响的作为耐用系数 K_i。当有多个 K_i 时，取数值中最小的 K_i 值进行计算。

表3-1-1 各种修复方法的耐用系数值

序号	修复方法	耐用系数 K_i			
		耐磨系数 K_1	屈服强度系数 K_2	疲劳强度系数 K_3	结合强度系数 K_4
1	手工电弧焊	0.70	0.95	0.60	1.00
2	气体保护焊	0.72	0.95	0.90	1.00
3	振动堆焊	1.00	0.90	0.52	0.98
4	气体喷涂	1.50	0.85	0.90	0.98
5	镀铬	1.67	0.95	0.97	0.82
6	镀铁	0.91	0.95	0.82	0.65
7	附加零件法	0.90	0.75	0.90	1.00
8	机械加工	0.95	0.80	0.90	1.00

六、编制零件修复工艺需要注意的问题

（一）确定工艺过程

针对所选定的修复方法，确定工艺过程，对磨损表面采用修补修复时，一般需要分成三个阶段进行，即修补前表面的准备工作、表面修补加工和修补后精加工。

（二）拟定工艺路线

即将零件修复的工序，按加工顺序进行排列。

1. 切削加工顺序的安排

先粗后精，各表面的加工工序由粗到精交叉进行；先主后次，先安排主要工作表面的修复加工，然后完成其余表面的加工；基准面先完成修复加工，然后才能进入表面修复加工；先面后孔，对于箱体、支架、连杆等零件，因为在工艺过程中总是以面为基准，所以应将面加工完成后再进行孔加工；变形矫正应该放在切削加工前进行。

2. 热处理方法的选择

冷矫正后的零件需要进行去应力处理，一般采用人工时效、退火及高温去应力处理。对经过调质或正火处理的零件，去应力处理的加热温度为 450～500 ℃，保温 0.5～2 h；对经过表面淬硬的零件，加热温度为 200～250 ℃，保温 5～6 h。

3. 辅助工序的安排

检验工序是主要的辅助工序，是保证质量的重要措施。除了各工序操作者自检外，下列场合还应单独安排检验工序：重要工序前后；送往加工前后；特种性能检验，如磁力探伤、密封性试验等；加工完毕，进入装配时。

此外，去毛刺、倒钝锐边、去磁清洗、涂油等都是不可忽视的必要的辅助工序。如若缺少或要求不严，将给装配工作带来困难，甚至影响零件的工作性能。例如，修锉活塞环端间隙后不去毛刺或锐边，活塞环工作时，将使气缸表面拉毛。

4. 修复配合表面要注意先后加工次序

为了保证配合性质，在修理过程中相配合的表面常采用单配的办法进行加工，如曲轴主轴颈与主轴瓦间的配合，为了保证配合间隙，总是根据修磨后主轴颈的实际尺寸来确定轴瓦的锤削尺寸。

七、零件修复手段

（一）镗修

镗缸是对干式缸套过度磨损比较常见的修理方法。湿式缸套主要以更换活塞-缸套组方式进行修理。

1. 镗削量的计算

当气缸的修理级数确定后，即可选配同级活塞，然后根据活塞直径和气缸直径计

算镗削量。活塞与气缸的配合间隙为 0.03 mm，磨缸余量为 0.03～0.05 mm，镗削量计算为

镗削量＝活塞裙部最大直径－气缸最小直径＋活塞与气缸的配合间隙－磨缸余量

2. 镗缸机

镗缸所用的设备有两种，即固定式镗缸机和移动式镗缸机。由于移动式镗缸机的精度差，工作效率低，已被固定式镗缸机所替代。

3. 镗缸定位基准的选择

为了保证镗缸质量，在操作前应注意做好定位基准的选择。选择镗缸的定位基准的目的是保证气缸镗削后，各缸中心线与曲轴主轴承座孔中心线在一个平面上并相互垂直。固定式镗缸机以缸体底面前后两主轴承座孔和气缸上口作为定位基准，其镗缸精度比较高。

4. 确定气缸镗削中心

定气缸中心有同心法和偏心法两种。同心法定中心是在气缸未磨损部位定中心，可以保证各缸镗削后的中心线与原来的中心线一致。偏心法定中心是在气缸最大磨损部位定中心，镗削后的气缸中心线发生偏移。固定式镗缸机的定位是靠装在锁杆上的定心杆进行的。定心杆由螺钉调整到与气缸直径相应的位置，然后将键杆伸入缸口未磨损的台阶部位（如缸口台阶被刮过，需以活塞环行程以下的气缸下部定位），使定心杆球端距离气缸顶面 3～4 mm。转动键杆检查定心杆与气缸表面接触的均匀情况。当定心杆与缸壁四周间隙相等时，即已经对正中心。

在实际生产中，为减少每次镗缸的镗削量，也有采用偏心法来镗缸的，但偏心法只能适用于镶过缸套并在允许偏移范围内的气缸。这是因为偏心法镗缸将使气缸中心偏离原有中心，当偏心过大时，连杆小头将压向活塞销座，使活塞一面压向缸壁，增加了气缸的磨损，反而会缩短发动机使用寿命。

5. 选择适当的吃刀量

镗削量确定后，应根据每次允许的吃刀量考虑镗削次数。一般铸铁气缸，第一刀切削深度应不大于 0.05 mm，因为气缸表面有硬化层和气缸磨损不均，吃刀量过大、切削力过大会引起振动，不仅影响气缸加工质量，而且有损于镗缸机，又加剧刀具的磨损。中间几次的切削深度可以大一些，但不得超过镗缸机限制的最大允许吃刀量。最后一刀，切削深度应控制在 0.03～0.05 mm，以保证镗削的精度和表面粗糙度。

镗缸的切削要求：对于一般灰铸铁缸体（硬度为 180～230 HB），采用 YG6 或 YG8 硬质合金刀具；切削速度为 125～150 mm/min；走刀量为 0.10～0.15 mm/r；吃刀量如前所述。

气缸应隔缸锁削。镗缸后缸口应加工成 75°倒角，以便活塞连杆机构的装配，并注

意倒角宽度应符合规定。

6. 镗缸的工艺过程及技术要求

镗缸必须在缸体螺孔、焊补等其他作业完毕后才可进行，镗缸工艺步骤如下：

（1）根据量缸测量结果，确定加大扩缸修理尺寸。

（2）根据修理尺寸选定同尺寸的活塞，同组的活塞质量、尺寸应一致。

（3）测量选用的活塞的精确直径尺寸，根据配缸间隙，留出粗镗、精镗加工余量及珩磨余量，确定起镗尺寸，初镗进刀量一般为 0.03～0.05 mm，粗镗后留精镗加工余量为 0.10 mm，精镗后留珩磨余量为 0.03 mm，珩磨后达到规定尺寸及表面粗糙度。

（4）将缸体仔细清洁，然后将配对的活塞放进气缸中检查配合情况，最后将气缸内涂润滑油防锈。

（5）在珩磨后，缸壁表面粗糙度 Ra 值不大于 3.2 μm，在缸套表面形成均匀一致的凸凹痕迹（缸壁的表面有 60°可见网纹，缸壁呈泛灰蓝色），气缸的圆度误差应不大于 0.005 mm，圆柱度误差不大于 0.015 mm；同时要保证气缸与活塞之间有 0.03 mm 的配合间隙。

（6）在珩磨过程中要随时注意检查气缸的尺寸。一般用量缸表或用活塞试配加工尺寸变化情况。但应注意，加工过程中所产生的切削热量，可能会影响气缸直径的变化，测量时要考虑这一因素，用活塞试配要在珩磨加工结束半小时以后进行。活塞与气缸配好后，应在活塞顶上打好各气缸编号，以防装配时错乱。

（二）磨修

曲轴轴颈表面的磨损是不均匀的，主轴颈与连杆轴颈的径向磨损主要呈椭圆形，且其最大磨损部位相互对应，即各主轴颈的最大磨损处靠近连杆轴颈一侧，而连杆轴颈的最大磨损处也靠近主轴颈一侧。曲轴轴颈沿轴向还有锥形磨损。

此外，轴颈表面还可能出现擦伤与烧伤。擦伤主要是由于机油不清洁，其中较大的坚硬机械杂质在轴颈表面刻划引起的。烧伤是由烧瓦引起的，烧瓦主要是由润滑不足、机油过稀、油路阻塞等造成的。

一般来说，轴颈直径在 80 mm 以下，圆度及圆柱度误差超过 0.025 mm，或轴颈直径在 80 mm 以上，圆度及圆柱度误差超过 0.040 mm 的曲轴，均应按规定尺寸进行修磨，或进行振动堆焊、镀铬、镀铁后再磨削至规定尺寸或修理尺寸。

曲轴磨损后的修复：

1. 曲轴的磨削

曲轴轴颈的磨削是在曲轴校正的基础上进行的。曲轴的磨削除了保证轴颈表面尺寸精度和表面粗糙度符合技术要求外，还必须达到几何公差的要求：磨削曲轴时，必须保证主轴颈和连杆轴颈各轴线的同轴度及两轴线间的平行度，限制曲柄半径误差，并保证连杆轴颈相互位置夹角的精度。曲轴的磨削通常是在专用的曲轴磨床上进行的。

2. 连杆轴颈的磨削

连杆轴颈磨损不均匀，由此产生两种磨削方法：同心磨削法和偏心磨削法。同心磨削法就是磨削后保持连杆轴颈的轴线位置不变，即曲柄半径和分配角不变。柴油机曲轴磨削时，常采用同心磨削法，保持曲柄半径不变，柴油机的压缩比不变，但每次的磨削量大。当前，在汽车使用期内，大修次数减少，用同心磨削法可以确保发动机性能不变。

偏心磨削法是按磨损后的连杆轴颈表面来定位磨削的，这时轴颈的中心线位置和曲柄半径均发生了变化。一般磨削后曲柄半径大于原曲柄半径，使压缩比增大，而且各缸变化不均匀，同时使整个曲轴的质量中心不处于曲轴主轴颈中心线上，引起曲轴不平衡，造成运转时的附加动载荷。因此，在连杆轴颈磨削时，应尽量减少曲柄半径的增加量，保证同位连杆轴颈轴线的同轴度误差不大于±0.10 mm，这样才能保证曲轴运转中的平衡。

3. 曲轴严重磨损后的修复

如果发动机曲轴磨损严重，磨削法无法修复或修复效果较差，就可采用等离子喷涂法来修复。

（1）喷涂前轴颈的表面处理。

①根据轴颈的磨损情况，在曲轴磨床上将其磨圆。

②用铜皮对待喷涂轴颈的邻近轴颈进行遮蔽保护。

③用拉毛机对待喷涂表面进行拉毛处理。用镍条作电极，在 6～9 V、200～300 A 交流电下使镍熔化在轴颈表面上。

（2）喷涂。将曲轴卡在可旋转的工作台上，调整好喷枪与工件的距离（100 mm 左右）。选镍包铝（Ni/Al）为打底材料，耐磨合金铸铁（NT）与镍包铝的混合物为工作层材料；底层厚度一般为 0.20 mm 左右，工作层厚度根据需要而定。喷涂过程中，控制喷涂轴颈的温度。喷涂后的曲轴放入 150～180 ℃的烘箱内保温 2 h，并随箱冷却，以减少喷涂层与轴颈间的应力。

（3）喷涂后的处理。喷涂后要检查喷涂层与轴颈基体是否结合紧密，如不够紧密，则除掉重喷。如检查合格，可对曲轴进行磨削加工。由于等离子喷涂层硬度较高，一般选用较软的碳化锡砂轮进行磨削，磨削时进给量要小一些（0.05～0.10 mm），以免挤裂涂层。另外，磨削后一定要用砂条对油道孔进行研磨，以免毛刺刮伤瓦片。经清洗后，将曲轴浸入 80～100 ℃的润滑油中煮 8～10 h，待润滑油充分渗入涂层后即可装车使用。

发动机在大修中必须对曲轴进行检验，查明磨损情况，并进行正确的修理，保证曲轴所要求的疲劳强度和耐磨性。

（三）焊修

1. 铸铁件焊修

铸铁含碳量高，强度低，塑性差，对加热和冷却速度敏感，可焊性差。铸铁焊修中容易产生气孔、裂纹和白口组织，因此铸铁焊修需采用适宜的焊修方法和焊修工艺。

（1）焊修方法。常用的焊修方法及工艺特点见表 3-1-2。

表 3-1-2 常用的焊修方法及工艺特点

焊修方法	分类	工艺特点
氧炔焰焊	热焊法	焊前预热至 600～650 ℃，呈暗红色，快速施焊，焊后加热至 650～700 ℃，保温缓冷，焊件内应力小，不易产生裂纹，焊后加工性能好。缺点是设备及工艺复杂，对大型铸件施焊不方便
	冷焊法	也称为不预热气焊法。工件不用焊前加温，只用焊炬烘烤被焊工件坡口周围或加热减应区，施焊过程中注意加热减应区温度，焊后缓冷。采用含硅量较高的气焊丝。焊后不易产生裂纹，焊后加工性能好。但减应区选择不当时，有较大残余应力存在
电弧焊	热焊法	焊前预热至 600～650 ℃，快速施焊，焊后缓冷。适用于小件热焊或大件的局部预热焊
	半热焊法	焊前整体或局部预热至 300～400 ℃，快速施焊，焊后缓冷，创造石墨化条件，适于铸 208 等焊条。对于应力较小处可采用电弧割坡口，使局部造成预热条件并借焊接过程的热量促进“石墨化”作用
	冷焊法	也就是常温下的焊接，工件不必预热，应用较广泛。多采用非铸铁组织的焊条，严格执行“短段、断续、小范围”的要点，根据焊接材料不同，加工性能也不一样
	速冷法	将坡口周围预先覆盖湿布或湿泥团，每段焊后立即用冷空气或石蜡、冷水冷却焊缝，以吸收焊缝热量，减少受热面积，采用回火焊道减少热裂纹。适用于非加工面的焊接
钎焊		采用氧炔焰加热，黄铜钎料及焊剂虽强度较低，但不易产生裂纹，加工性良好，常用于要求不高且应力较大处的焊补，也可用作耐磨密封表面堆焊

（2）焊修方法选择。根据工件特点以及不同焊修方法的特点，焊修方法的选择主要有以下几种：

①对结构复杂的零件，缺陷部位处于中间，又是加工平面，且厚薄不均，四壁牵连，焊后应力不易排除，应选用氧炔焰热焊法、氧炔焰加热感应焊法或镍基焊条电弧焊法。

②对于处于边缘或应力较小的加工面上的缺陷，可选用镍基焊条或铜基焊条电弧冷焊法，也可采用氧炔焰冷焊法。

③对于非加工面且壁薄处，又位于中央，应力不易排除，最好采用 J506 低碳钢焊条电弧冷焊法。

④对于在非加工面损坏且壁厚大于 15 mm 的边缘处，可采用氧炔焰冷焊法、铸 208 焊条半热焊法等低碳钢焊条电弧冷焊法。

⑤对于结构紧凑的小型零件，缺陷位于壁厚较大处，可采用铸 208 切割坡口并连续电弧焊法，也可采用氧炔焰冷焊法。

⑥对于焊后要求强度较大的部位，一般焊法难以达到，可采用混合焊法。

（3）铸铁冷焊法。铸铁冷焊法是一种比较简单的方法，广泛应用于农机修理中。冷焊所用的填充材料有两种类型：一种是用有色合金焊条芯，在药皮中加入大量强石墨化剂，或加入大量强氧化剂，以及加入有球化作用的变质合金或元素等；另一种是用普通低碳钢焊条。电弧焊和气焊都可以对铸铁实现冷焊。

①气冷焊操作注意事项。

a. 减应区必须选择在阻碍焊缝膨胀的部位。

b. 减应区本身应与其他部位连接不多，能够与焊补区共同自由地一起胀缩。

c. 减应区数目的多少应根据焊补处在零件上的位置来决定，可以一处，也可以多处。

d. 不焊时火焰应对着空间或减应区，不可对着其他未焊区。

e. 减应区的加热温度不得高于 750 ℃，以免使该区机械强度下降。

f. 焊接应在室内避风处进行，焊后缓慢冷却。

②电弧冷焊注意事项。

a. 清理工件。焊前将缺陷处和周围 80～100 mm 内表面油污杂质仔细清除干净。

b. 检查损伤情况。焊件损伤情况应在焊前查清，如果裂纹不明显，可借助放大镜，或用火焰将工件加热到 200～300 ℃，以便提高裂纹的可见度，也可用颜色显示法查清裂纹的分布情况。裂纹查清后，在超过裂纹起止位置 3～5 mm 处钻止裂孔。止裂孔大小视工件厚度而定，一般 6～12 mm 厚的工件钻孔直径为 6～8 mm，12～25 mm 厚的工件钻孔直径为 8～12 mm，25 mm 以上的厚壁工件可以不钻孔。

c. 坡口的制备。开制坡口的目的在于使熔敷金属与基体金属之间熔合良好，且保证具有一定的熔深，以便得到牢固的焊缝。伤情查清后根据工件的厚度及使用中受力情况开设一定形状的坡口。一般厚度超过 12 mm 的工件，坡口深度可为裂纹深度的 0.5～0.6 倍，坡口底部呈 U 形。不受力的焊位一般不开坡口。开坡口常用机械方法，也可用原药皮电焊条进行电弧切割。

d. 焊后冷却。为了减小内应力，焊后工件必须保温缓冷。工件冷却后，将焊渣清除干净，检查焊缝质量，如出现裂纹、气孔等应铲除后重新焊接。检查方法包括水压试验法、超声波法、颜色显示法等。

（4）铸铁热焊法。铸铁热焊法是焊前将工件加热至 600～650 ℃，焊后保温缓冷的焊修方法。热焊法焊缝质量好，但操作困难，对某些形状复杂，并需焊后加工的工件可采用热焊法。

①电弧热焊法。预热的方法和温度直接影响铸件的变形程度和焊缝的质量。一般厚大的铸件，预热温度相应增高。形状复杂、厚度不大的铸件以局部预热为宜。

②氧炔焰热焊法。这种焊法多用于形状复杂、刚度高的个别重要零件的焊修。焊前将工件用10%～15%的氢氧化钠水溶液煮洗，然后用高压蒸汽冲刷各部分。查明裂纹分布，钻止裂孔，开制坡口。焊前预热可采用两级加热的方法，先以600 ℃/h的速度升温到200～250 ℃，再以1 500 ℃/h的速度升温到600～650 ℃。热焊时，焊炬温度高易发生回火，可用水冷式焊炬。一般选用2号焊炬、250号焊嘴。气焊过程中，为了促使金属表面氧化物薄层熔化形成熔渣，需在熔池内不断加入焊药。为了改善焊缝组织和性能，减小应力，焊接终了时，须将工件进行回火处理。在炉中施焊的工件，焊后保温一定时间，随炉缓冷即可。如出炉施焊，焊后工件应放回炉中，缓慢升温至540～570 ℃，保温3～6 h，随炉缓冷至150～200 ℃，然后出炉，在静止的空气中自然冷却。

2. 振动堆焊

（1）基本原理。振动堆焊是金属电极以一定的频率和振幅振动的电脉冲自动堆焊。工作过程是将需要堆焊的零件，装卡在堆焊机床主轴卡盘上，使其按需要的转速旋转，同时由堆焊机头输送的焊丝以一定的频率和振幅振动，按规定的送丝速度均匀送向工件。当焊丝与工件间接通焊接电源时，焊丝端部与工件间不断产生脉冲电弧熔化焊丝。随着振动焊丝的连续送进及工件的转动，使焊丝堆焊在零件表面。

（2）工艺过程及规范。

①堆焊前的准备。

a. 清除堆焊部位的油污和氧化层。

b. 对偏磨量大于1.0 mm或堆焊表面有深坑等缺陷，以及堆焊表面覆盖有喷涂层、电镀层等的工件，先用机械加工法整形和除去覆盖层。

c. 对磨损量小于0.1 mm的工件，堆焊前需将堆焊表面径向车下1.0 mm。

d. 对变形工件应进行矫正。

e. 受交变载荷的工件应进行探伤检查，裂纹超过允许范围时不能堆焊。

f. 工作时堆焊部位的孔或键槽，用铁棒或炭棒堵塞。小油孔可以用石棉绳堵塞。

g. 焊丝应清洁干净，整齐地分层绕在送丝盘上。

h. 冷却液用5%的碳酸钠水溶液。要经常检查，缺少应及时补充。

i. 工件夹持牢固端正，径向圆跳动误差不得大于1.0 mm。

j. 根据堆焊零件要求的机械物理性质选择焊丝。根据零件的磨损量确定堆焊层的厚度。

②堆焊方法。

a. 摇动纵向拖板，使堆焊机头对准起焊位置。由于起焊位置和终焊位置热应力大，起焊点和终焊点的位置不能选在应力较大处。

b. 根据选定的规范参数，调节好振动堆焊机各控制系统。

c. 接通电源，观察电压是否正常。

d. 开动冷却系统，调节好切削液流量，然后关闭。

e. 装好防护罩。

f. 启动设备，开始堆焊。

g. 焊至最后一圈时，停止纵向移动，关闭切削液。焊完后先停止送丝，然后切断其他部分电源。

③焊后处理。

a. 检查堆焊层厚度，加工余量应为 1.2～1.5 mm。

b. 用手工电弧焊填补气孔和因断弧而出现的凹坑。

c. 细长工件堆焊后应检查变形情况，必要时进行矫正。

d. 堆焊层硬度较低时，可先车削后磨削，如硬度很大，只能磨削加工。

3. 埋弧堆焊

（1）基本原理。工件夹持在机床卡盘上做匀速旋转运动，堆焊机头将焊丝均匀送向工件，焊剂从焊剂箱经导管均匀地撒在焊丝周围。在焊剂层下面燃烧的电弧将焊丝、基体金属和焊剂同时熔化，使焊剂熔化到熔池中，调节熔池成分。在电弧高温作用下，熔渣在电弧周围形成一个封闭空间，隔绝了空气侵入。随着焊接过程的进行，电弧向前移动，熔池随之冷却凝固形成堆焊层。

（2）焊丝与焊剂。

①焊丝。焊丝的化学成分对堆焊层的力学性能及堆焊过程都有较大影响，埋弧堆焊常用的焊丝有 H08A、H08MnA、H10Mn2A 等。

②焊剂。焊剂的主要作用是保证电弧稳定燃烧，保护熔池不受空气侵入，防止金属氧化、氮化，改善堆焊金属的化学成分和组织，消除金属由于飞溅和烧损的损失。

（3）埋弧堆焊工艺要求。

①清除工件表面覆盖层：油污、氧化物和镀层。

②堆焊第一圈时，焊丝不做纵向移动，焊完第一圈后开始纵向移动。焊至最后一圈时，停止纵向移动。

③如需多层堆焊时，使前一层冷却后再进行下一层堆焊，以免工件过热变形。

4. 二氧化碳气体保护堆焊

二氧化碳气体保护堆焊是采用二氧化碳气体保护电弧的一种较新的堆焊工艺。由于二氧化碳气体的密度大，对周围空气侵入熔池有较强的阻挡能力，防止空气中的氧、氢等有害气体侵入，保护了熔池，提高了堆焊层的力学性能。二氧化碳气体保护堆焊焊接时电流密度大，热量消耗小，不需清渣，可以连续进行堆焊，零件受热变形也小。二氧化碳价格低，零件修复成本下降。该种堆焊方法只能通过焊丝向堆焊层渗入合金，不便灵活调整堆焊层的化学成分，且二氧化碳具有氧化性，金属元素易被氧化，但可通过提高焊丝中的合金成分来解决，一般使用高硅、高锰型合金钢焊丝。

二氧化碳气体保护堆焊使用规范如下：

（1）二氧化碳气体。可采用液态二氧化碳，由供气系统供给。

（2）焊丝。使用高硅、高锰型合金钢焊丝，最新工艺是采用药芯焊丝。

（3）焊接一般材料时，采用直流反接；在进行高速焊接、堆焊和铸铁补焊时，应采用直流正接。

（4）电感量。二氧化碳气体保护堆焊熔滴采用短路过渡形式，因此焊接回路中应有电感，一般以 0.3～0.36 mH 为宜。

5. 等离子弧堆焊

（1）工作原理。等离子弧堆焊中，焊枪的中心电极接电源负极，喷嘴和工件接正极，两极间并联一高频发生器。当工作气流经两极间时，在高频放电的作用下，形成等离子弧，加热送入喷嘴的合金粉末，熔化后喷焊到工件表面。

（2）操作规范。

①焊前准备。

a. 检查电气系统、水路系统、气路系统、机械传动系统的状态，使之运转良好。

b. 检查电极，使之符合要求。

c. 烘干金属粉末，并过筛。

d. 工件要经除油、除锈处理。

②选择规范。

a. 堆焊厚度为 0.6～6 mm 时，引弧电压为 70～80 V，工作电压为 24～33 V。

b. 工作电流为 65～200 A。

c. 工作气流量为 1.5～6 L/min，保护气流量为 15～25 L/min。

d. 喷嘴孔道长度为 1.5～4 mm，喷嘴孔径为 2～3.5 mm。

e. 电极直径为 1～3 mm，电极内缩量为喷嘴孔道长度减去 0.2 mm。

f. 冷却水流量为 2 L/min。

g. 喷嘴出口与工件距离为 5～10 mm，最大不超过 15 mm。

h. 堆焊速度为 200～500 mm/min。

i. 送粉量应与电流大小、堆焊速度相适应。

③工艺过程。

a. 接通电源、水路系统。

b. 引弧前 5～10 s 输送工作气，排出管路中的空气。

c. 用高频振荡器引弧。

d. 待小弧稳定后转换成工作弧，同时供给工作气、送粉气，开动送粉机构和机械传动机构。

e. 堆焊终了时，逐渐减小电流，提高堆焊速度，控制送粉量并进行收弧。

f. 依次关闭气路系统、机械传动系统，最后关闭水路系统。

6. 氧炔焰喷焊

(1) 基本原理。氧炔焰喷焊是将氧气与乙炔在混合管内混合后，由喷嘴喷入射吸管，使喷嘴周围形成真空，因而合金粉末被吸入并以很高的速度喷出焊嘴进入火焰，经加热后喷到工件表面上，然后再将涂层熔化，借金属分子的扩散与基体金属形成冶金结合。

氧炔焰喷焊焊枪可用普通气焊枪改制。改制时，在气焊枪中部增加一套金属粉末的供给及喷射机构。喷焊用气体和普通气焊一样。喷焊用的是球形合金粉末。

(2) 操作规范。

①工件准备。

a. 对工件喷焊部位整形加工，棱角倒圆。

b. 工件表面硬度为 30 HRC 时，喷焊前需经退火处理。

c. 应除去工件表面镀层。

d. 工件表面除油、除锈处理。

e. 工件表面的孔、洞、沟、槽用石棉填堵。

f. 含碳 0.25%～0.4%的碳钢和低合金钢喷焊前需预热到 250～270 ℃。

②工艺过程。

a. 将喷焊火焰调成轻微碳化焰，加热工件喷焊部位。

b. 待工件喷焊部位温度达到 400～500 ℃时，将喷焊枪抬高到距工件 100～150 mm，火焰对准工件喷焊部位，开始送粉，当工件表面粉末堆积到一定厚度时停止送粉。

c. 将喷焊枪缓慢降低，同时将火焰调成软中性焰，并保持焊嘴与工件表面的粉末喷涂层距离 20～30 mm。

d. 用火焰加热工件表面喷涂层，使之完全熔化，出现亮的“镜面反光”现象的熔化区，并在工件表面迅速扩散，此时喷焊枪即可向前移动，直至整个合金粉末喷涂层全部熔化，与工件金属焊合。

e. 小型工件可采用喷粉与熔化连续进行的方法喷焊。先以中性焰对工件加热，当工件表面呈暗红色时，将粉末喷到工件表面。由于工件表面温度较高，粉末达到工件表面时即可熔化。随着喷焊枪的移动，新的喷焊面又被加热到所需的温度，粉末喷到新的加热面的瞬间又被熔化，而有的粉末仍然落在原有的熔化层中，堆积到所需的喷焊层厚度。

（四）热处理

1. 概念

热处理是改变金属性能的一种工艺。将固态的金属或合金加热到一定温度，在该温度下保温一定时间，然后以不同速度冷却，这个过程称为热处理。

2. 钢的热处理

（1）退火。将钢件加热到高于或低于钢的临界温度（不同钢号临界温度不同）并保温一定时间，随后缓慢冷却的过程称为退火。退火的目的：降低硬度，便于切削加工；细化晶粒、改善组织，提高力学性能；消除内应力，并为下一道淬火工序做好准备。根据钢的成分以及原始状态和退火后要求的目的不同，将退火分为完全退火、球化退火、去应力退火、再结晶退火等。

（2）正火。将钢件加热到临界温度以上 30～50 ℃，保温一定时间，然后放在空气中冷却的过程称为正火。正火的冷却速度比退火快，加热和保温时间与退火一样。正火的目的是使低碳钢件、中碳钢件及渗碳钢件的组织细化，增加强度与韧性，减少内应力，改善切削性能。对于性能要求不高的工件，常把正火作为最终热处理。

（3）淬火。将钢件加热到临界温度以上 30～50 ℃，保温一段时间，然后在水、盐液、碱液或油中急速冷却的过程称为淬火。淬火可以提高零件的硬度、强度和耐磨性。淬火时冷却速度太快，容易引起零件变形或裂纹，冷却速度太慢，又达不到技术要求，因此，淬火工艺的关键是根据对工件性能的要求，选择好冷却速度。根据钢材特点和零件技术要求的不同，淬火处理主要有以下几种：

①单液淬火。即将钢件加热和保温后，在一种淬火剂（如水、油）中急剧降温的淬火方法。这种方法主要适用于形状简单、变形要求不严的碳钢零件。

②双液淬火。最常用的双液淬火是水淬油冷，即将加热零件先在水中冷却，待零件冷却至 300 ℃左右时，急速从水中取出投至油中，并继续冷却的淬火工艺。双液淬火主要适用于中型碳钢零件和大型合金钢零件。

③分级淬火。即将钢件加热到淬火温度，保温一定时间后，放在温度稍高于或低

于 Ms 点（碳钢中形成马氏体时的温度点）的盐液或碱液中冷却，保持一定时间后，取出空冷或油冷的淬火工艺。分级淬火主要适用于形状复杂、尺寸较小的碳钢和合金钢零件，如各种刀具。

（4）回火。回火是在零件淬火后进行一次较低温度的加热与冷却的处理工艺。回火可以降低或消除零件淬火后的内应力，使组织趋于稳定，并获得技术上需要的性能。根据对零件的技术要求，回火处理有以下几种：

①低温回火。当要求零件硬度高、强度大、耐磨时，可经淬火后，再加热至 150～250 ℃，保温 1～2 h，然后放在空气中冷却。

②中温回火。当要求零件具有一定的韧性和弹性时，经淬火后在 350～450 ℃回火即可。

③高温回火。当要求零件强度、韧性、塑性都较好的综合性能时，经淬火后在 500～680 ℃进行高温回火，淬火后高温回火也称为调质处理。它可以改善零件的力学性能。调质处理可广泛地用于各种重要零件，如拖拉机、汽车的曲轴、连杆、齿轮等。

（5）表面淬火。表面淬火是一种不改变钢件内部组织，只改变表层组织的热处理工艺。它是通过快速加热使钢件表面（厚度为 1～5 mm）迅速达到淬火温度，再立即冷却的过程。目的是使钢件表层获得高硬度、高耐磨性和高疲劳强度，内部仍保持足够的塑性和韧性。表面可用乙炔-氧、煤气-氧的混合气体燃烧火焰、高频电流或中频电流加热。

（6）化学热处理。化学热处理是通过改变钢件表层的化学成分，从而改变表层组织和性能的热处理方法。常用的化学热处理有以下几种：

①钢的渗碳。把低碳钢件放入碳活性介质中，加热至 900～950 ℃保温，使碳原子渗入钢件表层的过程称为渗碳。钢件经过渗碳并淬火后具有高的表面硬度和耐磨性，而中心仍保持高的韧性。一些受冲击的耐磨零件，如轴、齿轮、凸轮、活塞销等零件大都进行渗碳处理。

②钢的氮化。氮化是利用氨气在一定温度下（500～600 ℃）所分解的活性氮原子向钢的表层扩散而形成铁氮合金，使钢件表面的硬度、耐磨性、耐蚀性及疲劳强度都得到提高。渗氮多用于含铝、铬、镍元素的中碳合金钢。

③钢的氰化。在钢中同时渗入碳原子和氮原子的过程称为氰化。氰化实际是碳氮共渗，可以提高零件表面的硬度、耐磨性、耐蚀性和疲劳强度。它适用于碳钢、合金钢、铸铁、粉末冶金材料等。

【零件修复工艺编制实例】

东方红 LF80-90 型拖拉机曲轴喷涂修复工艺规程见表 3-1-3。

表 3-1-3　东方红 LF80-90 型拖拉机曲轴喷涂修复工艺规程

工序	作业名称	作业内容及技术要求	设备、工具及量刃具
1	清洗	(1) 用金属清洗液洗净内、外表面及油道内的油污、杂质。 (2) 用压缩空气吹净内、外表面及油道	空气压缩机、清洗盘、毛刷
2	裂纹检验	用着色探伤剂对各轴颈表面进行裂纹检验，技术要求如下： (1) 允许油孔四周有长度不大于 5 mm 的短、浅裂纹。 (2) 允许未延伸到轴颈圆角和油孔的纵向裂纹长度为 10～15 mm。 (3) 轴颈根部不允许出现横向裂纹，否则曲轴做报废处理	着色探伤剂
3	变形检查	(1) 弯曲检查。 (2) 扭曲检查	平板、V 形架、百分表及支座
4	轴颈磨损检查	(1) 检查主轴颈的磨损。 (2) 检查连杆轴颈的磨损。 (3) 检查装曲轴正时齿轮部位轴颈的磨损。 (4) 检查装曲轴带轮部位轴颈的磨损	千分尺
5	弯曲矫正	冷压矫正： (1) 压头与轴颈的接触面间要垫铜垫或铅块，防止轴颈表面产生压印。 (2) 矫正时，沿曲轴弯曲的反方向，对中间轴颈施加压力，矫正量为弯曲量的 10～15 倍，保压时间 1.5～2 min。 (3) 如弯曲量大于 1.0 mm，应分多次进行矫正	压力块、V 形架、千分表及支座
6	定形热处理	加热温度为 150～200 ℃，保温 5～6 h，有条件时，宜将曲轴悬吊放在加热炉内，防止曲轴变形	井式加热炉
7	喷涂前整形	轴颈表面磨削整形直至曲轴上各轴颈表面磨圆为止	曲轴磨床
8	喷涂前表面的粗糙处理	(1) 键槽、油孔用木块填塞。 (2) 电火花拉毛：用工业纯镍条，将轴颈表面进行电火花拉毛，表面凹凸不平度控制在 0.1～0.15 mm。 (3) 喷砂要求喷击表面具有银白色泽，并均匀密布深度不小于 0.15 mm 的小坑。喷砂后应立即喷涂	电火花拉毛机

续表3-1-3

工序	作业名称	作业内容及技术要求	设备、工具及量刃具
9	轴颈喷涂	（1）将曲轴安装在喷涂立车上。 （2）喷涂主轴颈。 （3）喷涂连杆轴颈，喷涂层厚度按轴颈的喷涂尺寸并增加磨削余量 0.3～0.5 mm 计算。 （4）注意事项： ①工件拉毛处理后，停留时间不能超过 2 h； ②喷涂前要检查压缩空气，不得含有油和水； ③喷涂工作要连续进行，不可间断	喷涂立车、外卡钳、气喷枪、钢直尺
10	喷涂后检验	（1）用敲击听声法检查喷涂层的结合强度。 （2）检查各轴颈喷涂后的尺寸能否满足加工要求	锤子、游标卡尺
11	轴颈磨削	根据东方红 LF80-90 型拖拉机曲轴、轴瓦配组工艺要求： （1）第一次　83.75 mm　82.50 mm 　　第二次　83.50 mm　82.00 mm 　　修理尺寸级差　0.25 mm　0.50 mm （2）轴颈：圆柱度为 0.02 mm，表面粗糙度为 $Ra0.8$ μm，安装滚动轴承的主轴颈，表面粗糙度为 $Ra1.6$ μm。 （3）轴颈肩圆角半径为 $6_{0}^{+0.05}$ mm。 （4）回转半径为 $76_{-0.15}^{+0.12}$ mm。 （5）连杆轴颈与主轴颈中心线平行度为 0.02 mm	
12	修磨轴颈油孔	（1）清除油孔内的填塞木块。 （2）用油石修研轴颈上油孔周围的裂纹	油石
13	表面探伤	用着色探伤剂对磨削后的轴颈表面进行裂纹检查，不允许出现发丝状磨削裂纹	着色探伤剂
14	油浸处理	将曲轴浸入 80～100 ℃的润滑油中，浸泡 8～10 h	油盘
15	修后检查	（1）检查各轴颈的尺寸、形状误差，表面粗糙度，轴颈肩圆角半径。 （2）检查曲轴颈肩圆角半径。 （3）弯曲检查、扭曲检查	平板、千分表及支座、千分尺、半径样板
16	防锈处理	各轴颈表面涂防锈润滑油	

【学徒岗位任务学习评价】

学徒实习考核表

学校：　　　班级：　　　专业：　　　学生姓名：　　　日期：

实习任务					
自我鉴定（15分）	自律性（5分）	□优	□良	□一般	□较差
	业务知识（5分）	□优	□良	□一般	□较差
	专业技能（5分）	□优	□良	□一般	□较差
	得分				
实习表现（15分）	职业精神（5分）	□优	□良	□一般	□较差
	工作态度（5分）	□优	□良	□一般	□较差
	出勤率（5分）	□优	□良	□一般	□较差
	得分				
专业理论（25分）	零件的修复工艺的编制原则（10分）	□优	□良	□一般	□较差
	常用修复方法知识的掌握（15分）	□优	□良	□一般	□较差
	得分				
专业实操（企业师傅安排实操训练）（45分）	工艺文件编制掌握（15分）	□优	□良	□一般	□较差
	规范操作（15分）	□优	□良	□一般	□较差
	熟练程度（15分）	□优	□良	□一般	□较差
	得分				
总分					
企业师傅签名：		日期：			

项目二
农机发动机的故障诊断、修理与调试

在师傅指导和带领下，对发动机（柴油机）的机体组、曲柄连杆机构、配气机构、供油系统、进排气系统、冷却系统、润滑系统进行检修，学习并掌握发动机常见故障产生的原因和排除方法，掌握常用检测仪器的操作。

任务1　机体组的结构与检修

【任务目标与质量要求】

在师傅的指导和带领下，对发动机（柴油机）机体组的结构进行检修，在此过程中学会检测工具的使用及掌握维修方法。

【学习产出目标】

（1）熟悉发动机（柴油机）机体组的结构；

（2）掌握故障的诊断方法；

（3）学会相关检测工具及仪器的使用并掌握维修方法。

【工作程序与方法要求】

第一项　熟悉机体组的结构

机体组由气缸体、气缸套、气缸盖、气缸垫和油底壳等组成，部分构件如图3-2-1所示。

1. 气缸体

气缸体的作用是支撑发动机所有的运动件和各种附件。气缸体内设置有冷水道和润滑油道，保证对在高温状态下工作和高速运动零件进行可靠的冷却和润滑。气缸体上部的圆柱形空腔称为气缸，它的作用是引导活塞做往复运动；气缸体下部的空间称为上曲轴箱，用来安装曲轴。

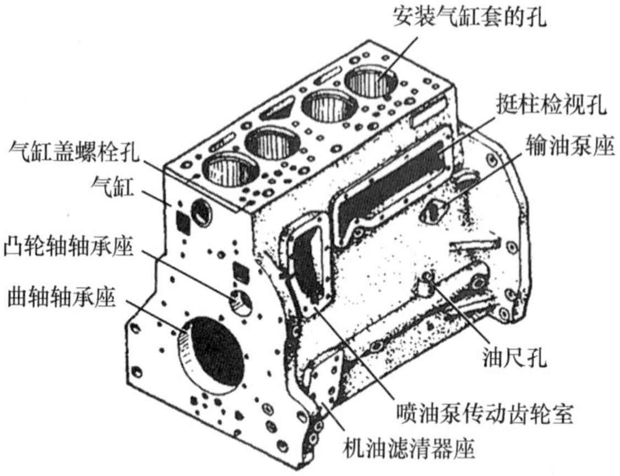

(a) 气缸体

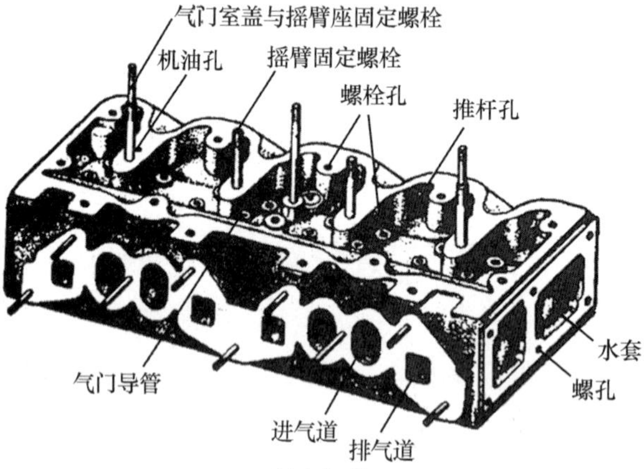

(b) 气缸盖

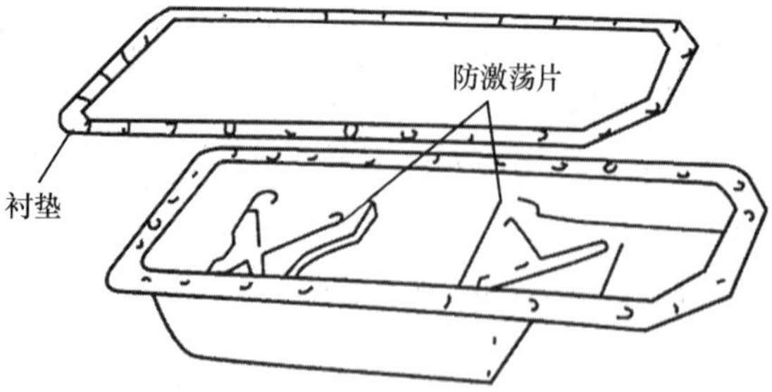

(c) 油底壳

图 3-2-1　机体组的组成（部分构件）

2. 气缸套

为了提高气缸内表面耐磨性，机体内往往镶入由耐磨性更好的优质合金材料单独制成的气缸套，也有一些发动机的气缸套和机体铸成一体。

3. 气缸盖

气缸盖用来封闭气缸，并与活塞顶面构成燃烧室。气缸盖用紧固螺栓紧固在气缸体上。拧紧螺栓时，必须按由中央对称地向四周扩展的顺序分2～3次拧紧。最后一次用扭力扳手按工厂规定拧紧力矩拧紧，以免损坏气缸垫或发生漏水。

4. 气缸垫

气缸垫安装在气缸盖和气缸之间，用来密封气缸，防止漏气、漏水。安装气缸垫时，需注意金属翻边的一面应朝向气缸盖。

5. 油底壳

油底壳是曲轴箱的下半部分，用以贮存发动机润滑油。

第二项　气缸盖的检修

气缸盖变形是指气缸盖与气缸相结合的工作平面产生了翘曲或凹陷等现象。如图3-2-2所示，检修时，可用钢板尺或卡尺靠在气缸盖工作平面上，并用厚薄规测量其变形尺寸（最大挠度）。若变形尺寸小于0.05 mm，则属于正常，可继续使用；否则，必须进行修理。若变形尺寸超过0.2 mm，应更换新件。

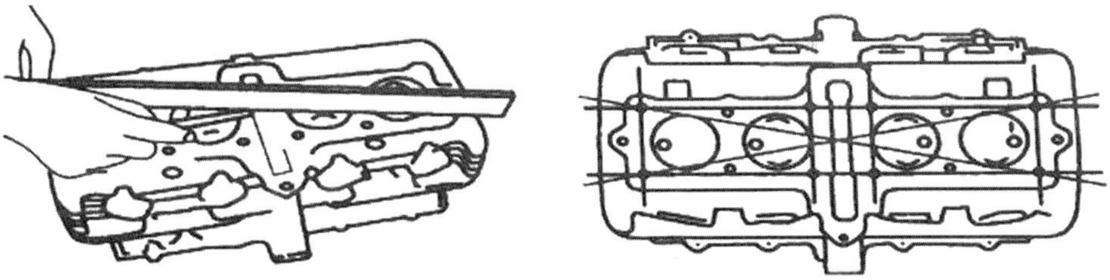

图 3-2-2　气缸盖安装面的测量

若检查的间隙为极限值，可用细砂纸（约400号）放在平板上，如图3-2-3所示，边磨边检查。磨平后清洗干净，并在金相砂纸上抛光。

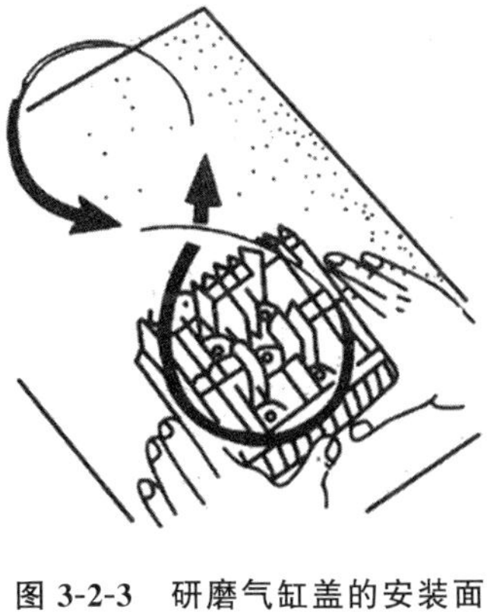

图 3-2-3　研磨气缸盖的安装面

第三项　气缸的检修

在活塞及活塞环滑动部分的上、中和下3个位置的径向 A 及垂直方向 B，共计6个位置，如图3-2-4所示，使用气缸量表进行测量。若气缸的圆度超过极限，则应对气缸进行镗缸修理或更换气缸。

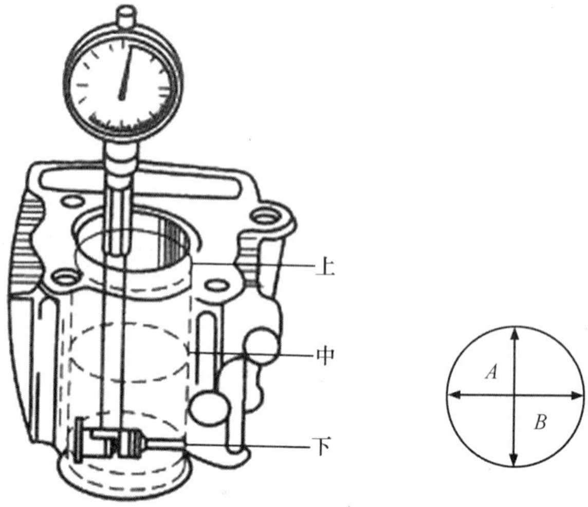

图 3-2-4　检查气缸的圆度

第四项　气缸体端面的检修

先将气缸体上端面附有的衬垫等物清除干净，然后用厚薄规测量直尺与气缸体端面间的间隙，且要多测几个点的间隙，如图 3-2-5 所示。若测量值大于使用极限值，则说明气缸体端面变形，应研磨气缸体端面。若气缸体端面变形严重而无法修复，则应更换气缸体。

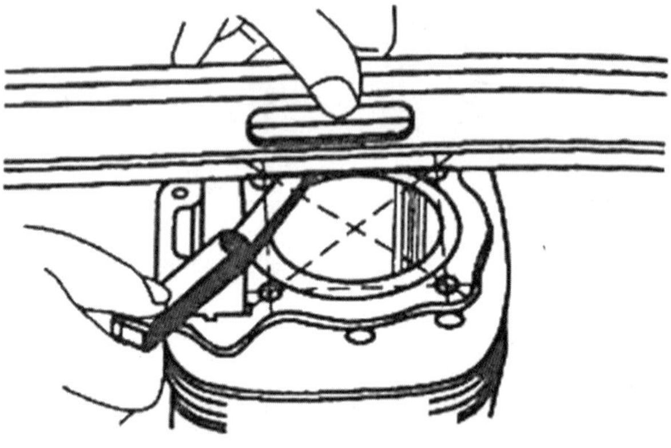

图 3-2-5　用厚薄规测量气缸体端面间的间隙

第五项　气缸垫漏气的检修

发动机气缸盖和气缸之间漏气，不仅会使发动机启动困难，而且会使发动机的功率降低。发动机工作时，气缸和气缸盖结合处，若有油渗出和冒气泡，说明是漏气了，应检查气缸盖上的紧固螺钉（或螺母）是否拧紧。若有松动现象，应重新拧紧，拧紧时应对称均匀地拧。若拧紧后仍然有油迹出现，则应拆下气缸盖，检查气缸垫是否损坏。若已损坏，应更换新件。

当拆下气缸盖发现漏气部位有严重黑色积炭时，应检查气缸盖是否损伤或翘曲变形，并要考虑修理或更换。更换气缸垫时，要尽量用生产厂家的合格配件。如果一时没有现成配件，也可以自己制作。自己制作时应正确选择材料并保证适当的厚度。气缸垫最好用紫铜板或石棉橡胶制作。若用软铝板制作，因铝材硬度相对较高，不能保证密封；若用一般非金属材料制作，又容易被燃烧室的高温、高压气体烧坏冲破。气缸垫的厚度直接影响发动机的压缩比，即厚度增大，发动机的压缩比减小；反之，压缩比增大。这样都会影响发动机的工作性能，因而不能任意改变气缸垫的厚度。

如果平时清理气缸体内积炭，在拆下气缸垫后应注意做好记号。拆卸气缸时，在垫片侧边与缸体接触处刻一记号，再安装时按记号安装，则每次安装都会准确地放在原来的位置上，极易上紧，且密封性好，不会漏气或漏油。

第六项　气缸箱体或气缸箱盖裂纹的修补

农业机械行驶在凸凹不平的田间或道路上，由于产生剧烈的震动以及使用时间过长，会使曲轴箱的某些部位产生裂纹。若裂纹严重，或处在重要部位，则需更换新的曲轴箱。

对曲轴箱体或箱盖的某些部位产生的裂纹，可根据实际情况予以修补。其修补方法如下：

（1）将裂纹处及周围的油污清除干净，并在裂纹处两端分别钻一个小直径的止裂孔，顺裂纹开出 V 形槽，槽不宜过宽（根据零件的结构形状，槽深至裂纹底部最好，对结构不允许者可不开槽）。

（2）用丙酮将 V 形槽及其周围清洗干净，接着把环氧树脂胶按比例调匀后填平 V 形槽，并在槽的周围涂上一层胶。剪一块大小适宜的脱脂纱布或玻璃丝布，两面涂上胶，稍干后将其准确地贴到裂纹处。待布块粘牢后在其上涂一层胶，再贴上 2～3 层脱脂纱布或玻璃丝布，且外层布块面积稍大于内层。最后涂上一层胶，待其充分凝固后即可安装使用。

第七项　气缸体上气缸螺栓的螺纹孔滑牙的修复

曲轴箱上气缸螺栓的螺纹孔滑牙后，可以采用加大螺纹孔的方法进行修理。例如，气缸盖、气缸体和曲轴箱是通过 4 根 M6 气缸螺栓连接在一起的。若其中一根螺栓的螺纹孔出现滑牙后，应把原 M6 螺纹孔用 $\phi6.7$ mm 的钻头进行扩孔，再用 $\phi10$ mm 的钻头加工倒角，然后用 M8 普通螺纹丝锥进行攻丝。攻丝时，丝锥的轴线要垂直于曲轴箱平面，不要歪斜。

用材料为 40Cr 调质处理，硬度为 28～35 HRC 或 45 号钢调质处理的钢来制作螺栓，并将加工好的气缸螺栓拧紧在曲轴箱上，保证与其他 3 根气缸螺栓外露高度相同，同时能将自制气缸螺栓 M8 的螺纹部分全部拧入曲轴箱螺纹孔内，以免装配时阻挡气缸体，使气缸体不能和曲轴箱平面紧密配合而漏气。

除了上述修复方法外，也可适当地加深气缸螺栓的螺纹孔深度进行修复。

【学徒岗位任务学习评价】

学徒实习考核表

学校：　　班级：　　专业：　　学生姓名：　　日期：

实习任务					
自我鉴定（15 分）	自律性（5 分）	□优	□良	□一般	□较差
	业务知识（5 分）	□优	□良	□一般	□较差
	专业技能（5 分）	□优	□良	□一般	□较差
	得分				
实习表现（15 分）	职业精神（5 分）	□优	□良	□一般	□较差
	工作态度（5 分）	□优	□良	□一般	□较差
	出勤率（5 分）	□优	□良	□一般	□较差
	得分				
专业理论（25 分）	发动机（柴油机）气缸盖的组成部件（25 分）	□优	□良	□一般	□较差
	得分				
专业实操（企业师傅安排实操训练）（45 分）	对发动机的机体组进行检修，判断故障并完成修理（15 分）	□优	□良	□一般	□较差
	规范操作（15 分）	□优	□良	□一般	□较差
	熟练程度（15 分）	□优	□良	□一般	□较差
	得分				
总分					

企业师傅签名：　　日期：

任务 2　曲柄连杆机构的结构与检修

【任务目标与质量要求】

在师傅的指导和带领下，对发动机（柴油机）曲柄连杆机构进行检修，在此过程中学会检测工具的使用及掌握维修方法。

【学习产出目标】

(1) 熟悉发动机（柴油机）曲柄连杆机构的结构；

(2) 掌握故障的诊断方法；

(3) 学会相关检测工具、仪器的使用及掌握维修方法。

【工作程序与方法要求】

第一项　熟悉曲柄连杆机构的结构

曲柄连杆机构包括活塞组（活塞、活塞环、活塞销）、连杆组（连杆、衬套、连杆盖、连杆螺栓及连杆瓦）、曲轴组（曲轴、飞轮、主轴承）。曲柄连杆结构如图 3-2-6 所示。

曲柄连杆机构的作用是将活塞的往复直线运动转变为曲轴的旋转运动，对外输出动力，同时也带动发动机本身的辅助装置工作。

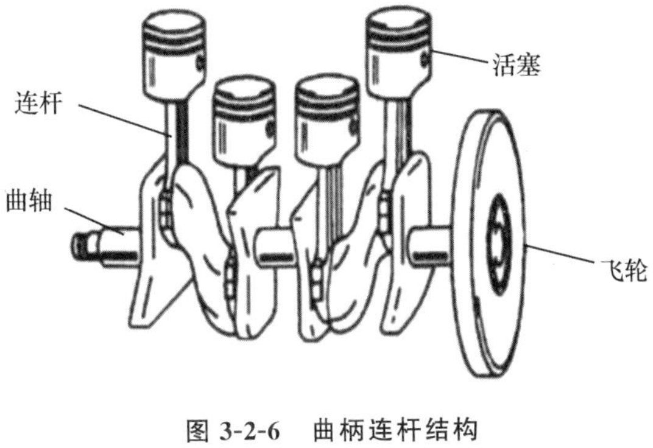

图 3-2-6　曲柄连杆结构

第二项　曲轴轴向间隙的检查与调整

1. 曲轴轴向间隙

柴油机工作时，曲轴不断受到动力输出装置和连接件轴向力的作用，再加上曲轴受热后的轴向伸长，这些都会引起曲轴沿轴向窜动。因此，曲轴安装到轴承座上时都留有一定的轴向窜动余地，这一余地就叫作曲轴轴向间隙。

2. 曲轴轴向间隙的调整

(1) 拆下油底壳，用撬棒将曲轴撬挤向一端，用厚薄规对止推轴承处的曲柄与止推垫圈之间进行测量；也可直接进行测量，即撬动飞轮，用千分尺直接测量曲轴的轴向间隙。

(2) 曲轴间隙过小时，可用薄些的止推片来调整；反之，曲轴间隙过大时，可用厚些的止推片来调整。

第三项 活塞的检修

1. 测量活塞的磨损量

在与活塞销孔成垂直方向且离活塞裙部底面一定距离处，用外径千分尺测量活塞直径，如图 3-2-7 所示。若测量值小于使用极限值，则说明活塞过度磨损，应更换活塞。

更换时，应先测量出新活塞直径及气缸内径，计算出新活塞与气缸的配合间隙。若配合间隙符合标准，则可换上新活塞。若配合间隙大于使用极限值，则应对气缸进行镗缸修理。更换双缸发动机活塞，还应注意两个活塞的质量应一致，最大误差不得超过一个活塞总质量的 5%，否则将导致发动机工作不稳定，产生振动。

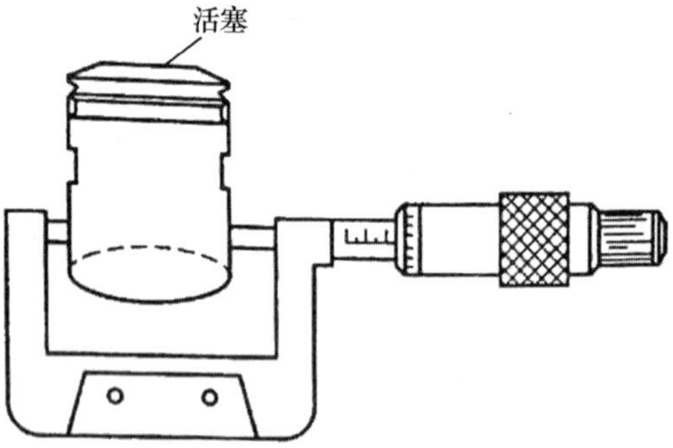

图 3-2-7 用外径千分尺测量活塞直径

2. 测量活塞销孔内径

用内径百分表测量活塞销孔内径，若测量值大于使用极限值，则说明活塞孔过度磨损，应更换活塞，如图 3-2-8 所示。

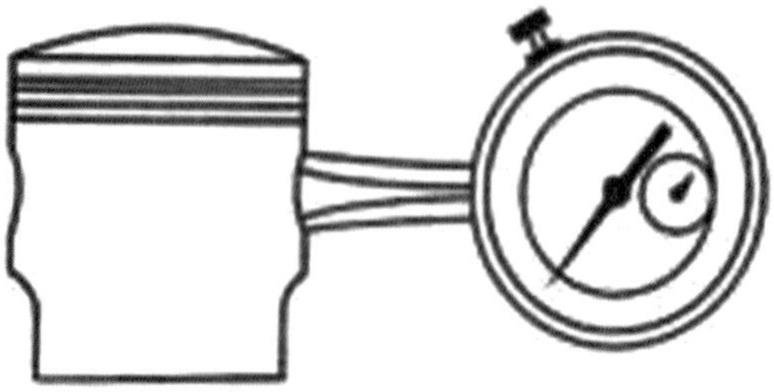

图 3-2-8 用内径百分表测量活塞销孔内径

3. 测量活塞销外径

用外径千分尺在活塞销上、中、下三个位置测量活塞销外径，如图 3-2-9 所示。若测量值小于使用极限值，则说明活塞销过度磨损，应更换活塞销。更换活塞销时，应使活塞销孔与活塞销配合间隙符合标准要求。

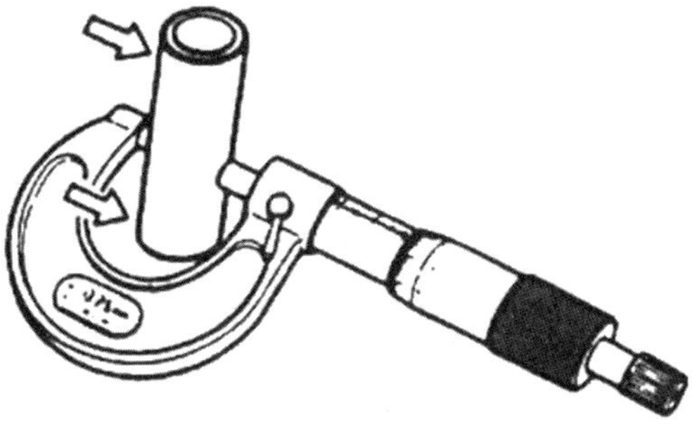

图 3-2-9　用外径千分尺测量活塞销外径

4. 检查活塞环的漏光

活塞环的侧隙、开口间隙都符合标准要求后，还应进行漏光检查，以检查活塞环与气缸壁表面的贴合情况。

漏光检查的方法：将白炽灯泡置于被检活塞环下面的气缸内，用直径略小于气缸直径的薄钢板或硬纸板平放在环面上遮住光线，观察环与气缸壁间的漏光缝隙的范围大小，如图 3-2-10 所示。

对活塞环漏光的要求如下：用厚薄规测量的活塞环漏光间隙不得超过 0.3 mm，外圆漏光弧度在圆周上不得超过 45°，在同一平环上的总和不得超过 60°，在活塞开口处左右 30°内不允许漏光。

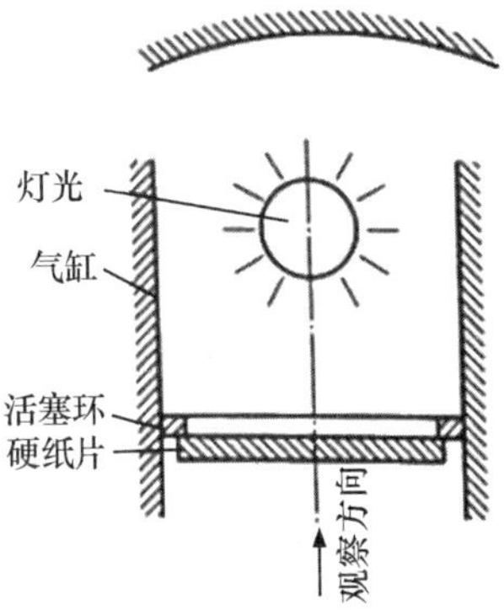

图 3-2-10　检查活塞环的漏光

第四项　连杆的矫正

当检测连杆的弯曲度和扭曲度已超过规定的允许值时，应分别进行矫正。矫正连杆的弯曲度可将连杆放在矫正工具（如油压机）上加压矫直，如图 3-2-11 所示。

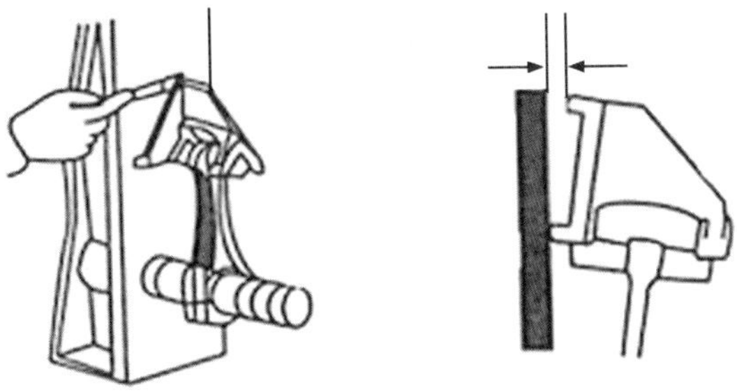

图 3-2-11　连杆的矫正

矫正连杆的扭曲度可将连杆的大头垫上软金属片（保护连杆大头不受夹损），而后夹在台虎钳上固定，再用连杆铰扭工具进行矫正。

【学徒岗位任务学习评价】

学徒实习考核表

学校：　　班级：　　专业：　　学生姓名：　　日期：

实习任务					
自我鉴定（15 分）	自律性（5 分）	□优	□良	□一般	□较差
	业务知识（5 分）	□优	□良	□一般	□较差
	专业技能（5 分）	□优	□良	□一般	□较差
	得分				
实习表现（15 分）	职业精神（5 分）	□优	□良	□一般	□较差
	工作态度（5 分）	□优	□良	□一般	□较差
	出勤率（5 分）	□优	□良	□一般	□较差
	得分				
专业理论（25 分）	发动机（柴油机）曲柄连杆机构的组成部件（25 分）	□优	□良	□一般	□较差
	得分				
专业实操（企业师傅安排实操训练）（45 分）	对发动机的曲柄连杆机构进行检修，判断故障并完成修理（15 分）	□优	□良	□一般	□较差
	规范操作（15 分）	□优	□良	□一般	□较差
	熟练程度（15 分）	□优	□良	□一般	□较差
	得分				
总分					

企业师傅签名：　　日期：

任务 3　配气机构的结构与检修

【任务目标与质量要求】

在师傅的指导和带领下，对发动机（柴油机）配气机构进行检修，在此过程中学会检测工具的使用及掌握维修方法。

【学习产出目标】

（1）熟悉发动机（柴油机）配气机构的结构；

（2）掌握故障的诊断方法；

（3）学会相关检测工具、仪器的使用及掌握维修方法。

【工作程序与方法要求】

第一项　熟悉配气机构的结构

配气机构的功用是按照柴油机工作循环的要求，定时打开和关闭进、排气门，保证及时吸入新鲜空气和排除废气；在压缩和做功行程时则封闭气缸。

配气机构按气门的布置形式，可分为顶置式和侧置式。控凸轮轴的布置位置，可分为凸轮轴上置式和凸轮轴下置式。按曲轴和凸轮轴之间的传动方式，可分为齿轮传动式、链传动式和齿形带传动式。按每缸气门数，又可分为二气门式和四气门式等。

配气机构由气门组、传动组、驱动组三部分组成。顶置式配气机构如图 3-2-12 所示。

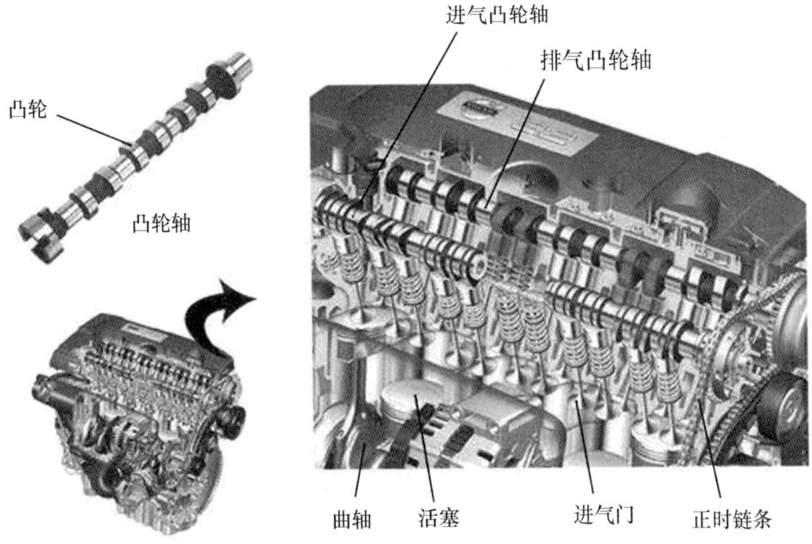

图 3-2-12　顶置式配气机构

气门组包括气门、气门导管、气门锁片（锁夹）、气门弹簧等零件。

传动组包括摇臂、摇臂轴、推杆、挺柱等零件。

驱动组包括凸轮轴和凸轮轴正时齿轮。

第二项　气门间隙的检查与调整

1. 气门间隙

为了使气门在任何情况下，甚至在柴油机过热时都能紧密关闭，必须在气门冷态时预留一定的余隙，以使气门及其传动组件等受热膨胀时，气门仍能密闭，这一余隙即气门间隙。

不同机型的气门间隙是由经验和试验确定的。排气门温度高于进气门，因此排气门间隙一般略大于进气门间隙 0.05 mm。柴油机出厂时虽已调整好，但在柴油机工作过程中，气门间隙由于配气机构各零件磨损、机件受热、锁紧螺母松动及气缸垫更换等因素的影响会经常发生变化，因此要定期检查。发现柴油机工作异常时也要首先想到检查气门间隙。

2. 气门间隙的检查与调整方法

气门间隙的检查与调整通常在冷机状态下，气门处于完全关闭（凸轮的凸起部分尚未接触挺柱）的情况下进行。

YC4108 型柴油机气门间隙的调整方法如图 3-2-13 所示。

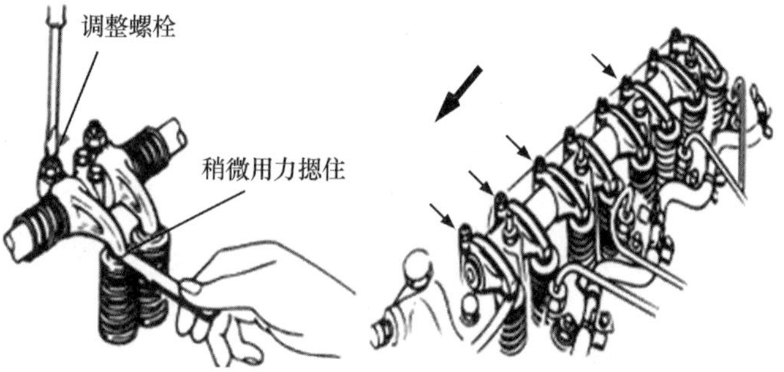

图 3-2-13　YC4108 型柴油机气门间隙的调整方法

（1）技术要求。进气门间隙为（0.4±0.05）mm，排气门间隙为（0.45±0.05）mm（冷态）。

（2）第一缸压缩上止点判别。首先转动曲轴至指针（装在齿轮室罩上）对准带轮减振器上的“0”刻度，然后继续正反小角度范围（10°～20°即可）转动曲轴，若第一缸进排气门摇臂无摆动动作，而第四缸进排气门摇臂有摆动动作，把曲轴转回，指针对准“0”刻度，此时可确认为第一缸压缩上止点位置。若连续正反小角度转动曲轴，第一缸摇臂有摆动动作，而第四缸摇臂无摆动动作，指针对准“0”刻度时为第四缸处于压缩上止点，此时将曲轴再转动一圈（360°），即第一缸处于压缩上止点位置。

(3) 气门间隙的调整方法。曲轴在上述第一缸压缩上止点位置，此时可调整 1 号、2 号、3 号、6 号摇臂的气门间隙（从发动机前方向后数气门摇臂）。再将曲轴转 360°，即第四缸压缩上止点，此时可调整 4 号、5 号、7 号、8 号摇臂的气门间隙。其调整方法如下：

第 1 步：检查。根据进气门和排气门规定的间隙，将对应的厚薄规片插入摇臂与气门杆端之间。如果插不进，说明气门间隙过小或无间隙。如果能顺利插入，无任何阻力，说明气门间隙过大。无论气门间隙过大或过小，都需要调整。

第 2 步：调整。调整气门间隙时先将气门调整螺钉的锁紧螺母松开，用旋具适当旋出调整螺钉，将厚薄规插入摇臂与气门杆端之间，然后适当旋进调整螺钉，直至摇臂刚好压紧厚薄规片。此时，厚薄规片应能抽动，并有微小的阻力（即有小的摩擦力）。这时可认为气门间隙合适，在调整螺钉固定不动的情况下，再将锁紧螺母拧紧。当紧固调整螺钉之后，再次用厚薄规片测一下刚调整过的气门间隙。

第 3 步：复查。当将全部（8 个）气门间隙调整完毕后，应全部复查一遍，不合适时，应重新调整，确保气门间隙的正确性。

第三项　减压机构的检查与调整

在各缸气门间隙调整之后，应立即调整减压机构。485 型柴油机减压机构的调整方法如下：将减压手柄放在减压位置，松开减压螺母，拧动调整螺钉使摇臂头刚好与气门杆端接触，再将调整螺钉拧入 0.6 圈（减压值为 0.6 mm），最后拧紧调整螺母，如图 3-2-14 所示。

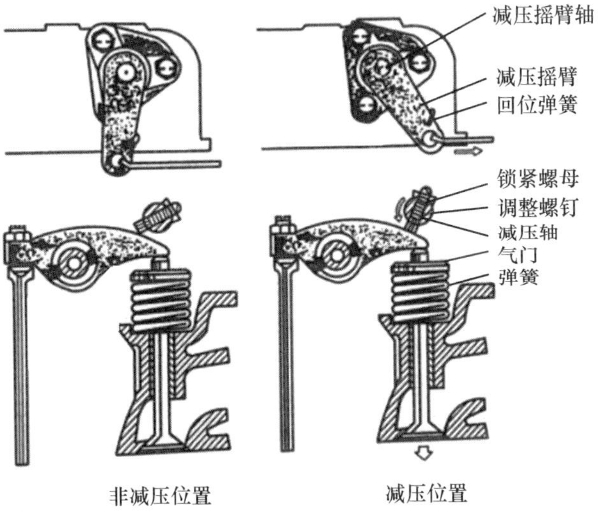

图 3-2-14　485 型柴油机减压机构的调整方法

第四项　配气相位的检查与调整

1. 配气相位

用曲轴转角来表示进排气门开启、关闭时刻和气门开启的延续时间，称为柴油机的配气相位。用图解表示的相位称为配气相位图。柴油机的配气相位图如图 3-2-15 所示。

2. 配气相位的检查

检查各缸的配气相位，应在各缸气门间隙调整完毕后进行。检查方法如下：

（1）用手捏住气门推杆的头部，转动推杆，右手按曲轴旋转方向缓慢转动飞轮，当飞轮不能转动的瞬间就是该气门开启的时刻，从曲轴前端皮带轮记号上可读出该气门的曲轴转角。

（2）继续转动飞轮，在气门开启的过程中，推杆难以转动，当曲轴转至气门关闭的瞬间，推杆刚刚能用手轻轻转动，此时同样可在曲轴皮带轮上估算出气门关闭的曲轴转角。对于多缸机，只判断第一缸的配气相位即可。

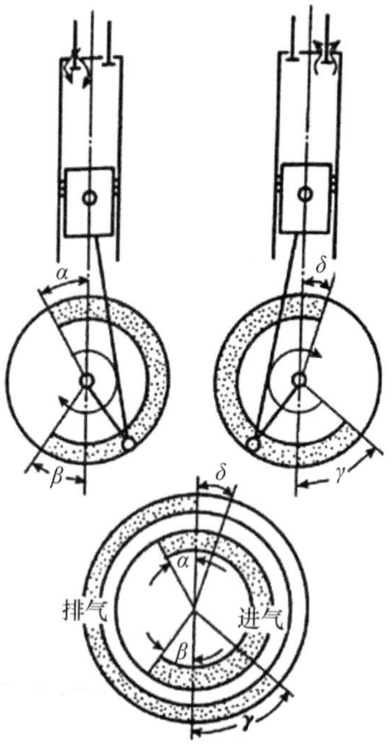

图 3-2-15　柴油机的配气相位图

3. 配气相位的调整

通过检查，若发现柴油机配气相位不合适，可用偏位法进行总体调整。

调整方法：改变凸轮轴正时齿轮半圆键的断面形状（将键断面形状由矩形改为梯形），从而使正时齿轮与凸轮轴的位置相对提前或延后一个角度，来达到调整目的。

第五项　凸轮轴轴向间隙的检查与调整

1. 凸轮轴轴向间隙

柴油机齿轮轮系中若使用了斜齿轮，那么凸轮轴在工作时就会受到轴向力的作用，即使圆柱直齿轮，也难免由于加工、安装误差而受到轴向力的作用。另外，有些凸轮轴还是特殊设计和加工的，加之凸轮轴本身受热伸长，所以凸轮轴安装时必须先留有一定的轴向余隙，这一轴向余隙即凸轮轴轴向间隙。

凸轮轴轴向间隙过小，凸轮轴转动不灵活，易加速机件磨损和发热；轴向间隙过大，又造成机件撞击，产生异响等不良现象。

（1）对于止推螺钉式的凸轮轴止推装置，应检查其止推销与销钉之间有无磨损或松动。

（2）对于止推板式的凸轮轴止推装置，因其是用调整环的厚度与止推板厚度之差来调节和保证轴向移动量的，所以应检查止推板与凸轮轴颈接触端面及齿轮轮毂接触面有无磨损。

2. 凸轮轴轴向间隙的调整

（1）对于止推螺钉式的凸轮轴止推装置，可用调整止推销及紧固锁紧螺母的办法来实现。

（2）对于止推板式的凸轮轴止推装置，可通过改变调整环的厚度来实现。

【学徒岗位任务学习评价】

学徒实习考核表

学校：	班级：	专业：	学生姓名：	日期：	
实习任务					
自我鉴定（15分）	自律性（5分）	□优	□良	□一般	□较差
	业务知识（5分）	□优	□良	□一般	□较差
	专业技能（5分）	□优	□良	□一般	□较差
	得分				
实习表现（15分）	职业精神（5分）	□优	□良	□一般	□较差
	工作态度（5分）	□优	□良	□一般	□较差
	出勤率（5分）	□优	□良	□一般	□较差
	得分				
专业理论（25分）	发动机（柴油机）配气机构的组成部件（25分）	□优	□良	□一般	□较差
	得分				
专业实操（企业师傅安排实操训练）（45分）	对发动机的配气机构进行检修，判断故障并完成修理（15分）	□优	□良	□一般	□较差
	规范操作（15分）	□优	□良	□一般	□较差
	熟练程度（15分）	□优	□良	□一般	□较差
	得分				
总分					
企业师傅签名：			日期：		

任务4　供油系统的结构与检修

【任务目标与质量要求】

在师傅的指导和带领下，对发动机（柴油机）供油系统进行检修，在此过程中学会检测工具的使用及掌握维修方法。

【学习产出目标】

（1）熟悉发动机（柴油机）供油系统的结构；

（2）掌握故障的诊断方法；

（3）学会相关检测工具、仪器的使用及掌握维修方法。

【工作程序与方法要求】

第一项　熟悉供油系统的结构

柴油机燃油供给系统的功用是根据发动机的工作顺序和各缸工作循环，定时、定量、定压地将清洁的燃油以雾状喷入气缸。四缸柴油机燃油供给系统的构成如图3-2-16所示。燃油供给系统包括低压油路和高压油路两部分。

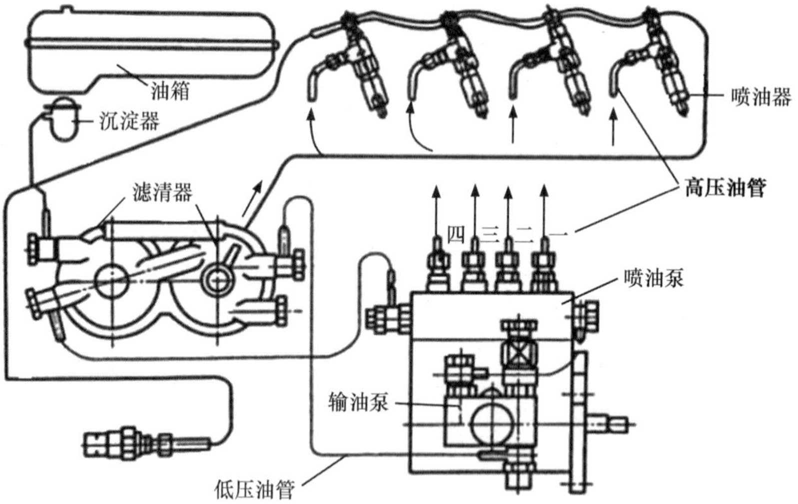

图3-2-16　四缸柴油机燃油供给系统的构成

低压油路由油箱、沉淀杯、粗滤器、细滤器、油管和输油泵等组成，用来完成柴油的贮存、滤清和输送等项工作。

高压油路由喷油泵、油管和喷油器等组成，用来完成柴油的高压喷射工作。

喷油泵又称高压油泵，是燃油供给系统最重要的部分。其功用是提高柴油的输送压力，并按柴油机的工作要求，在规定的时间里将一定量的具有一定压力的柴油输送给喷油器。

农机在田间运输作业时，发动机的负荷随着地面状况、坡度等的不同而经常变化。农机只有在外界负荷与本身做功能力基本平衡的情况下才能稳定工作。当负荷突然减小，柴油机的曲轴转速会迅速上升；负荷突然增大，柴油机的曲轴转速会迅速下降。如果变化频繁，就会造成飞车或自动熄火，这就要求柴油机的供油量能随时进行调整。如果柴油机喷油泵供油量不做相应改变，就会使发动机转速经常变化。农机转速忽快忽慢的变化会影响作业质量，缩短机件的使用寿命，增加生产成本，但这种调整只靠手工操作是办不到的。因此，必须装上一个能按外界负荷变化自动调整喷油泵供油量的机构，这个机构就是调速器。调速器的功用是在规定的转速范围内，随负荷的变化而自动改变供油量，以维持发动机转速基本不变，并限制曲轴的最高转速和最低转速，使柴油机正常工作。

现有联合收割机的发动机绝大多数采用离心式调速器。离心式调速器是利用旋转的飞锤（飞块或钢球）在转速变化时离心力的变化来改变柴油机的供油量，如图 3-2-17 所示。离心式调速器可分为单制式、双制式和全制式三种。单制式调速器只限制最高转速。双制式调速器可限制最高和最低两种转速。全制式调速器在柴油机最高与最低转速范围内能维持驾驶员所选定的任何转速。

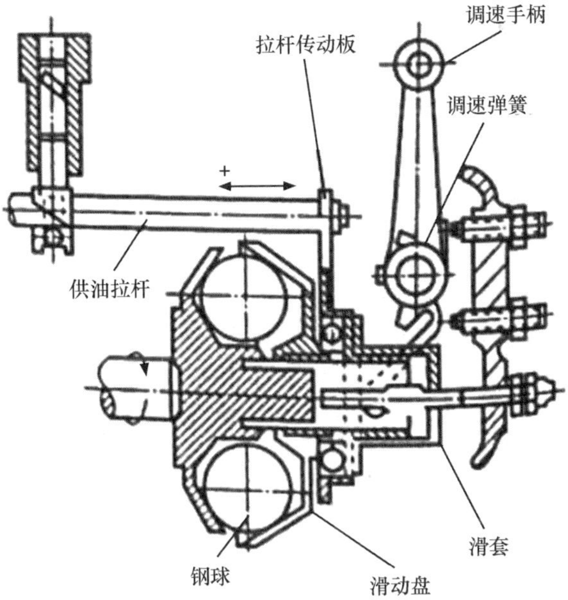

图 3-2-17　离心式调速器

喷油器的功用是将喷油泵送来的高压柴油喷入燃烧室。喷油器喷入燃烧室的柴油必须具有一定的喷射压力，且雾化良好，油束形状和方向符合要求。

第二项　供油提前角的检查与调整

喷油器开始喷油时所对应的曲轴转角，称为喷油提前角。但在柴油机上要想检查喷油提前角是很困难的。通常以供油提前角代替喷油提前角。

柴油机经长期使用或检修、更换喷油泵后，都必须对供油提前角进行检查调整。

以 YC4108 型柴油机为例，如图 3-2-18 所示，介绍供油提前角的检查与调整方法。

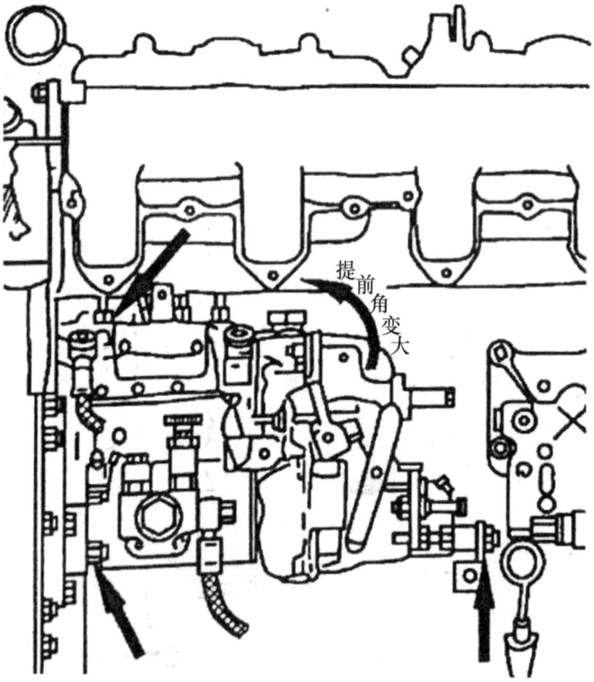

图 3-2-18　YC4108 型柴油机供油提前角的调整

（1）技术要求。静态供油提前角为上止点前 15°±2°。

（2）检查。拧松第一缸高压油管与喷油泵的连接螺母，慢慢转动曲轴，当出油阀紧座出油口中的油面开始波动时，立即停止转动曲轴，此时装在齿轮室罩上的正时指针在曲轴带轮正时刻线上的指示值即供油提前角。如果供油提前角不正确，应进行调整。

（3）调整。供油提前角的调整方法有 3 种。

方法一：适当松开喷油泵前端连接法兰的紧固螺母，将喷油泵按需要适当转动一个角度（喷油泵向内转动则供油提前角增大，喷油泵向外转动则供油提前角减小），然后拧紧连接法兰的紧固螺母，检查供油提前角，调整至符合要求后，将连接法兰的紧固螺母拧紧。

方法二：打开喷油泵齿轮盖板，适当拧松喷油泵齿轮的 4 个紧固螺栓，转动喷油泵齿轮轴调整供油提前角（顺时针方向转动喷油泵凸轮轴，供油提前角增大，反之供油提前角减小），然后拧紧喷油泵齿轮的固定螺栓，检查供油提前角，直至符合要求后，按拧紧力矩要求拧紧喷油泵齿轮的 4 个紧固螺栓。

方法三：转动曲轴至第一缸供油，然后将曲轴转动到所需要的提前角，再按方法一、方法二转动喷油泵体或转动喷油泵凸轮轴至第一缸开始供油位置，拧紧紧固螺栓，检查供油提前角，若符合要求，再按规定的力矩拧紧固定螺栓。

第三项　喷油器的检查与调整

喷油器使用过久，会因运动的磨损、密封锥面封闭不严等，引起喷油压力和喷油质量降低，因此必须定期对喷油器进行检查与调整。

1. 用喷油器校验器进行校验调整

（1）拆除喷油器调整螺帽，将喷油器装在校验器上。

（2）用手缓慢压动手柄，使喷油器喷油，用螺丝刀旋动调整螺钉，使压力表指示数符合喷油器规定的压力。

校正良好的喷油器喷油时应发出清晰的“咯咯”声，且断油干脆，油束呈均匀的细雾状，不得有肉眼能见的飞溅油沫、局部浓稀不均和单边喷油等不正常现象，多次喷射后，喷油器前端不应有滴油现象，如图 3-2-19 所示。

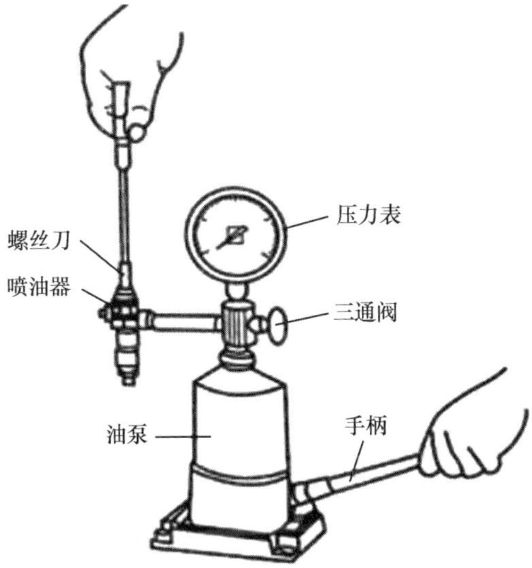

图 3-2-19　用喷油器校验器校验喷油器喷油压力

2. 用标准喷油器进行校验调整

无喷油器校验器时，可选一标准喷油器（技术状态正常，喷射压力符合规定要求）和一个三通接头，直接在喷油泵上进行校验调整。

如图 3-2-20 所示，首先将三通接头的一端接在喷油泵上，其余两头分别连接标准喷油器和待检喷油器；然后松开其余各缸喷油管接头，摇转曲轴。若两喷油器同时喷油，说明喷油压力正常；若待检喷油器先喷，则表明其喷油压力过低，反之，则喷油压力过高，均应重新进行调整。喷雾质量也可以与标准喷油器进行比对检查。

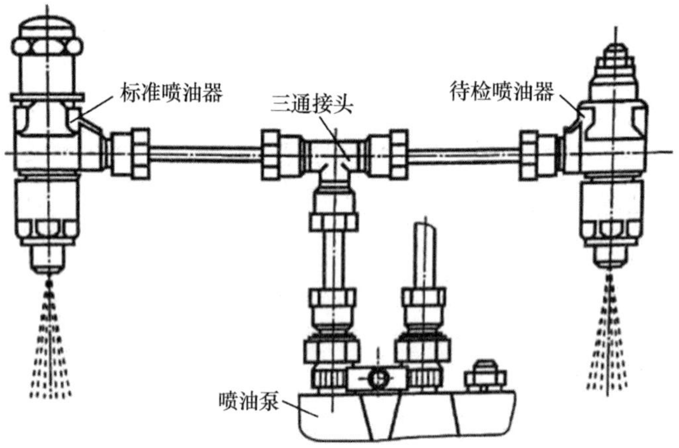

图 3-2-20　用标准喷油器校验喷油器喷油压力

【学徒岗位任务学习评价】

学徒实习考核表

学校：　　班级：　　专业：　　学生姓名：　　日期：

实习任务					
自我鉴定 （15 分）	自律性（5 分）	□优	□良	□一般	□较差
	业务知识（5 分）	□优	□良	□一般	□较差
	专业技能（5 分）	□优	□良	□一般	□较差
	得分				
实习表现 （15 分）	职业精神（5 分）	□优	□良	□一般	□较差
	工作态度（5 分）	□优	□良	□一般	□较差
	出勤率（5 分）	□优	□良	□一般	□较差
	得分				

续表

学徒实习考核表					
专业理论（25分）	发动机（柴油机）供油系统的组成部件（25分）	□优	□良	□一般	□较差
	得分				
专业实操（企业师傅安排实操训练）（45分）	对发动机的供油系统进行检修，判断故障并完成修理（15分）	□优	□良	□一般	□较差
	规范操作（15分）	□优	□良	□一般	□较差
	熟练程度（15分）	□优	□良	□一般	□较差
	得分				
总分					
企业师傅签名：		日期：			

任务5　进排气系统的结构与检修

【任务目标与质量要求】

在师傅的指导和带领下，对发动机（柴油机）进排气系统进行检修，在此过程中学会检测工具的使用及掌握维修方法。

【学习产出目标】

（1）熟悉发动机（柴油机）进排气系统的结构；

（2）掌握故障的诊断方法；

（3）学会相关检测工具、仪器的使用及掌握维修方法。

【工作程序与方法要求】

第一项　熟悉进排气系统的结构

进排气系统的作用是为发动机及时提供新鲜洁净的空气，并把产生的废气排出。进排气系统的组成，如图3-2-21所示。

按滤清空气的方式，空气滤清器可分为惯性式、过滤式和综合式三种。按过滤过程中是否用油来增强滤清效果，又分为湿式和干式。

进气管多为铸造而成，内部光滑，可减少进气阻力。安装时必须注意，进气管内

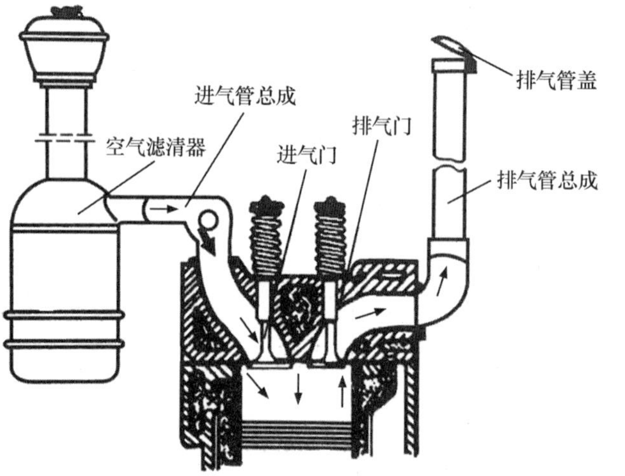

图 3-2-21　进排气系统的组成

不允许有金属屑等杂物，否则吸入气缸会造成机件损坏。多数进气管内装有电预热塞或火焰预热器，供冬季低温启动时预热空气之用。

排气管的功用是将各气缸的废气排入大气。

消声器的功用是减小排气噪声，消除废气中的火星，保证发动机的使用安全。通常将排气引出管增长、直径增大，能起到一定的消声作用。

增压系统是利用专门装置（增压器）将空气预先压缩，再送入气缸。虽然气缸的工作容积不变，但增压后的空气密度增大，使实际充量增加。这样可以向气缸内喷入更多的燃料并能得到充分燃烧，从而提高柴油机的升功率和输出功率。带中冷器的进气增压系统如图 3-2-22 所示。

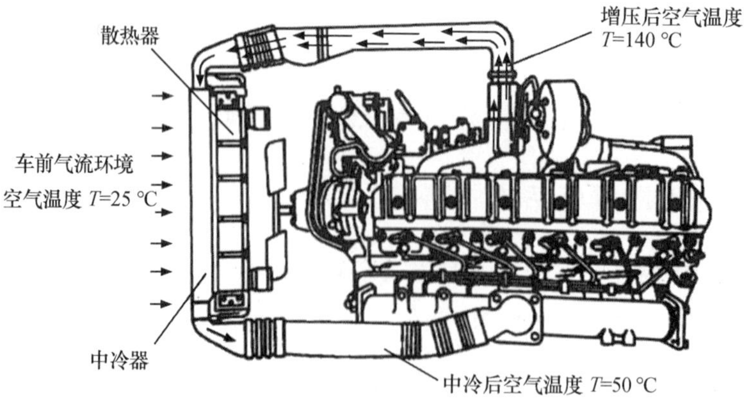

图 3-2-22　带中冷器的进气增压系统

第二项 空气滤清器的检修

(1) 工作前必须检查空气滤清器所有密封部位是否密封严密，包括盆式粗滤器盆盖、管路上的二道环箍、纸质滤芯密封垫、安全滤芯密封垫、壳体端盖密封圈等。各密封螺母必须拧紧。

(2) 作业中视环境状况定期检查透明塑料粗滤器盆中灰尘满度情况，当满度达到80％左右时，必须倒灰。不然，将影响进气系统粗滤效率，增加纸质滤芯负担，进而增大进气系统阻力，甚至吸破纸质滤芯。

(3) 空气滤清器设有保养指示器，当尘土在纸质滤芯上沉积到规定值，系统阻力达到6.2 kPa真空度时，驾驶台仪表盘指示灯的蜂鸣器就会报警，此时必须立即停车保养空气滤清器。关于空气滤清器的保养周期，也可视作业环境状况而定，一般不宜超过一个班次。

(4) 保养空气滤清器时，应按空气滤清器壳体上的规定进行，只清除纸质滤芯尘土（安全滤芯是在纸质滤芯破损后，临时起保护作用的，可视安全滤芯上附着的灰尘情况而确定是否保养，一般情况下无须保养）。当经过多次保养，纸质滤芯折扇已产生严重变形、偏斜、合折等，必须更换新品。在更换纸质滤芯的同时，必须更换安全滤芯。保养完毕必须拧紧所有密封件螺母，而且必须保持密封圈的正确位置，不得脱落。严禁采用劣质滤芯。

(5) 排尘袋的开口间隙应不大于1 mm。当排尘袋橡胶无一定刚度及老化变形时都应更换，否则将影响排尘性能。排尘袋在工作中严禁堵塞，否则应及时清理（清理前用手挤压排尘袋，看其是否可以收缩，以此来判断排尘袋是否需要清理）。

第三项 空气滤清器漏气的检查

空气滤清器漏气的判断方法如下：

(1) 启动发动机，轻轻加油门，并注意空气滤清器的进气声音，如果听不到一点进气噪声，说明空气滤清器正常。

(2) 启动发动机，使发动机怠速运转。用手堵住空气滤清器的进气口，如果发动机立即熄火或转速发生变化，说明空气滤清器密封良好。如果堵住空气滤清器的进气口以后发动机的转速提高了，说明空气滤清器有漏气现象。

【学徒岗位任务学习评价】

学徒实习考核表

学校：	班级：	专业：	学生姓名：	日期：	
实习任务					
自我鉴定（15分）	自律性（5分）	□优	□良	□一般	□较差
	业务知识（5分）	□优	□良	□一般	□较差
	专业技能（5分）	□优	□良	□一般	□较差
	得分				
实习表现（15分）	职业精神（5分）	□优	□良	□一般	□较差
	工作态度（5分）	□优	□良	□一般	□较差
	出勤率（5分）	□优	□良	□一般	□较差
	得分				
专业理论（25分）	发动机（柴油机）进排气系统的组成部件（25分）	□优	□良	□一般	□较差
	得分				
专业实操（企业师傅安排实操训练）（45分）	对发动机的进排气系统进行检修，判断故障并完成修理（15分）	□优	□良	□一般	□较差
	规范操作（15分）	□优	□良	□一般	□较差
	熟练程度（15分）	□优	□良	□一般	□较差
	得分				
总分					
企业师傅签名：			日期：		

任务6　冷却系统的结构与检修

【任务目标与质量要求】

在师傅的指导和带领下，对发动机（柴油机）冷却系统进行检修，在此过程中学会检测工具的使用及掌握维修方法。

【学习产出目标】

（1）熟悉发动机（柴油机）冷却系统的结构；

(2) 掌握故障的诊断方法；

(3) 学会相关检测工具、仪器的使用及掌握维修方法。

【工作程序与方法要求】

第一项 熟悉冷却系统的结构

1. 冷却系统的功用

柴油机上设置有水冷却系统，其功用是利用冷却水的循环，将柴油机受热零件所吸收的热量及时传送出去，并经风扇产生的气流送到大气中。

2. 冷却方式

联合收割机所用柴油机均采用强制闭式循环水冷却系统，即冷却水是在离心水泵的强迫作用下按一定路线循环的。这种方式冷却水流动快，散热能力强，系统容量小，水套进出口温差小（一般在 10～15 ℃），能保证气缸上下温度接近一致。

3. 冷却系统的组成与工作原理

强制闭式循环水冷却系统主要由水箱、风扇、水泵、节温器及进出水管等组成，如图 3-2-23 所示。冷却系统的循环路线如图 3-2-24 所示。

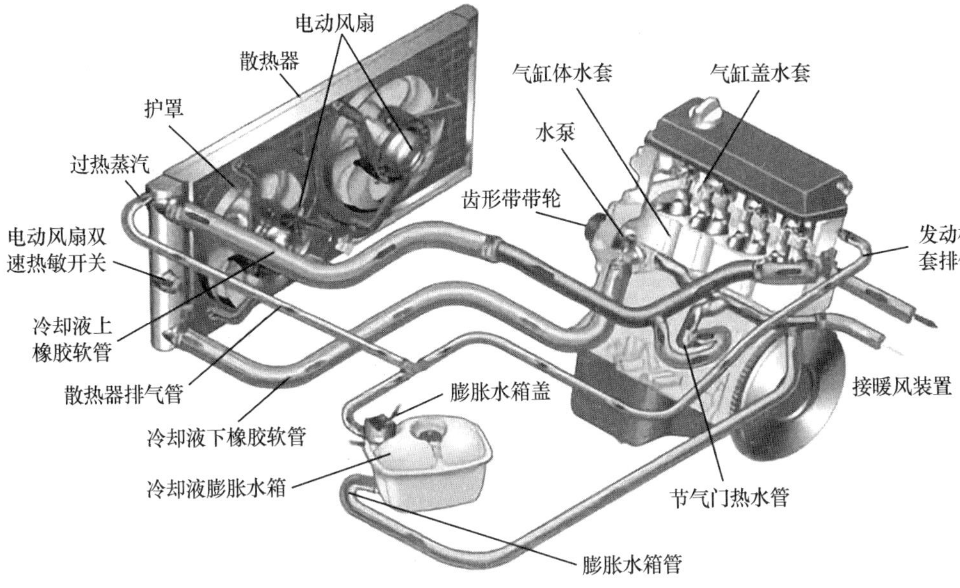

图 3-2-23 强制闭式循环水冷却系统

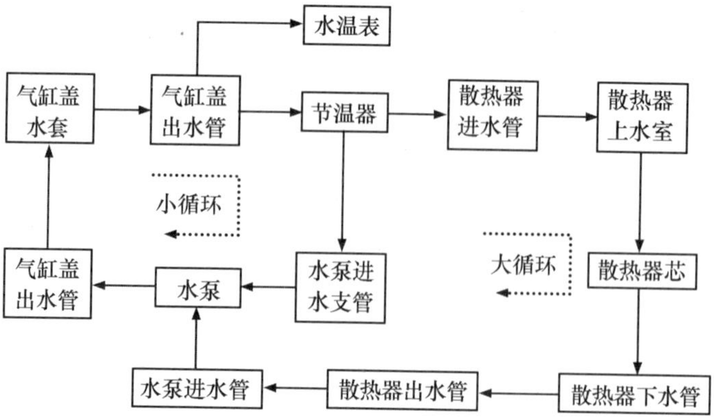

图 3-2-24 冷却系统的循环路线

第二项 散热器风扇皮带张紧度的检查与调整

1. 检查散热器风扇皮带的张紧度

检查时，如图 3-2-25 所示，用手按压散热器风扇皮带的中央，以 294～490 N（30～50 kg）的力按压皮带中间部位时，皮带下降 10～15 mm，表示皮带张紧正常；如果超过 15 mm 或低于 10 mm，则为不正常。

2. 调整散热器风扇皮带的张紧度

稍微松开发电机上固定螺栓后，用撬棒将整个交流发电机向里或向外移动进行调整，如图 3-2-26 所示。调整后，应可靠地拧紧螺栓。

注意：不要将皮带调得过紧，否则会伤害风扇皮带和轴承。

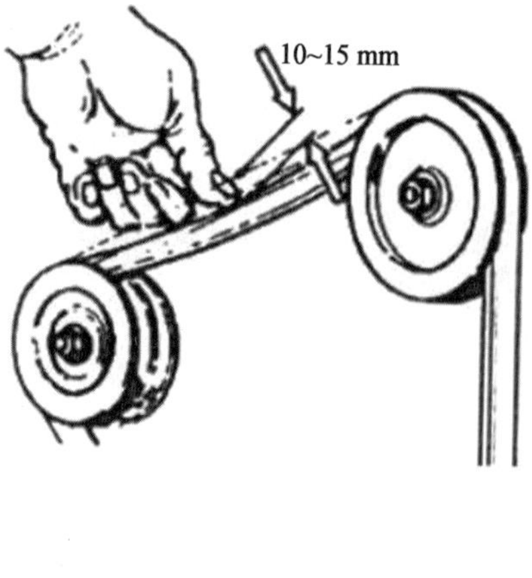

图 3-2-25 检查散热器风扇皮带的张紧度

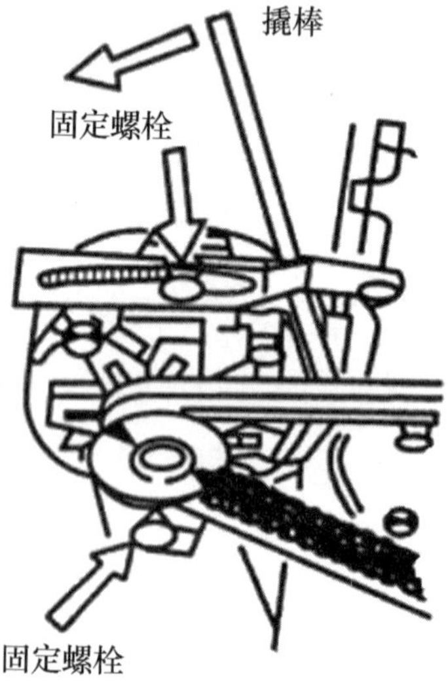

图 3-2-26 调整散热器风扇皮带的张紧度

第三项　散热器的检修

检查散热器的散热片之间有无泥土、小虫和叶片等脏物、异物。若有此类脏物、异物，应彻底清理。检查散热片有无变形，若有变形，可用一字螺丝刀小心地将其矫正。当散热片折断或扭曲严重，且损坏部分占总面积的20%以上时，应更换散热器。

对于矫正后的散热器，还应进行渗漏加压检测。具体方法：将散热器装满水，把检测器装于散热器注水口处，用手推压检查手柄以提高检测压力，在规定压力（95～125 kPa）下检查各个接头及散热器芯管等处有无渗漏现象。若发现渗漏，有条件的可进行氧焊修补，否则应更换新的散热器。

第四项　散热器盖的检修

检查时，待散热器内的冷却水已经变冷后，拆下散热器盖，在盖的密封垫圈表面上涂抹一些水，安装在散热器盖检测器上，如图 3-2-27 所示。用手泵加压，若散热器盖能在开阀压力下保持 6 s 为良好；反之，则不良，需更换。

第五项　节温器的检修

先在常温下检查节温器的主阀门是否关闭严密。若主阀门关闭不严或处于开启状态，应更换节温器。

接着将节温器置于烧杯中（不要使节温器靠近杯底），如图 3-2-28 所示，加水并加热，检查节温器主阀门开启的温度和升程。用温度计测量水温。当水温上升到 63～67 ℃时，节温器主阀门应开始打开。当水温上升到 80 ℃时，主阀门应处于开启状态，且升程为 3.5 mm 以上。当水温达到 95 ℃时，主阀门应处于全开状态，其升程能达到 4.5 mm。若测量值与上述规定值不符，则应更换节温器。

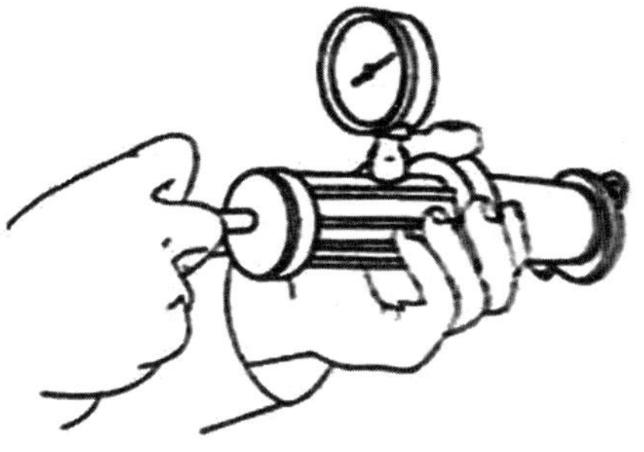

图 3-2-27　检查散热器盖

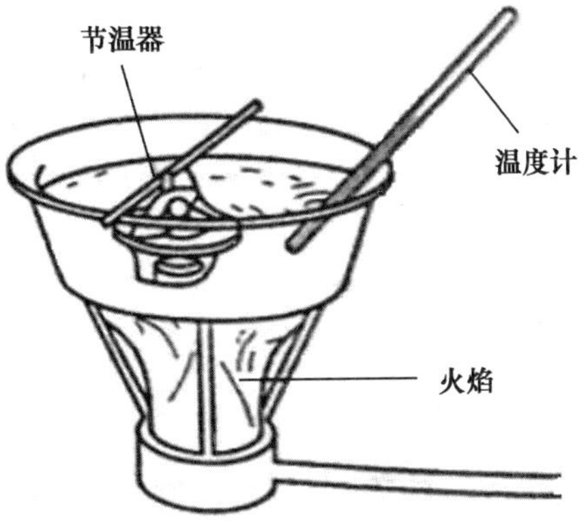

图 3-2-28　检查节温器主阀门

第六项　水泵的检修

水泵的检修主要是检查水泵是否泄漏或有无机械损伤，若有，则应修复或更换新泵。

（1）在水泵拆卸前，先将散热器中的冷却水放掉，将发动机中机油也放掉。依次拆下水泵盖、垫圈、定位销和叶轮螺母（左旋螺纹），取下叶轮（密封圈不拆卸，机械密封、油封可以不拆卸），拆下右曲轴箱盖，从右曲轴处内侧的水泵轴承孔中取出卡环，再从右曲轴箱盖外侧向内冲出水泵轴和轴承。

（2）检查机械密封、水泵叶轮密封圈是否损坏或磨损，若有损伤或磨损严重，机械密封和密封圈应成套更换。检查油封的磨损情况，若有磨损或损伤，应更换新件。检查轴承是否松旷，若已松旷，应成套更换。

【学徒岗位任务学习评价】

学徒实习考核表

学校：	班级： 专业：	学生姓名：		日期：	
实习任务					
自我鉴定（15 分）	自律性（5 分）	□优	□良	□一般	□较差
	业务知识（5 分）	□优	□良	□一般	□较差
	专业技能（5 分）	□优	□良	□一般	□较差
	得分				
实习表现（15 分）	职业精神（5 分）	□优	□良	□一般	□较差
	工作态度（5 分）	□优	□良	□一般	□较差
	出勤率（5 分）	□优	□良	□一般	□较差
	得分				
专业理论（25 分）	发动机（柴油机）冷却系统的组成部件（25 分）	□优	□良	□一般	□较差
	得分				
专业实操（企业师傅安排实操训练）（45 分）	对发动机的冷却系统进行检修，判断故障并完成修理（15 分）	□优	□良	□一般	□较差
	规范操作（15 分）	□优	□良	□一般	□较差
	熟练程度（15 分）	□优	□良	□一般	□较差
	得分				
总分					
企业师傅签名：			日期：		

任务 7　润滑系统的结构与检修

【任务目标与质量要求】

在师傅的指导和带领下，对发动机（柴油机）润滑系统进行检修，在此过程中学会检测工具的使用及掌握维修方法。

【学习产出目标】

（1）熟悉发动机（柴油机）润滑系统的结构；

（2）掌握故障的诊断方法；

（3）学会相关检测工具、仪器的使用及掌握维修方法。

【工作程序与方法要求】

第一项　熟悉润滑系统的结构

1. 润滑系统的功用

柴油机内各零件间相互接触面不是绝对光滑的，在显微镜下可以看到许多凸凹不平的地方。机械设备工作产生高速运动时，这些接触面之间的摩擦将增大。其结果将加速零件表面的磨损，增加运动阻力，从而降低机械设备的功率及缩短使用寿命。因此，柴油机内各相对运动的零件表面必须用润滑油进行润滑。

润滑系统把润滑油不间断地供给各摩擦零件表面而起到以下作用：

（1）润滑作用。润滑油进入各相对运动零件摩擦面之间形成一层油膜，以减少零件的磨损和功率损耗。

（2）冷却作用。润滑油在摩擦表面流过时，可以带走部分摩擦热，从而冷却摩擦零件。

（3）密封作用。润滑油可以提高活塞和气缸间的密封性，减少压缩时的漏气现象。

（4）清洗作用。当润滑油在两个零件间经过时，就能将零件相互摩擦时磨下的金属屑及颗粒带走。

（5）防锈作用。黏附在零件表面的润滑油可以防止零件表面被氧化腐蚀。

2. 润滑方式

柴油机的润滑方式一般可分为飞溅式、压力式及综合式三种。

(1) 飞溅式润滑。曲轴旋转时，润滑油被连杆盖上的油勺从机油盘中激溅起来，形成很多微小的油滴，溅在摩擦面或经收集后从油孔进入摩擦表面进行润滑，多余的润滑油又滴入机油盘中。这种润滑方式不可靠，润滑油滤清也成问题，但消耗功率小，结构简单。

(2) 压力式润滑。依靠机油泵的压力，润滑油通过柴油机内的管路和油孔压至各润滑部分进行润滑。这种润滑方式能保证润滑油的供给，润滑可靠，但结构复杂。

(3) 综合式润滑。这种润滑方式是飞溅式和压力式的综合运用。曲柄连杆机构和配气机构中各主要部件都用压力式润滑，而活塞、缸套、凸轮、连杆小头、衬套等零件仍用飞溅式润滑，这样可以使润滑系统的机构不过于复杂。

3. 润滑系统的组成

润滑系统主要由机油泵、机油滤清器、机油冷却器（或机油水箱）及供油管道等部件组成。四缸柴油机的润滑油路如图 3-2-29 所示。

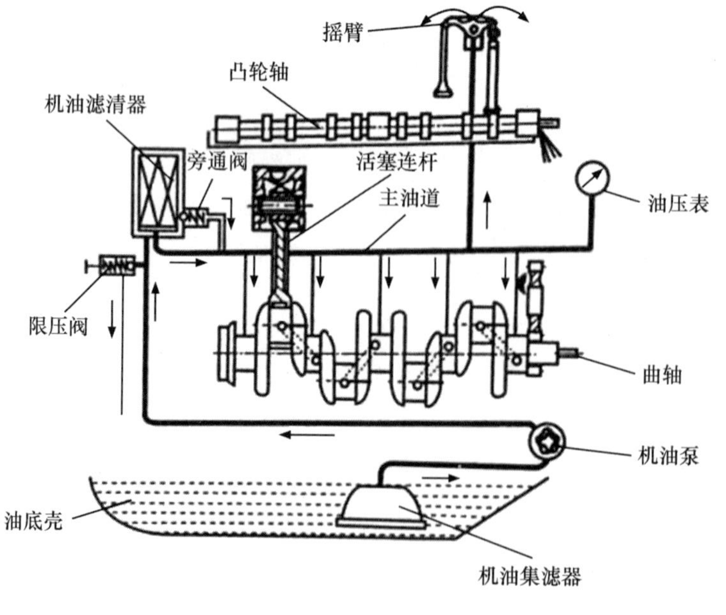

图 3-2-29　四缸柴油机的润滑油路

第二项　机油压力的检查与调整

柴油机齿轮室盖上的机油压力调节阀，出厂时均已调整好，使用过程中不要随意调整，也不要随便拆卸。若因机件磨损与机油过稀造成机油压力不足，可调整机油压力阀。

拧松机油滤清器调整螺钉的锁紧螺母，用螺丝刀转动调整螺钉，使机油压力表读数在 0.2～0.4 MPa 范围内。冷车时允许高一点，热车怠速时，机油压力应大于 0.5 MPa。调整后应将螺母拧紧。

第三项　转子式机油泵的检修

为了保证机油泵的正常工作，必须检查其各部位的密封可靠性，需要检查的部位有机油泵转子之间的间隙、外转子与机油泵壳体之间的间隙、内外转子与端盖之间的间隙。若测量值大于使用极限值，则说明机油泵内部过度磨损，应更换机油泵。

用厚薄规检测转子式机油泵内、外转子之间的间隙及机油泵外转子与壳体之间的间隙，用厚薄规与直尺检测转子与泵体端面之间的间隙，如图 3-2-30 所示。

(a)检测内、外转子之间的间隙　(b)检测外转子与壳体之间的间隙　(c)检测转子与泵体端面之间的间隙

图 3-2-30　检测转子式机油泵的工作间隙

第四项　机油散热器的检修

有些发动机带有机油散热器，主要检修项目如下：

（1）检查散热管接头处的机油泄漏情况。

（2）检查机油散热器散热片是否弯曲、堵塞，散热片弯曲时，利用小棒针来矫正。

（3）泥土等堵塞了散热片时，可用低压的压缩空气或水来清洗。

（4）安装后，启动发动机，检查机油有无泄漏，停止发动机的运转，检查机油量。

【学徒岗位任务学习评价】

学徒实习考核表

<table>
<tr><td colspan="6">学校：　　　　班级：　　　　专业：　　　　学生姓名：　　　　日期：</td></tr>
<tr><td>实习任务</td><td colspan="5"></td></tr>
<tr><td rowspan="4">自我鉴定（15 分）</td><td>自律性（5 分）</td><td>□优</td><td>□良</td><td>□一般</td><td>□较差</td></tr>
<tr><td>业务知识（5 分）</td><td>□优</td><td>□良</td><td>□一般</td><td>□较差</td></tr>
<tr><td>专业技能（5 分）</td><td>□优</td><td>□良</td><td>□一般</td><td>□较差</td></tr>
<tr><td>得分</td><td colspan="4"></td></tr>
<tr><td rowspan="4">实习表现（15 分）</td><td>职业精神（5 分）</td><td>□优</td><td>□良</td><td>□一般</td><td>□较差</td></tr>
<tr><td>工作态度（5 分）</td><td>□优</td><td>□良</td><td>□一般</td><td>□较差</td></tr>
<tr><td>出勤率（5 分）</td><td>□优</td><td>□良</td><td>□一般</td><td>□较差</td></tr>
<tr><td>得分</td><td colspan="4"></td></tr>
<tr><td rowspan="2">专业理论（25 分）</td><td>发动机（柴油机）润滑系统的组成部件（25 分）</td><td colspan="4"></td></tr>
<tr><td>得分</td><td colspan="4"></td></tr>
<tr><td rowspan="4">专业实操（企业师傅安排实操训练）（45 分）</td><td>对发动机的润滑系统进行检修，判断故障并完成修理（15 分）</td><td>□优</td><td>□良</td><td>□一般</td><td>□较差</td></tr>
<tr><td>规范操作（15 分）</td><td>□优</td><td>□良</td><td>□一般</td><td>□较差</td></tr>
<tr><td>熟练程度（15 分）</td><td>□优</td><td>□良</td><td>□一般</td><td>□较差</td></tr>
<tr><td>得分</td><td colspan="4"></td></tr>
<tr><td colspan="2">总分</td><td colspan="4"></td></tr>
<tr><td colspan="6">企业师傅签名：　　　　　　　　日期：</td></tr>
</table>

【业务知识】

一、农业机械故障的主观诊断法

农业机械故障的主观诊断法就是采用常规的眼看、耳听、鼻嗅、手摸和询问操作者的诊断方法，类似于中医的望、闻、问、切，主要包括问诊法、听诊法、观察法、触摸法、嗅闻法。该方法简单易行，比较适合于驾驶员使用，但因诊断人的经验不同，诊断结果并不完全一致。

（一）问诊法

问诊法就是向驾驶员询问农业机械的使用条件和时间、保养情况，以及机器发生故障前后的各种现象和“病史”等，以便判断故障或为故障诊断提供参考资料。

（二）听诊法

根据响声的特征来判断农业机械的技术状态，辨别故障发生时应注意到的异响声与伴随声等现象。启动发动机或驾驶机车，听变动油门或速度时的声音；听高速或低速时的转速是否稳定；听敲击声有无变化；听排气是否干脆等。例如，正时齿轮的响声主要是由于齿轮牙齿磨损后齿侧间隙过大，齿面互相碰击，或轴承磨损后影响齿轮正常啮合而产生的。这种响声可在正时齿轮室附近听到，而且随着发动机负荷的增加而增大。

（三）观察法

直接观察农业机械的异常现象，如漏油、漏水、发动机排出的烟色以及机件松脱、明显断裂、扭曲变形等。为提高视觉检验精度，在某些情况下可借助放大镜对零件的磨损、破损、裂纹等进行检验，还可借助于锤子敲击以对裂纹和铆钉的松动进行检查。为弥补视觉中某些箱体内部检验的不足，还可借助于光导纤维作为光传导的内窥镜来检测，或对新、旧零件进行对比检验等操作。

（四）触摸法

用手触摸农业机械的相关部位，了解轴承发热的情况、机件与油箱的温度、高压油管的油压脉动情况、部件的固定情况、刚启动时发动机各缸排气歧管温度的差别等，以便找出故障所在。

（五）嗅闻法

根据气味的特征来判断农业机械的技术状态，辨别故障发生时应注意到的异常气味与伴随的烟气等现象，如皮带的橡胶气味、摩擦片的烧焦味、发动机排气烟味（结合排气颜色辨别是燃油味还是机油味）等，这些都会有明显的异常气味被嗅到。

二、农业机械故障的客观诊断法

农业机械故障的客观诊断方法，类似于西医的体温表、血压计、心电图仪、CT 机等各种人体诊断仪器，这种方法不因仪器操作者而异，诊断结果能够比较客观地反映农业机械运行的当前工况。农业机械故障的客观诊断方法可分为工、量具检验法，物理检验法，仪器检验法等。

（一）工、量具检验法

这种方法利用通用、专用工、量具测量零件现有的尺寸及几何公差值，然后与技术标准所规定的许用值进行对比，确定零件能否继续使用。

（二）物理检验法

这种方法是利用电、磁、光、声、热等物理量，通过对工件所起的变化来探测零件技术状况的一种方法。该方法通常用来检验零件内部的隐蔽缺陷，但又不会损坏零件本身，因而是一种无损的探伤检验，如磁力探伤法、磁粉法、渗透法和射线法等。

（三）仪器检验法

这种方法就是使用仪器、仪表等去检测、分析故障来源的定性诊断方法，如用气缸表测量气缸压力来判断气缸密封性的故障，根据测得结果来分析故障原因。

三、机器修理的三种基本方式

机器修理的三种基本方式包括定期维修、视情维修和事后维修。

（一）定期维修

定期维修又称时间预防维修方式，该方式是以使用时间作为维修期限。只要机器使用到预先规定的时间，不管其技术状态如何，都要进行规定的维修工作，如大修或具体某一级保养内容。

（二）视情维修

视情维修又称按需预防维修方式，这种维修方式是根据机器实际情况来确定维修时机，该方式不对机件规定固定的拆卸分解范围和维修期限，而是在检查、测试其技术状况的基础上确定各机件的最佳维修时机。

（三）事后维修

事后维修又称故障维修，该方式是不控制维修时期，机件发生故障造成停机之后才进行修理。

四、维修方式的选择

选择维修方式时应该从修理后机器的安全性、经济性来考虑，但对农业机械来讲，一般侧重经济性。视情维修是靠不断定量分析监测机件的某些参数或性能的视情资料，酌情决定维修时间和项目。这种维修方式费用高，要求有一定的诊断条件，目前仅在一些大型、贵重设备上采用。事后维修适用于一些简单的、不重要的机器，如搅拌机、简单农业机械等。定期维修方式在我国汽车、拖拉机维修中普遍采用。

维修方式的发展趋势是由事后维修逐步走向定期预防维修，再从定期预防维修走向有计划的定期检查，并按检查的结果安排近期的计划维护与修理。

五、发动机大修的基本条件

（一）功率明显下降

油门放到最大位置时，柴油机输出的最大功率只有额定功率的60%左右，明显带不动配置负荷。对燃油机构、配气机构、曲轴连杆机构等有关部分，经过维修调整后，功率仍不能恢复。

（二）耗油量显著增大

耗油量超过额定30%以上，机油耗油量也超过额定的1倍以上，排气带出机油，曲轴箱通气口（或加油口）冒带油雾的烟，曲轴箱温度显著增加。

（三）缸套、活塞等零件磨损严重

缸套、活塞、曲轴各轴颈的磨损都超过了极限值，配气机构零配件磨损严重，使气缸缸套密封性变差，气缸压力降低。

（四）不能顺利启动

停机后，在冷却水温为 50～60 ℃的情况下，不能顺利启动。柴油机工作温度为70～90 ℃时，缸内依然从活塞与活塞销、主轴承或连杆轴瓦处发出响声。

六、常用检测仪器

（一）连杆弯曲扭曲检验仪

利用连杆弯曲扭曲检验仪可以对连杆变形进行检验，如图 3-2-31 所示。

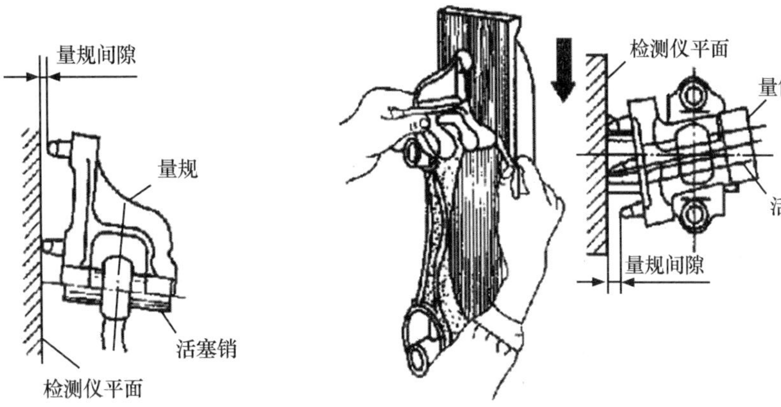

(a) 连杆弯曲的测量　　(b) 连杆扭曲的测量

图 3-2-31　连杆变形的检验

连杆弯曲程度不得大于 0.05 mm/100 mm；连杆扭曲程度不得大于 0.05 mm/100 mm。连杆弯曲一般产生在大、小端轴线所形成的平面内（前后弯），弯曲后连杆大、小端的孔的轴线不平行；而连杆扭曲将使大、小端轴线不处在同一平面内。通常用连杆弯曲扭曲检验仪检验连杆变形的步骤如下：

(1) 将连杆大头盖装在连杆上，并用标准力矩拧紧，同时装上修配好的活塞销，如图 3-2-31 (a) 所示。

(2) 将连杆轴承孔套装在检验器的横轴上，转动轴端螺母使横轴上的定心块向外张，将连杆固定在检验器上。

(3) 检验器量规的 V 形面靠在活塞销顶面上，观察小角铁三个爪头与平面的接触情况，即可查出连杆的弯曲方向和程度。

(4) 将量规下移，使其侧面与活塞销侧面接触，观察量规与活塞销两端的接触情况，即可测出扭曲方向和扭曲量，如图 3-2-31 (b) 所示。

（二）电子功率油耗测量仪

1. 工作原理

(1) 测功率原理。电子功率油耗测量仪是以发动机本身运动部件（飞轮与曲轴等回转件）的惯性力矩作负载，在全负荷供油条件下突然加速，根据某一转速区段的加速时间计算出发动机在额定转速下的功率。

（2）测油耗原理。用两个电磁阀的开与闭控制主机与油箱或量管的接通。在测量瞬间常开电磁阀关闭，常闭电磁阀打开，发动机消耗玻璃量管内的燃油，从而记录发动机耗油量。

2. 使用方法

（1）仪器本身的装接。

①接通主机电源；

②安装油耗测量计；

③安装光电转速传感器。

（2）仪器与发动机的连接。

①发动机预热；

②关上发动机油箱开关，切断供油；

③把油耗测量计的出油管接到发动机的低压油路中；

④接通电源开关，排尽油路中的空气，然后拧紧各接头螺钉；

⑤将光电转速传感器的触头缓慢地插入处于怠速运转的发动机曲轴轴头中心孔内或启动爪处，并保持一定接触压力，以免发生滑转而影响测试结果。

3. 测试步骤

（1）测试发动机的最高空转转速。将油门拉到最大供油位置，并稳定一段时间便可测得最高空转转速。

（2）测试发动机的功率与耗油量。按充油键给测量管充油，待油充到“0”刻度时，松开充油键之后按一下复位键，主机显示屏上将显示“P”，接着按键盘上的“MOW”键，主机显示屏即显示“1”，最后根据被测机型按一下相应的机型选择键，此时主机显示屏将不显示，紧接着以很快的速度将油门拉杆拉到最大供油位置。当测定指示灯灭，待测指示灯亮时，主机显示屏迅速轮换，显示测试结果。测量管油面下降值是在加速测功率时间内所消耗掉的燃油量。

（3）数据处理。

4. 仪器拆卸

仪器拆卸按照与连接相反的顺序进行。

（三）废气分析仪

废气分析仪由废气取样装置、废气分析装置、废气浓度指示装置和校准装置等组成。

1. 工作原理

用取样探头、导管和泵从汽车或拖拉机的排气管里采集废气，再用滤清器和水分离器把废气中的炭渣、灰尘和水分除掉，只把废气送入分析装置。在混有多种成分的废气中检测出 CO 和 HC 的浓度，并以电信号的形式输送给浓度指示仪表进行指示。CO 浓度在 CO 指示仪表上以容积百分数为单位指示；HC 浓度在 HC 指示仪表上以正己烷当量容积的百万分数为单位指示。

2. 使用方法

（1）检测前的准备。

①检测仪器准备。

②被检拖拉机、汽车的准备。

（2）检测步骤。

①发动机由怠速加速到中等转速，维持 5 s 以上，再降至怠速状态；

②分析仪指示仪表的读数转换开关旋到最高量程挡位；

③将取样探头插入排气管中；

④选择适当的量程，待指针稳定后读数；

⑤若为多排气管，则取各管测值的算术平均值；

⑥测量完毕，抽出取样探头，让它吸入 5 min 新鲜空气，待仪表指针回到零位后再关掉电源。

3. 废气分析仪检查调修与校准（表 3-2-1）

表 3-2-1　废气分析仪检查调修与校准

检查周期	检查部位	检查要领	调修方法
使用前	指示仪表	通电前，检查仪表指针是否在机械零点上	指针失准，可用零点调整螺钉调到零点
	流量计	把导管从测量仪上的废气入口处拔下，用手把废气入口挡住，检查流量计工作情况	不能正常工作时，要由专人进行修理
	取样头和导管	检查有无压扁、破裂、堵塞、脏污等情况	压扁、破裂时，更换新件；脏污、堵塞时，用布条或压缩空气清洁
	滤清器	检查脏污情况	脏污时，应更换滤芯
	水分离器	检查积水量	有积水时，取下排尽、清洗
	校准装置： （1）标准气体校准装置。 （2）简易校准装置	通电后，预热分析仪，使分析仪吸进新鲜空气，检查仪表指针能否调到零点。 关掉泵开关（有“校准”“测量”转换开关的，扳到“校准”侧），灌入标准气样，检查指针是否能调到标准位置（按厂家规定校准间隔周期进行）。 接通简易校准开关，检查工作情况及仪表指针位置（应对准刻度线）	无法调到零位，要由专人进行修理。 HC 分析仪的标准气样为丙烷，故校准的标准值：标准气样浓度×换算系数（见铭牌，一般为 0.472～0.578）。 无法调整时，应请专人进行修理
	各种导线	检查有无因损伤引起的接触不良的部位	有接触不良或断线处，要焊好或更换
1 年	接受有关部门的校定		

（四）烟度计

常见滤纸式烟度计是由废气取样装置、污染度检测装置、污染度指示装置和校准装置等组成。

1. 工作原理

吸气泵在踏板控制下工作，以一定的时间吸取一定量的废气，用设置在吸气道中滤纸上附着的烟中炭粒的方法进行取样。将取样后带黑烟的滤纸紧贴污染度检测装置。从电灯泡发出的光线照射到滤纸上被反射回来，由环状硒光电池接收，产生电流使指示仪表摆动。

2. 使用方法

（1）检测前的准备。

①仪器的准备；

②被检拖拉机、汽车的准备。

（2）检测步骤。

①使发动机加速 2～3 次，吹净排气管与消声器内的烟尘；

②使发动机怠速运转，并用压缩空气进行清洁作业 2～3 s；

③在加速踏板上安装踏板开关；

④迅速将加速踏板踏到底并持续 4 s；

⑤按步骤④反复操作 3 次；

⑥将已收取黑烟的 3 张滤纸放置在未使用过的 10 张以上清洁滤纸上；

⑦在测试台上用检测部分对着滤纸污染面，分别读取测量值；

⑧取 3 张滤纸测量值的平均值，即污染度。

3. 烟度计检查调修（表 3-2-2）

表 3-2-2　烟度计检查调修

检查周期	检查部位	检查要领	调修方法
使用前	指示仪表	通电前，检查仪表指针的机械零点	仪表失准，可用零点调整螺钉使指针与 100% 的刻度重合
		通电后，进行必要的预热，用标准色纸检查仪表指针是否符合污染度数值	不能调整时，清扫检测装置，更换规定的灯泡
	取样头和导管	检查有无压扁、破裂、堵塞、污染等	有压扁、破裂时，更换新件；有污染、堵塞时，可用布条或压缩空气进行清洁
	压缩空气调节器	检查控制压力	按规定的压力调整

续表 3-2-2

检查周期	检查部位	检查要领	调修方法
使用前	空气吹洗机构	检查空气吹洗机构的工作情况	若不动作，检查空气压缩机压力表和测量装置上的气压调节器
	吸气泵和脚踏开关	检查动作情况	若动作不灵活，请专人修理
	滤纸送给机构	检查有无滤纸和动作情况	无滤纸时，进行补充；动作不灵活时，进行修理
	各种导线	检查有无因损伤引起接触不良的部位，检查污染和变形	有接触不良或断线的导线，要焊好或更换
1个月	检测装置	检查污染和变形	有污染时，应清洗；有变形时，应更换新件
1年	接受有关部门的校定		

（五）制动试验台

1. 构造

制动试验台主要由滚筒、减速箱、测力杠杆、电动机等组成。

2. 工作原理

机动车车轮由制动试验台的滚筒驱动，当制动时，由于车轮制动器的作用，车轮受到了与试验台滚筒驱动力相反的制动摩擦力矩的作用，车轮出现停转，滚筒的转动阻力增大，车轮给主动滚筒施加了一个与其旋转方向相反的切向摩擦阻力（即制动力），该阻力使主动滚筒停转；与此同时，车轮开始离开从动滚筒，车轮作用力全部由主动滚筒承担。在仪表上显示出车轮与主动滚筒间的切向摩擦阻力的数值，此数值就是车轮制动力的大小。

3. 使用方法

（1）准备工作。

①轮胎气压应符合制造厂的规定；

②轮胎沾有水、油等或轮胎花纹沟槽内嵌有小石子时一定要清除干净。

（2）检测步骤。

①接通试验台电源；

②操纵手柄，升起举升器托板；

③尽可能将车辆以垂直于滚筒的方向驶入试验台，让车轮停放在举升器托板上；

④操纵手柄，降下举升器的托板，直到轮胎与举升器的托板完全脱离为止，然后将变速杆挂入空挡；

⑤用挡块抵挡在位于试验台滚筒之外的一切车轮的后方，以防止车轮检测时从实验台后方滑出去；

⑥启动电动机，使滚筒带动车轮转动；

⑦缓缓将制动踏板踏到底，读取仪表上所指示的最大制动力值；

⑧前、后轮的制动力检测后，拉动驻车制动拉杆，读取仪表指针指示的最大制动力值；

⑨全部检测结束后，切断电动机电源，操纵手柄升起举升器的托板，车辆驶离试验台；

⑩切断试验台电源。

4. 制动试验台检查调修（表 3-2-3）

表 3-2-3 制动试验台检查调修

检查周期	检查部位	检查要领	调修方法
使用前	指示仪表	使滚筒在无负荷状态下运转，检查仪表指针的零点	指针若不在零位，用零点调整螺钉将指针调到零点
	滚筒	检查有无油、泥、水等杂物	如有，要清除干净
	齿轮减速器和缓冲器	检查润滑油的油量	若不足，按厂家规定品种补足
	举升器的操纵机构和空气压缩机	检查举升器动作情况；有无漏气部位	动作阻滞或有漏气部位时，解体清洗、润滑，并消除漏气现象
		检查空气压缩机的滤清器及润滑油油量和脏污情况	脏污时，清洗滤清器；油量不足时，按厂家规定品种补足
	各种导线	检查有无因损伤引起接触不良的部位	有接触不良或断线的导线，要焊好或更换
6 个月	齿轮减速器和空气压缩机	检查润滑油油量及脏污程度	如脏污，按规定品种更换
	链条	拆下链条罩，检查链条脏污和松紧情况	如脏污，清洗润滑；链条伸长时，应予更换
	三角带	检查脏污、松紧和损伤情况	如脏污，应清洗，并重新调整松紧度；如损伤，应予更换
	滚筒和滚筒轴承	检查滚筒在运转时，有无异响和损伤	有异响或损伤时，应修理，并按标准规定品种注入润滑脂
1 年	接受有关部门的校定		

（六）侧滑试验台

1. 工作原理

侧滑试验台是应用滑板原理来检测出转向轮的侧滑量的。

2. 使用方法

（1）检测前的准备与测制动力时相同。

(2)检测步骤。

①取下滑动板的锁止销钉，接通电源，注意指示仪表的指针应指示零位置。

②车辆以低速垂直驶向试验台，使被测车轮从滑动板上通过，注意此时严禁转动转向盘。

③待被检车辆前车轮从滑动板上完全通过时，观看仪表指针的指示，并读取最大侧滑量值；侧滑量在－3～＋3 m/km 范围涂为绿色，表示良好区域；侧滑量在－5～－3 m/km 和＋3～＋5 m/km 范围涂为黄色，表示准用区域；侧滑量在－10～－5 m/km 和＋5～＋10 m/km 范围内涂为红色，表示不良区域，应引起注意。

④检测结束后将滑动板锁止。

3. 侧滑试验台检查调修(表 3-2-4)

表 3-2-4 侧滑试验台检查调修

检查周期	检查部位	检查要领	调修方法
使用前	试验台及周围	检查有无机油、石子、泥污等杂物	如有，要清除干净
	指示仪表	通电前，检查仪表指针的机械零点	指针若不在零位，用零点调整螺钉将指针调到零点
		通电后，左右拨动滑动板，待滑动停止后，检查仪表指针是否回到零位	指针若不在零点，用零点调整螺钉或零点电位将指针校准到零点
	各种导线	检查有无因损伤引起接触不良的部位	有接触不良或断线的导线，要焊好或更换
1 个月	报警装置(定性显示装置)	用规定值(5 格刻度)检查蜂鸣器及信号灯能否发出信号	蜂鸣器、灯泡、限位开关等有故障时，要调修或更换
2 个月	连杆机构和回位装置	检查动作情况和滑动板是否回位	动作阻滞时，进行清洗、润滑；如回位不彻底，应调紧回位弹簧
	指示装置	检查 L 形杠杆和指针的动作情况	如动作阻滞，应进行清洗、润滑
3 个月	滚轴、轨道及滑动板	拆下滑动板，检查各部位有无脏污、变形、松动、锈蚀、磨损等情况	对这些部位分别进行清洗、紧固、润滑，破损件应更换
1 年	接受有关部门的校定		

(七)前照灯检测仪

前照灯检测仪根据其测量距离和测量方法可分为聚光式、屏幕式、投影式和自动跟踪光轴式等几类。这些不同类型的前照灯检测仪都是由接受前照灯照射光束的受光器、使受光器与车辆前照灯对正的照准装置、前照灯发光强度的指示装置、前照灯发光轴偏斜量的指示装置，以及支柱、底座、导轨、车辆摆正找准器等组成。屏幕式前照灯检测仪的使用方法如下：

1. 检测前的准备

除去前照灯上的污垢；轮胎气压应符合规定值；蓄电池应充足电，灯光电路状况完好。

2. 检测步骤

（1）尽可能将车辆以和屏幕或导轨保持垂直的方向驶近检测仪，使前照灯和检测仪受光器相距 3 m。

（2）用车辆摆正找准器使检测仪与车辆对正。

（3）开亮前照灯，用前照灯照准器使检测仪与被检前照灯对正。

（4）使左右光轴刻度尺的零点与活动屏幕上的基准指针对正。

（5）上下和左右移动受光器，使光度计达到最大指示值位置。此时，根据受光器上的基准指针所指活动屏幕的上下刻度值和活动屏幕上基准指针所指固定屏幕的左右刻度值，即可测出光轴的偏斜量。

（6）此时光度计上的指示值即被测前照灯发光强度值。

3. 前照灯检测仪检查调修（表 3-2-5）

表 3-2-5　前照灯检测仪检查调修

检查周期	检查部位	检查要领	调修方法
使用前	指示仪表	切断光轴光度转换开关（相当于不受光状态），检查光度计和光轴偏斜指示计的指针的机械零点	指针若不在零位，用零点调整螺钉将指针调到零点
	聚光透镜和反射镜	检查镜面有无污垢、模糊不清	有污垢时，用软布擦净
	水准器	检查有无气泡和气泡位置	如无气泡，请专人进行修理；如气泡位置不对，用调整垫调整
	导轨	检查有无泥土或小石块等杂物	如有，要清除干净
2 个月	车轮、支柱和升降台	检查动作是否灵活自如	如动作不灵活，应除锈、清洗和润滑；如弯曲变形，请专人进行修理
	导轨	左右移动检测仪，检查动作是否灵活	如有弯曲，请专人进行修理
1 年	接受有关部门的校定		

七、发动机常见故障

（一）发动机不易启动故障

发动机启动困难的故障原因主要有电路、油路、机械和压缩系统四个方面，如图 3-2-32 所示。

排除故障时应先解决电路问题，使发动机能运转起来；再解决油路问题，使气缸内有雾化良好的燃油；最后解决压缩压力问题，使气缸内燃油能达到自燃的温度。这三个问题解决了，启动困难的故障也就迎刃而解了。

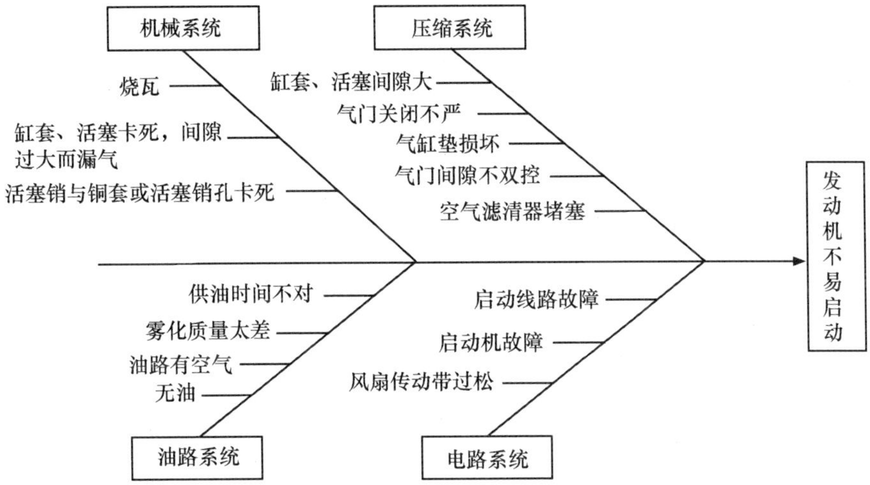

图 3-2-32　造成发动机启动困难的原因

（二）发动机排烟异常故障

烟是燃烧不完全的产物。喷入气缸内的燃油完全燃烧时，排气应无烟色或略有轻微烟色。若发动机工作时排出黑烟、白烟或者蓝烟，则说明燃烧不正常。

一般来说，如果发动机内燃油不能完全燃烧，就会冒黑烟；如果机油窜入燃烧室，就会冒蓝烟；如果燃油中有水，就会冒白烟。对于发动机的排烟异常问题可从引起它的原因入手，一步步查找出现问题的原因，如图 3-2-33 所示，最后根据出现问题的原因解决排烟异常问题。

（三）发动机功率不足故障

采用柱塞式喷油泵的多缸发动机通过切断一个或几个气缸的供油，让一个气缸单独工作，用断油气缸的压缩阻力和传动部分的摩擦阻力作负荷，通过观察转速、冒烟和响声等情况即可综合判断工作缸的功率及各缸间的差异。发动机功率不足的原因如图 3-2-34 所示。

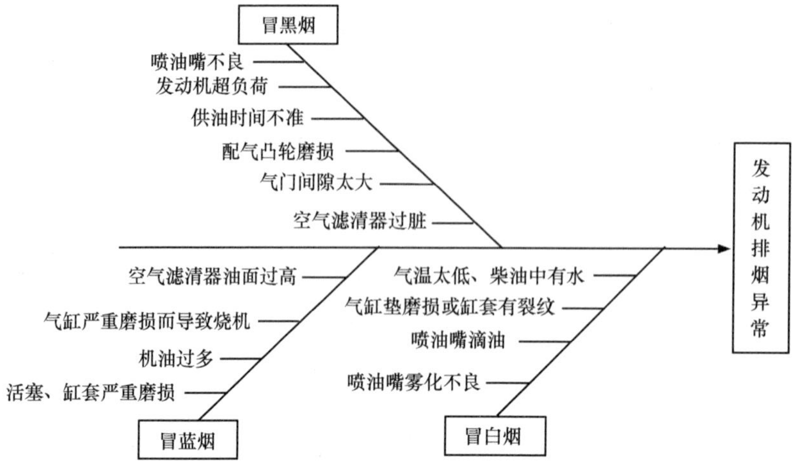

图 3-2-33　发动机排烟异常的原因

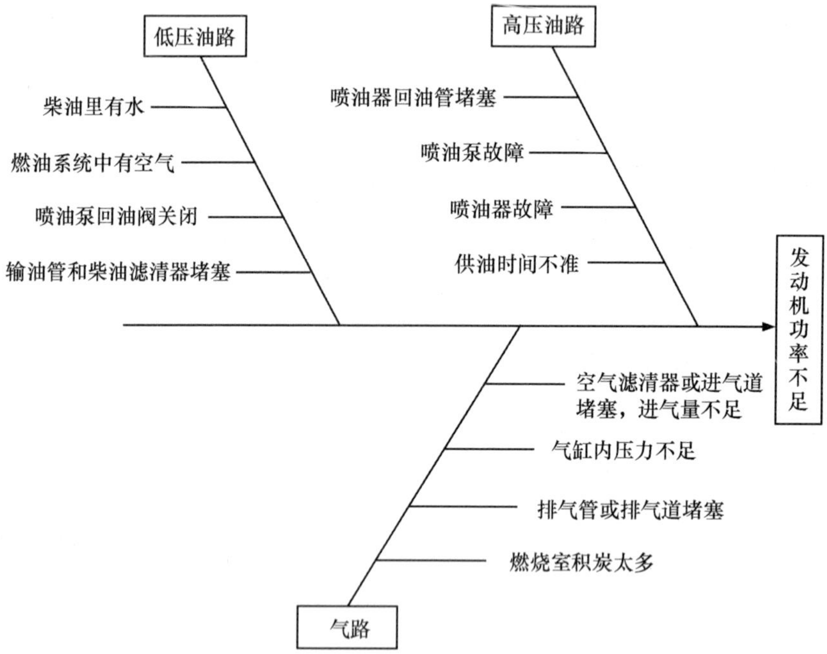

图 3-2-34　发动机功率不足的原因

（四）发动机过热故障

发动机温度过高会使机体加剧磨损，甚至造成严重的机械事故。正常的工作温度应该是水温保持在 75～95 ℃。若水温表指针指在 95 ℃以上，或水箱盖冒出水蒸气，说明发动机水温过高。若发现发动机水温过高，应立即降低发动机负荷，低速运转；

但不能立即停车，以免造成相应零部件卡死。发动机过热的原因如图 3-2-35 所示。

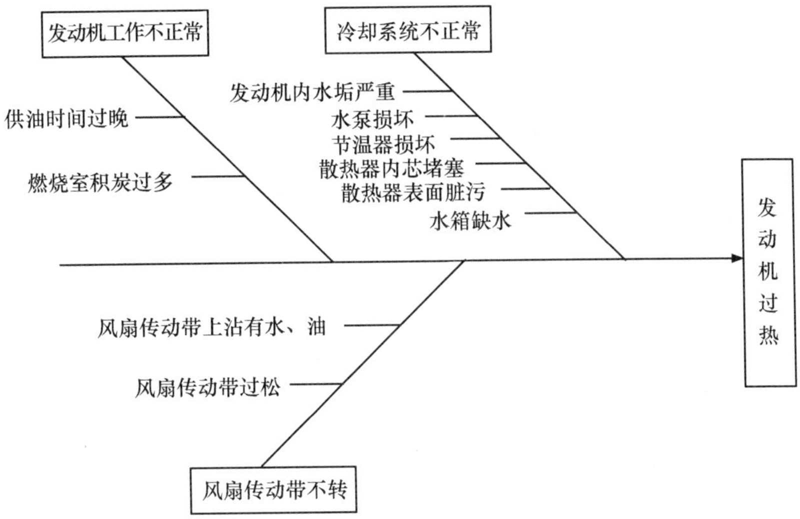

图 3-2-35 发动机过热的原因

（五）发动机机油压力过低故障

发动机正常工作时，机油压力的指针应指在“2～4”；怠速时机油压力的指针应指在“1”处。若指针指在“0”处，则表明机油压力过低。机油压力过低会使发动机运动部件摩擦加剧，发动机过热，易造成烧瓦、拉缸等机械性故障。发动机机油压力过低的原因如图 3-2-36 所示。

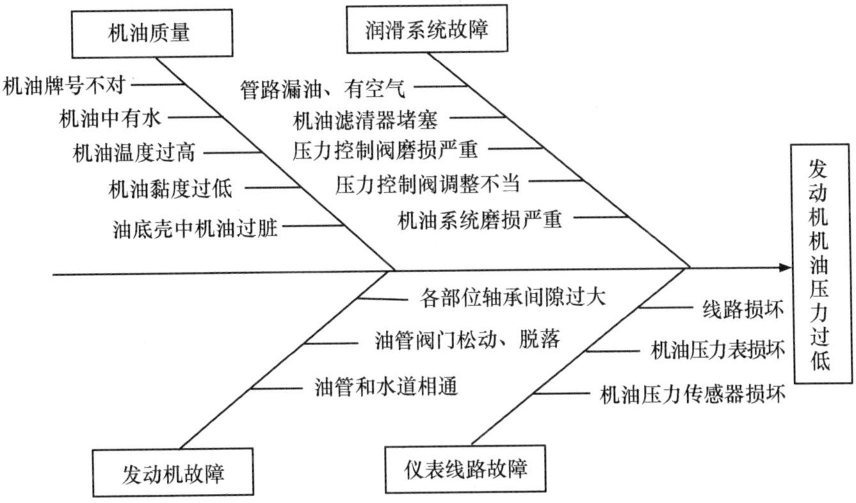

图 3-2-36 发动机机油压力过低的原因

（六）发动机转速异常故障

发动机转速异常是一种常见的故障，主要表现为转速在较大范围内忽高忽低变化、断续排黑烟，有时转速突然升高并超过允许的最大值，并伴随有巨大的声响。这些现象的发生不仅使发动机功率下降、油耗增大、尾气排量超标，而且会造成事故性损坏。因此，出现转速不稳时应及时诊断排除。

发动机转速异常通常有三种表现，即发动机飞车、发动机怠速偏高和发动机怠速不稳定，如图 3-2-37 所示。

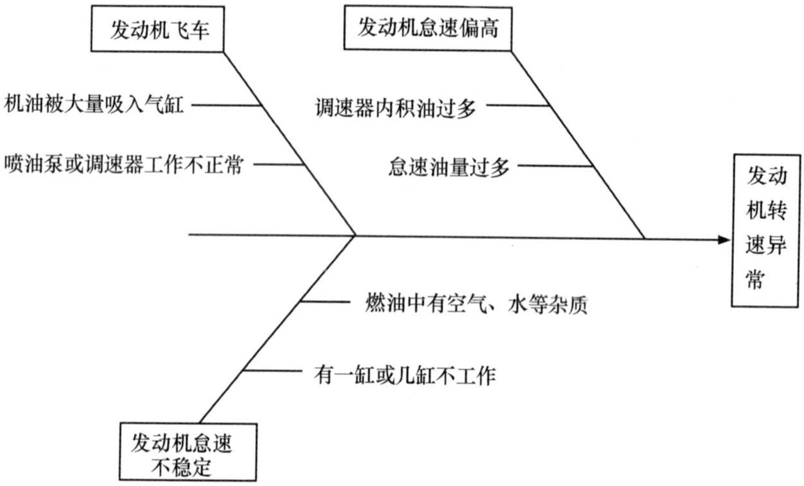

图 3-2-37　发动机转速异常的原因

【发动机故障维修案例】

案例一

故障描述：起动机不工作，发动机无法启动。

故障原因分析：电子控制单元（electronic control unit，ECU）损坏。

维修方法：某公司售后接到客户维修任务，用户描述发动机不仅无法正常启动，而且无法实现信息通信。经检查发现，当钥匙开关打开后发动机的 ECU 无自检，起动机没有反应。初步怀疑是电瓶给 ECU 供电的 8 根电源线短路，但是当拆下整车线束测量电压后发现这 8 根电源线还是接通的，都是 24 V 电压，检查 T15 开关后电压正常，整车 K 线电压也正常，检查到此，很有可能是 ECU 内部烧毁。当拆下整车线束插头后发现整车 89 口接插件的 1.70 孔有烧焦痕迹，如图 3-2-38 所示；再查看 ECU 的针脚发现 1.70 针脚已经被烧断，如图 3-2-39 所示。由此判断 ECU 已经损坏，更换后正常。

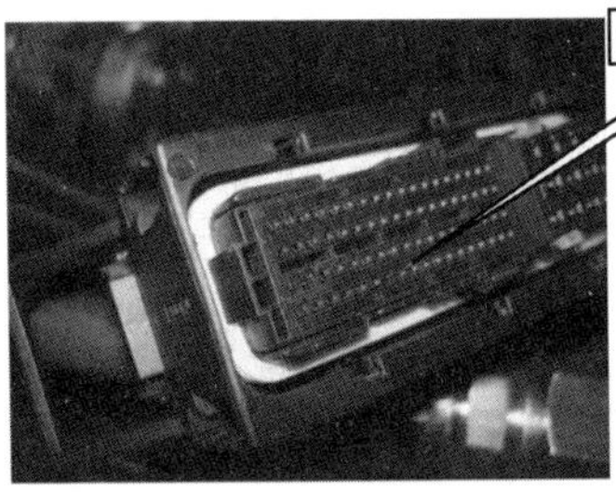

图 3-2-38　发动机模块线束插头（母头）

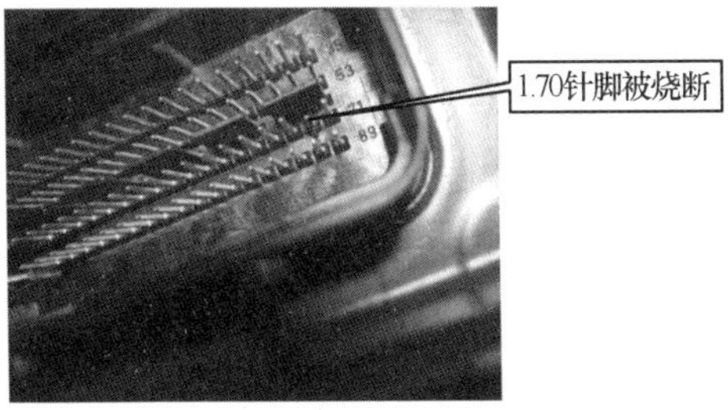

图 3-2-39　发动机模块线束插头（公头）

案例二

故障描述：发动机无法启动。

故障原因分析：同步信号问题或者油路问题。

维修方法：某维修公司接到维修任务，用户反映发动机在作业过程中突然熄火，之后再也无法启动，整车工作不到 70 h。用 DTS 诊断仪读故障代码，发现主继电器 2 对地短路。查 V2（1.04 针脚）和 V4（2.03 针脚）有对地短路的故障存在，检查是由排气制动电磁阀所引起的，排除该故障后重新启动发动机，发动机仍然无法启动，监测轨压最高只能到 40 bar，同步信号正确。所以确定发动机无法启动是由轨压无法建立所引起的，喷油器必须要压力达到 160 bar 才可以喷油。

确定故障原因后，先从低压油路开始查起，分段检查了油箱、粗滤、低压齿轮泵、精滤和高压油泵进油口，使用马达带动，明显能够看到压力还是很大的。所以判断问题还是出在高压油路上。

再分段检查高压油泵和各缸进油管，看到高压油泵的出油和各缸高压油管的出油量也很大，处于正常状态，所以怀疑是喷油器发生了问题。于是将各缸喷油器回油管依次松开，观察喷油器的回油量，经对比发现，除了第三缸喷油器回油量很大，其他各缸的喷油器都基本没有回油。于是更换了第三缸喷油器，重新打火，发动机顺利启动。

从此案例来看，喷油器泄漏导致的现象主要表现为发动机跛行、无法启动。喷油器如果泄漏过大则可能导致无法启动，而如果泄漏较小可能会引起跛行。

案例三

故障描述：发动机启动困难，启动后有轻微响声。

故障原因分析：飞轮破裂，打坏曲轴转速传感器。

维修方法：某公司售后接到用户维修任务，用户反馈启动困难，发动机启动后有轻微响声，同时转速表显示的转速不准确。造成此故障的主要原因是飞轮破裂，打坏曲轴转速传感器。开始不报故障原因是第一次拆下曲轴转速传感器并没有被飞轮打坏，第二次拆下曲轴转速传感器后才损坏（图 3-2-40）。盘车观察飞轮，发现飞轮破裂（图 3-2-41），更换飞轮和曲轴转速传感器后，故障排除。

图 3-2-40　曲轴转速传感器

图 3-2-41　飞轮破裂

项目三 农机底盘的故障诊断、修理与调试

农机底盘是传递动力的装置，它能把发动机的动力传递给驱动轮和工作装置，使其行驶。如果在行驶中底盘的某一部分出现故障，农机都将不能正常行驶，其工作效率就不能发挥出来。因此，农机底盘出现故障，一定要及时排除。

任务1　底盘的修理

【任务目标与质量要求】

在师傅指导和带领下，对底盘结构中离合器片、制动器摩擦片、离合器、变速箱等部分进行检修，在此过程中学会检测工具的使用及掌握维修方法。

【学习产出目标】

（1）掌握底盘结构中离合器片、制动器摩擦片、离合器、变速箱等部分的检修方法；

（2）学会相关检测工具、仪器的使用及掌握维修方法。

【工作程序与方法要求】

第一项　离合器片的修理

1. 清理

摩擦片有轻微的烧蚀、硬化，可用锉刀或粗砂布磨光后使用。

2. 铆接新片

摩擦片严重损坏的要铆接新片，其工艺步骤如下：

（1）拆除旧摩擦片。用比旧铆钉直径小0.4～0.5 mm的钻头钻去铆钉头，然后再

轻轻冲下旧铆钉，取下旧摩擦片，并用钢丝刷刷去从动盘的灰尘和锈迹。

（2）从动盘钢盘翘曲的检查和校正。检查时，可放在专用架上用百分表测量，如图 3-3-1 所示。如端面跳动误差大于 5 mm，可用宽口扳子或特制夹模进行校正。

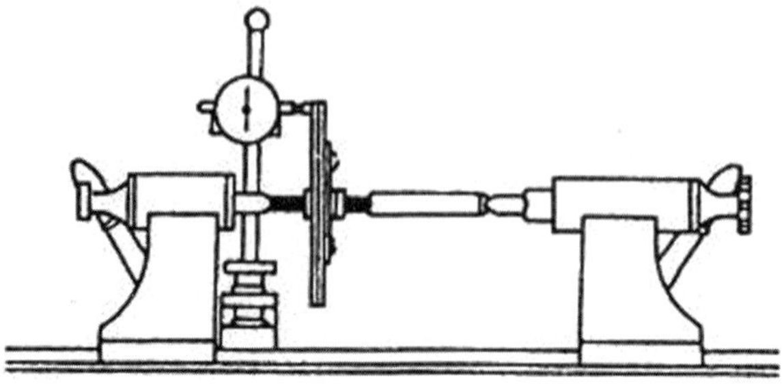

图 3-3-1 从动盘钢盘翘曲的检查与校正

（3）选配新摩擦片和铆钉。换用新摩擦片的直径、厚度应符合原摩擦片规格；两片应同时更换，其厚度差不大于 0.5 mm；铆钉应是铜或铝制的，直径应与从动盘孔径相配合，长度以从摩擦片铆孔下平面穿入孔中再伸出 2～3 mm 为宜。

（4）钻孔。用手持虎钳将摩擦片夹持在钢盘上，选用与钢盘孔径相适应的钻头在台钻上按钢盘的孔位分别钻两摩擦片的孔，并做好记号，防止铆接时错位。然后按铆钉头直径用埋头钻头钻出埋头坑。埋头坑的深度一般为摩擦片厚度的 3/5。

（5）铆合。采用手工铆合摩擦片。将与铆钉头直径相同的平铳夹在台虎钳上，把铆钉插入摩擦片铆钉孔中，使摩擦片向下，将铆钉头抵紧在平铳上，再用一只圆锥形的开花铳将铆钉铳开后铆紧（铆钉紧度要适宜，不要过紧，以免损坏摩擦片）即可（图 3-3-2）。每排铆钉应分别从两面相间交错穿入铆钉孔铆接，使铆钉头均匀分布在两个面上。

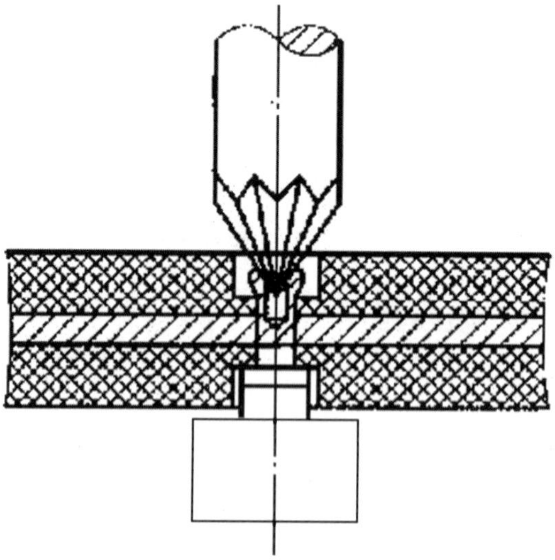

图 3-3-2 摩擦片的铆接

(6) 修磨表面。一般在飞轮上涂一层白粉，放上从动盘，略施压力转动检查，锉去较高的部分，直到均匀地接触。

(7) 铆接后的质量检查。摩擦片不得有严重的裂纹和破损；铆钉头的深度应距离摩擦片平面 1.0～1.5 mm；外边缘端面跳动不应大于 0.4 mm；平面度误差不应大于 0.5 mm。

3. 注意事项

如果摩擦片良好，只是铆钉松动，那么可除去旧铆钉重新铆接；如果钢盘上原有的铆合孔磨损较多，那么可将孔扩大，用加大直径的铆钉铆接，或在另一位置重新钻孔铆接。

第二项　制动器摩擦片的修理

1. 制动器摩擦片的铆接

当制动器摩擦片磨损，铆钉头外露或与摩擦片的距离小于 0.5 mm 时，应更换摩擦片，其工艺步骤参见离合器摩擦片的铆接。

2. 制动器摩擦片铆接后的质量要求

(1) 铆接后的摩擦片与制动鼓的贴合面积要在 50% 以上，且由两端向中间分布。检查方法：可在制动鼓上涂上白粉，将制动摩擦片在制动鼓上来回转动，观察贴合印痕，如贴合不好，可用锉刀进行修正。

(2) 重新铆接的摩擦片，要紧密地贴在制动元件上，缝隙不得大于 0.1 mm，铆钉头下沉深度大于 1 mm。

第三项　离合器的修理

1. 从动盘的修理

离合器从动盘常见的缺陷有摩擦片磨损、龟裂、烧伤、从动盘翘曲、摩擦片铆钉松动等。更换摩擦片有铆接法和粘接法。

2. 压盘的修理

压盘的主要缺陷有工作面磨损、不平、局部烧伤、龟裂。与传动销配合的槽或孔工作面磨损轻微时，可用砂布或油石打磨平整。当表面不平或沟痕深度超过 0.1 mm 时，应予磨削或车削。加工后的厚度允许比标准值小 1～2 mm。压盘磨削量大时，需要在装离合器弹簧孔中加相应厚度垫圈。

若定位螺栓孔磨损，可扩孔配以加大的螺栓。

3. 分离杠杆销孔与销的修理

分离杠杆销孔与销磨损松旷时，可将销孔铰圆，配制加大销。当磨损严重时，应扩孔镶套。

4. 分离杠杆的修理

分离杠杆工作端面磨损量超过 2 mm 时，可用弹簧钢丝堆焊，按样板锉修，再淬火。

5. 分离轴承的修理

如果分离轴承端面磨损沟痕不深，可将端面磨平使用；如果磨损沟痕较深，可用高硅优质钢丝气焊修复、修整后使用。

第四项　变速箱的修理

1. 齿轮的修理

根据轮齿磨损和损坏情况以及结构特点，可采用换向、镶齿圈、镶齿、焊修等方法修复。

（1）换向。对单面磨损的齿轮，轮齿齿厚磨损超过允许值后，如果结构上允许，可以将齿轮调换位置，使未磨损的一面继续工作，不对称形状齿轮应加以改制后换向。多数变速箱齿轮的轮毂和齿圈是铆接在一起的，单面磨损后，均可换向使用。换向时除去铆钉，单独翻转齿圈，重新铆合即可。

（2）镶齿圈。先将齿轮退火，车削去要修复齿轮的全部轮齿。另外制造一个齿圈，压装在切削的部位上，并在其结合处沿圆周点焊，或钻孔插入定位销加以固定。最后要对齿轮进行淬火。

（3）镶齿。对负荷不大、转速不高的齿轮，可用镶齿法进行局部更新，即在坏的轮齿根部开槽，以一定紧度把新齿坯压入，然后焊牢，并进行加工整形。

对于较大的齿轮，有相邻两个以上轮齿打坏时，可镶焊一块扇形齿坯修复。一般用不能修复的同样齿轮（未损坏的轮齿部位）作齿坯。为保证原齿距，不能离开齿轮样板。

（4）焊修。个别齿轮损坏缺角时，可以采用焊补修复。齿轮浸在水中施焊，焊后不需要热处理。当齿面磨损大于端面磨损时，宜用气焊修复。焊前高温回火（650～750 ℃），焊后退火，进行齿形加工后再热处理。

2. 花键轴的修理

（1）键齿磨损。键齿磨损量超过 1 mm 时，可用弹簧钢丝气焊或用直径 4 mm 的中碳钢焊条电焊修复，也可以先用低碳钢焊条堆焊整形，再用氧乙炔焰喷焊一层合金粉末，最后铣削至标准尺寸。

为了使花键轴工作面保持原有材质，应在未磨损的一侧齿面堆焊，然后加工磨损的一侧齿面，直至消除磨痕为止，最后加工堆焊的一侧，恢复标准尺寸。

（2）轴颈磨损。轴颈磨损时，可用电镀、刷镀或氧乙炔焰喷焊修复。

注意：轴端螺纹损伤可重新套制螺纹，另配螺母；或堆焊后车削至标准尺寸，再套制螺纹。

3. 滚动轴承的修理

滚动轴承常见的缺陷有滚动体和滚道磨损或表面脱落，外圈和内圈表面磨损，保持架磨损、变形或破裂等。

（1）若滚动轴承滚动体和滚道发生表面剥落现象，该滚动轴承就不能继续使用。

（2）滚动轴承外圈外表面和内圈内表面磨损，将使轴承与轴承座孔或轴颈的配合间隙增大，配合松动。此时可用电镀或刷镀方法修复。

（3）轴承保持架变形需矫正，破裂处可焊修。若损坏严重，可单独更换。

（4）若轴承间隙达到或超过极限值，采用如下方法修复：

①选配法。选配法是一种最简便的方法。它不需要修理轴承中任何一个零件，而是将同种类轴承全部分解，经过清洗、鉴定后，把符合技术要求的相应尺寸的内、外圈和滚动体重新装配成套，恢复其标准间隙和装配宽度。

选配时，对于圆锥滚子轴承，首先检查滚动体与滚道接触是否良好，要求接触面积在 80%以上，否则要进行修整。修复后的轴承高度不够，可用加垫片的方法补偿。

②加大滚动体法。当轴承内圈内表面和外圈外表面磨损不严重，圆度不超过技术要求时，可将内、外圈滚道磨削至适当尺寸，扩大保持架，加大滚动体，装配成套，恢复轴承的技术要求。滚动体加大 0.3～0.5 mm 为宜。一般可用同一类型不同直径的滚动体，在球磨机磨光后使用。

③镀铬法。先单独将其轴承内圈镀铬，以增大其尺寸，再磨削加工，最后装配成套，恢复轴承的技术要求。

④配新圈法。当轴承磨损严重，间隙过大，用以上方法不能修复时，可采用重新制作一个加大尺寸的内圈的方法修复。内圈的加大尺寸量须根据外圈和滚动体的磨损量而定；材料用轴承钢或 15CrMn 时，外圈滚道也要进行磨削。

修复好的轴承，先用手转动外圈，应能轻松、均匀地旋转，无卡滞、松旷现象，然后用量具检查配合间隙及其他尺寸。一般滚珠轴承的径向间隙不大于 0.01 mm，轴向间隙不大于 0.06 mm；圆锥轴承的安装高度应符合要求。

4. 变速箱壳体及操纵机构的修理

变速箱壳体的缺陷主要有轴承座孔磨损和壳体产生裂纹或孔洞。操纵机构的主要缺陷有各零件的运动表面磨损变形或损坏。

其修复方法如下：

(1) 变速箱壳体轴承座孔磨损后的修复。轴承外圈与轴承座孔的配合间隙超过允许值时，可采用镶套法修复。修复时，先镗孔，使其直径增大 5 mm，然后用低碳钢配制具有 0.02～0.16 mm 紧度、小径比原孔小 3 mm 的套，压入轴承座孔内，最后将孔扩到标准尺寸。镗孔时必须采用模板（可利用因其他缺陷而报废的同类变速箱壳体制作）进行定位和找正，保证修理后各轴承座孔的相互位置精度。

(2) 变速箱壳体裂纹或孔洞的修复。修复时，可采用粘接、补板粘接或铸铁焊修等方法。

(3) 拨叉轴的修复。拨叉轴弯曲时可进行冷压矫正。定位槽磨损轻微时，用油石打磨平滑；磨损严重时，可用直径 3 mm 的中碳钢焊条堆焊（不焊部位浸入水中），然后按样板加工定位槽。

(4) 变速杆拨头及配合的导块槽磨损的修复。修复时，可采用堆焊等方法。

(5) 拨叉的修复。拨叉弯曲时，可放在平台上冷压矫正；磨损严重时，可用直径 4 mm 的中碳钢焊条堆焊后修整。

第五项　后桥的修理

锁定球销磨损严重时，应更换新件；弹簧的弹力不足时，可加垫片。后桥的齿轮、轴、轴承及壳体的修理方法与变速箱的相同，但是需要根据某些零件的特点，采用适合的方法进行修理。

(1) 中央传动大小圆锥齿轮、差速器行星齿轮和半轴齿轮，如齿面上出现渗碳层剥落时，可用油石打磨，以消除锐边、磨痕。在两不相邻的齿面上允许剥落不超过齿宽的 1/4。当齿面严重磨损时，一般不予修理，而是直接更换新件。大小圆锥齿轮手工加工修理时很难保证质量，因此当磨损超过极限值后，应成对更换。半轴齿轮单面磨损严重时，可以左、右换位使用。

(2) 大圆锥齿轮与差速器壳连接螺栓孔磨损时，可一起铰孔后配加大的螺栓。

(3) 差速器壳与行星齿轮轴相配合的孔磨损后，可扩孔配加大的行星齿轮轴，同时将行星齿轮的轴孔也相应铰大。与半轴齿轮轴颈相配合的内孔磨损后，可先锁孔消除磨痕，再将半轴齿轮轴颈电镀、刷镀或堆焊修复，恢复其标准配合。行星齿轮的轴孔磨损后可用镶套法修复。

【学徒岗位任务学习评价】

学徒实习考核表

学校：　　　班级：　　　专业：　　　学生姓名：　　　日期：

实习任务					
自我鉴定（15分）	自律性（5分）	□优	□良	□一般	□较差
	业务知识（5分）	□优	□良	□一般	□较差
	专业技能（5分）	□优	□良	□一般	□较差
	得分				
实习表现（15分）	职业精神（5分）	□优	□良	□一般	□较差
	工作态度（5分）	□优	□良	□一般	□较差
	出勤率（5分）	□优	□良	□一般	□较差
	得分				
专业理论（25分）	制动器摩擦片铆接后的质量要求（10分）	□优	□良	□一般	□较差
	齿轮的修理方法（15分）	□优	□良	□一般	□较差
	得分				
专业实操（企业师傅安排实操训练）（45分）	对底盘结构中离合器片、制动器摩擦片、离合器、变速箱等部位进行检修，判断故障并完成修理（15分）	□优	□良	□一般	□较差
	规范操作（15分）	□优	□良	□一般	□较差
	熟练程度（15分）	□优	□良	□一般	□较差
	得分				
总分					

企业师傅签名：　　　　　　　　日期：

任务 2　联合收割机传动系统的结构与检修

【任务目标与质量要求】

在师傅指导和带领下，对联合收割机底盘结构中传动系统各部位进行检修，在此过程中学会检测工具的使用及掌握维修方法。

【学习产出目标】

（1）熟悉联合收割机底盘结构中传动系统的结构；

（2）掌握故障的诊断方法；

（3）学会相关检测工具、仪器的使用及掌握维修方法。

【工作程序与方法要求】

第一项　熟悉联合收割机传动系统的结构

传动系统的功用是将发动机的动力通过传动机构传递到收割机的驱动轮，进行动力驱动，驾驶员通过操纵系统可以控制联合收割机的行驶。

联合收割机的传动系统主要由无级变速器、行走离合器、变速器、差速器、主减速器、轮边减速器、驱动轮等组成，如图 3-3-3 所示。

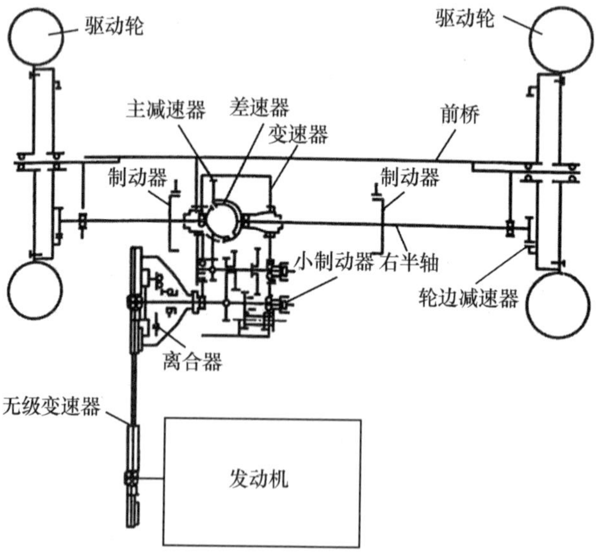

图 3-3-3　联合收割机的传动系统组成

联合收割机前驱动桥的组成如图 3-3-4 所示。

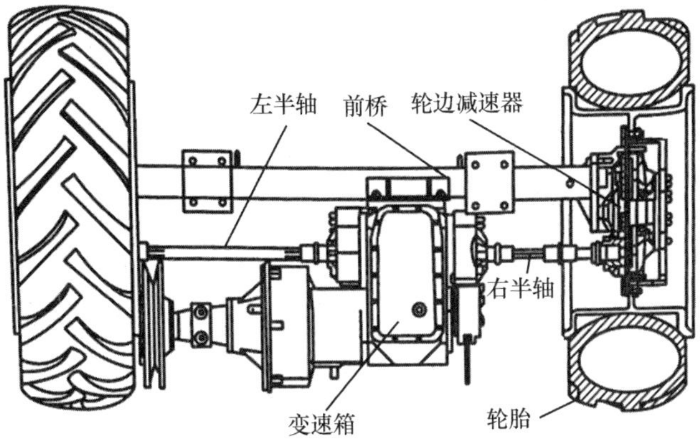

图 3-3-4　联合收割机前驱动桥的组成

1. 动力传递路线

联合收割机通过传动机构将发动机的动力传递给驱动轮和各工作部件。几种联合收割机的动力传递路线如图 3-3-5 至图 3-3-7 所示。

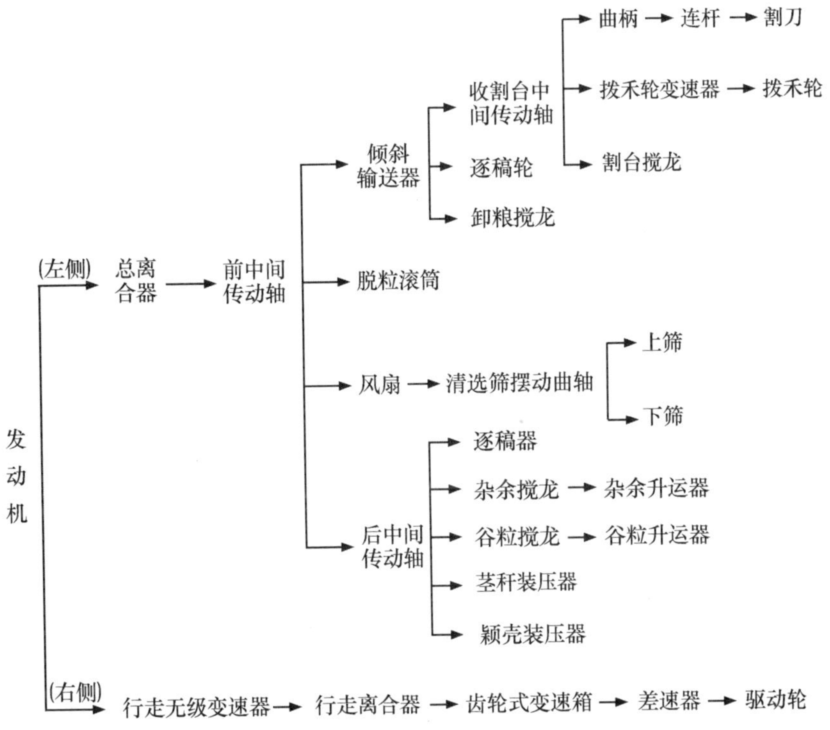

图 3-3-5　东风-5 型联合收割机的动力传递路线

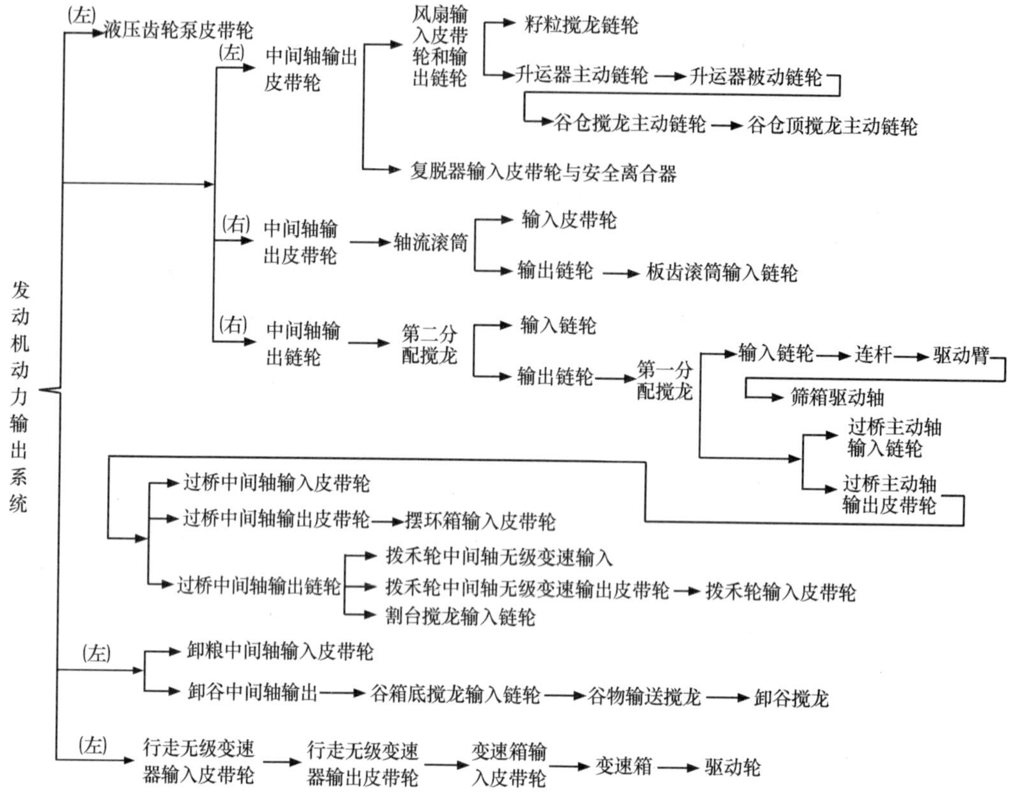

图 3-3-6　新疆-2 型联合收割机的动力传递路线

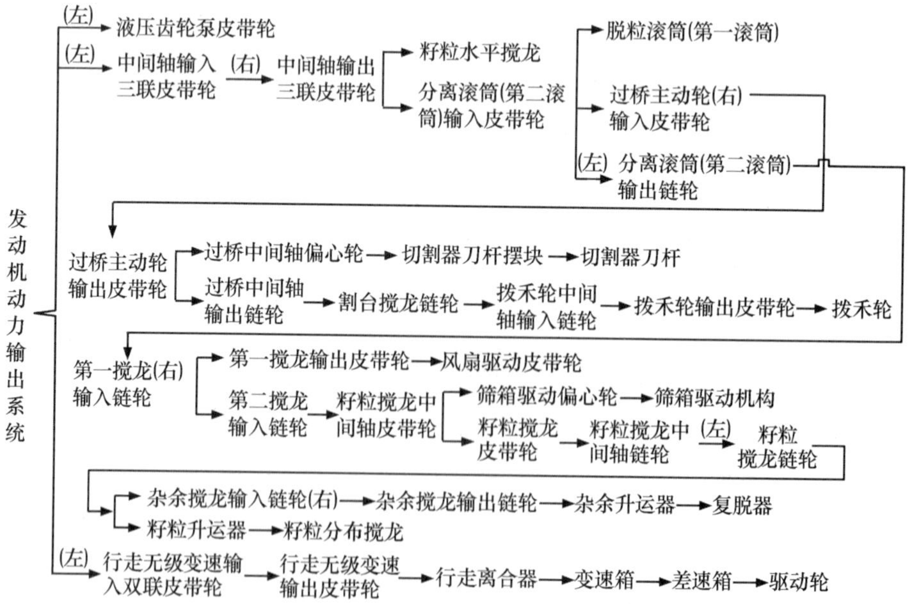

图 3-3-7　JL3060 型联合收割机的动力传递路线

2. 行走无级变速器

行走无级变速器主要由中间变速皮带轮、叉架、油缸和无级变速三角皮带等组成（图 3-3-8）。中间变速皮带轮的两个外盘与轮毂固连为一体，并通过轴承在管轴上可以自由转动；中间盘滑套在轮毂上可以轴向移动，与相对固定的两个外盘形成了槽宽和槽深都可以改变（从而改变了工作轮径）的两个三角皮带槽。其中一个槽挂接来自发动机皮带轮的三角带，而另一个槽则挂接去往行走离合器皮带轮的三角带。挂好三角带的中间变速皮带轮通过管轴及中心轴固定于内板架和叉架的长槽上，并可以在活塞杆铰链与叉架上的双作用油缸的推动下，一起绕铰链于机体上的叉架轴摆动。

图 3-3-8 行走无级变速器

当操纵液压操纵阀的手柄使油缸活塞杆伸缩并推动中间变速皮带轮上下摆动时，改变了中间变速皮带轮与发动机皮带轮及行走离合器皮带轮之间的距离。当中间变速皮带轮向行走离合器皮带轮的方向摆动，二者的距离减小而使皮带松弛时，它与发动机皮带轮的距离增大，皮带张紧，在松紧皮带侧向推力差的作用下，把中间变速皮带轮的中间滑动盘推向一边，使中间变速皮带轮上的发动机侧的被动带轮直径减小，行走离合器侧的主动皮带轮直径增大，行走离合器的转速提高，从而使联合收割机的行走速度加快；反之，中间变速皮带轮向发动机皮带轮的方向摆动时，其中间滑动盘被推向另一边，行走离合器的转速降低，联合收割机的行走速度降低。

3. 行走离合器

（1）行走离合器的功用。行走离合器是用来切断或者连接发动机传递给行走装置的动力，使联合收割机在不熄火的情况下实现停车、换挡、制动和缓慢平稳起步等。联合收割机上所采用的行走离合器主要有皮带离合器、摩擦片式离合器。联合收割机一般采用摩擦片式离合器。

（2）行走离合器的组成。行走离合器主要由主动部分、从动部分、分离机构和小制动器四部分组成（图 3-3-9）。主动部分由输入皮带轮及与它连接的压盘盖、压盘组成。从动部分由摩擦片总成和离合器轴（变速箱输入轴）组成。小型联合收割机摩擦片一般为一片，大型的则采用两片（如东风-5 型）。两片摩擦片的则有两个压盘，二者相间排列。摩擦片与压盘之间可以相对滑转，但输入皮带轮、压盘盖同步转动，不存在相对转动。在压盘和压盘之间的若干个均匀分布的压力弹簧的作用下，摩擦片被紧压在皮带轮与压盘之间成为一体，处于常接合状态。动力靠它们之间的摩擦力由主动部分传给从动部分，然后传给变速箱。这种离合器是一种经常接合式，即常压式摩擦离合器。

图 3-3-9　行走离合器的组成

分离机构主要由分离杠杆、分离轴承、分离拨叉及离合器操纵组件等组成。分离杠杆有若干个，并均布于压盘盖上，它的中间支点在压盘盖上，外端点通过一个螺杆可拉动压盘，克服弹簧压力沿轴向移动，而内端点可受到分离轴承的推压。分离轴承既可以绕轴旋转，又可以在踩下离合器踏板时通过一系列的杆件驱动离合器分离拨叉，拨动其沿轴向移动而压向分离杠杆的内端。

在离合器轴（变速箱 I 轴）上还设有一个小制动器，它的作用是在离合器分离时，使变速箱 I 轴停止转动，以便顺利换挡。它主要由制动轮和制动带及与离合器操纵组件联动的拉杆等组成。

（3）行走离合器的工作过程。离合器的操纵分为分离、接合两个过程。当踩下离合器踏板，通过各操纵杆件驱动拨叉拨动分离轴承沿轴向压向分离杠杆，并使其克服弹簧的压力，拉动压盘轴向移动，与被动摩擦片间出现间隙而脱离接触时，摩擦力消失，离合器分离，动力被切断。在切断动力后联动拉杆使小制动器处于制动状态，完成离合器的分离过程。当换好挡位需要动力时，松开踏板，回位拉簧首先使小制动器解除制动，其次拉动拨叉拨动分离轴承离开分离杠杆，压力弹簧又将离合器的主动部分与从动部分压合在一起，完成离合器的接合过程。

4. 变速箱

（1）变速箱的功用。变速箱的功用主要是在发动机转速和转矩不变的情况下改变联合收割机的行走速度和驱动力，以适应不同负荷的要求；适应联合收割机的前进和倒退，以及在发动机不熄火条件下停车；改变联合收割机前进速度，适应不同的作业条件。

（2）变速箱的组成。自走式联合收割机的变速箱比较简单，主要由箱体、齿轮轴、齿轮和操纵机构组成，齿轮轴共有主动轴、从动轴和中间轴 3 根（图 3-3-10）。主动轴上装有由小到大 3 个变速主动齿轮，可以分别同从动轴上的由大到小 3 个相应的变速齿轮啮合或分离。通常在一根轴上的变速齿轮与轴相固连，而另一根轴上的各变速齿轮通过花键与轴相连接。因此齿轮除了随轴旋转外，还可以在变速箱操纵拨叉的拨动下沿轴向滑移，实现使指定的齿轮对啮合或分离的目的，因而称其为滑动齿轮或换挡

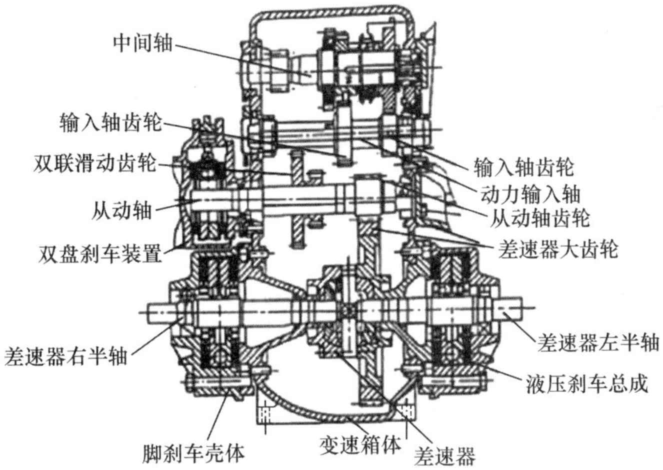

(a)

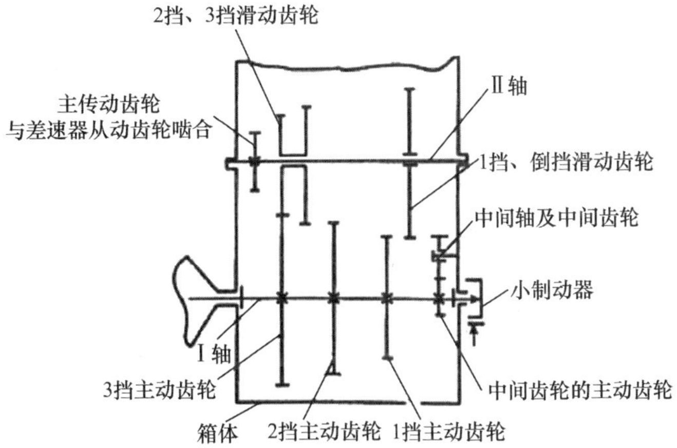

(b)

图 3-3-10　变速箱的组成

齿轮。中间轴上有一个可绕轴自由旋转的中间齿轮，它与固连变速齿轮轴上的一个专用齿轮（与该轴也相固连）处于常啮合状态。中间齿轮可与滑动齿轮中的一个齿轮（通常为1挡滑动齿轮）相啮合，达到改变转向实现倒车的目的。与从动轴相固连的主传动齿轮，与差速器上的从动齿轮处于常啮合状态，以便随时将动力传入前驱动桥。

（3）变速箱的换挡操纵机构。变速箱的换挡操纵机构又称为变速换挡机构，它主要由变速操纵杆、拉杆、拨叉、拨叉轴、互锁定位销等零件组成（图 3-3-11）。两个拨叉有3个V形槽，利用钢球和弹簧可将滑动齿轮锁定在各挡位上。两个拨叉轴间设有互锁定位销，起互锁作用，以免同时挂上两个挡。

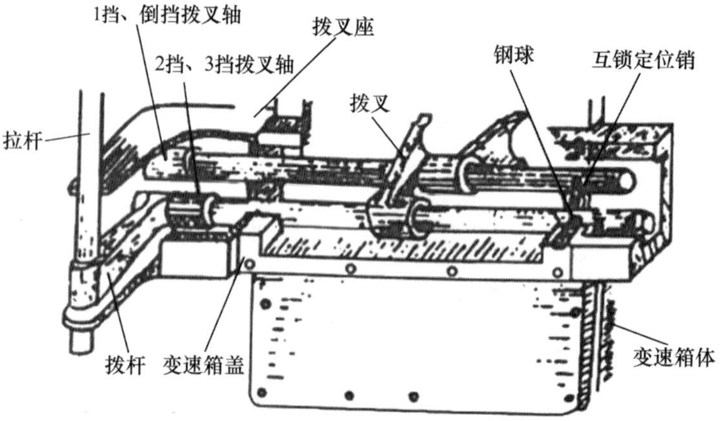

图 3-3-11　变速箱的换挡操纵机构

5. 最终传动

最终传动又称为轮边减速器。最终传动的主要任务是再进一步增扭减速。联合收割机的最终传动主要由前桥梁、最终传动减速器和驱动轮组成。

为了满足联合收割机的工作需要，所要求的传动比是很大的。要大幅度地将发动机的转速降到工作要求的进行速度，仅靠变速箱和中央传动来实现这样大的传动比是不合理的，实际上传动系统都实行多级增扭减速，即变速箱、中央传动和最终传动都分担着增扭减速的任务。最终传动是传动系统中最后一级增扭减速机构。最终传动的传动比较大，以减轻变速箱、中央传动等传动件的受力，减小它们的结构尺寸。最终传动大多采用直齿圆柱齿轮，在传动形式上用得较多的是外啮合齿轮式传动。

新型联合收割机上一般采用行星齿轮式最终传动（图 3-3-12）。

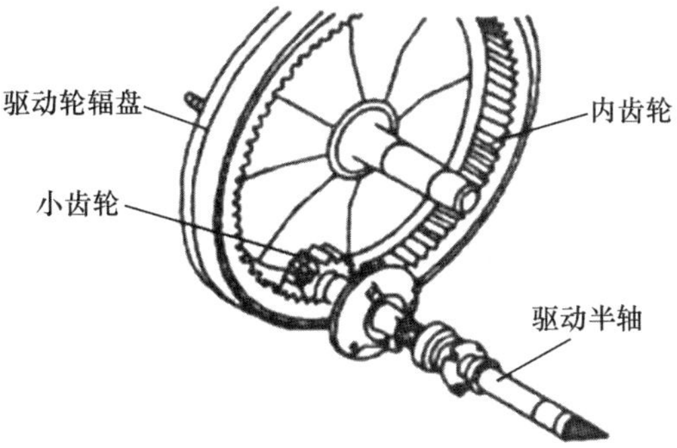

图 3-3-12 行星齿轮式最终传动

第二项 行走无级变速器V带的张紧度的检查与调整

1. 行走无级变速器V带的张紧度

行走无级变速器是靠液压油的油压来控制其工作的，若油压不足（如漏泄），则油缸驱动变速器皮带轮的压力不足，造成V带打滑，使传动力矩不足，导致联合收割机行走困难。

联合收割机无级变速器的V带过松（图 3-3-13），使其传动动力不足，不能将发动机的驱动扭矩有效传递到行走离合器，从而引起行走困难。

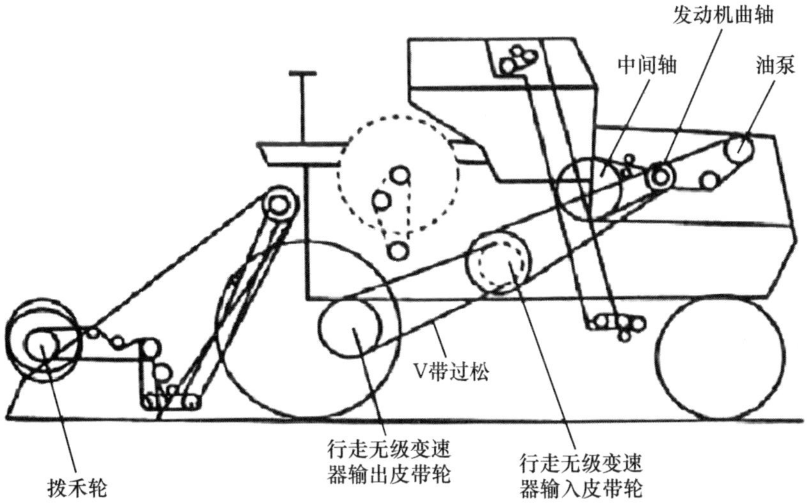

图 3-3-13 无级变速器的V带过松

2. 行走无级变速器V带的张紧度的检查

两根无级变速器V带的张紧度应适度，检查时，一般用125 N的力压任意一根带的中部，V带应被压下16～24 mm，如图 3-3-14 所示。如果V带的张紧度不符合要求，则应及时调整。

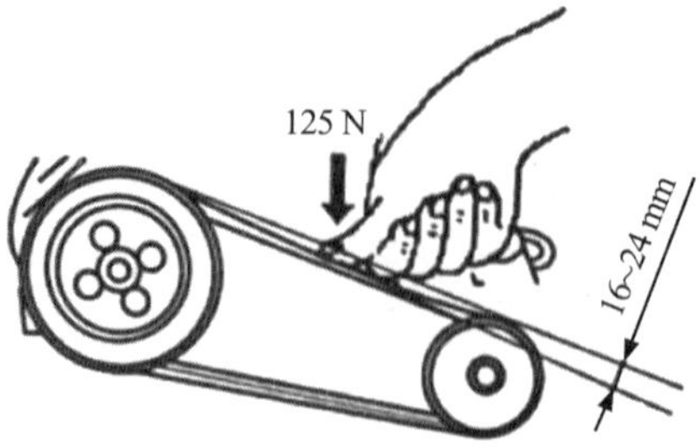

图 3-3-14　行走无级变速器 V 带的张紧度的检查

3. 行走无级变速器 V 带的张紧度的调整

（1）V 带张紧度的调整方法。

第 1 步：先通过操纵手柄将动轮组合置于中间位置。

第 2 步：松开栓轴和螺母，调整调节螺杆，使调节架焊合上下移动，从而带动栓轴沿转壁长孔上下移动，直到达到要求为止。调整好后，将螺栓固定紧，如图 3-3-15 所示。

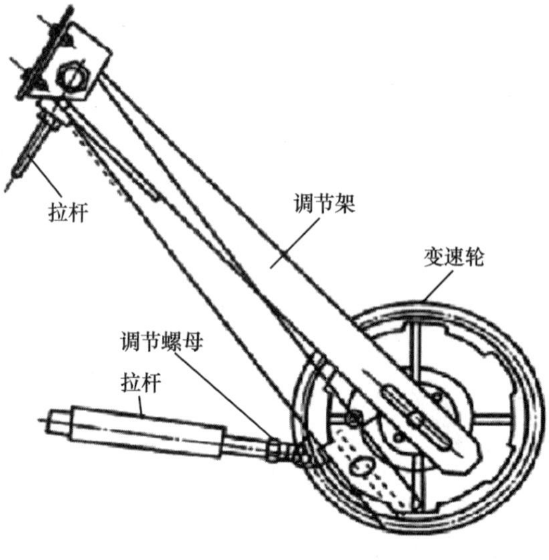

图 3-3-15　行走无级变速器 V 带的张紧度的调整

（2）注意要点。在调整过程中，应不断转动无级变速轮，使 V 带尽快滚入轮槽工作直径部位中，严禁调紧超限度，以免变速箱输入轴变形或折断，造成输入带碰撞离合器盒。

①联合收割机启动前，要检测无级变速皮带的张紧度并及时调整。一般情况下，早晨和夜间温度低，无级变速皮带可以调得略紧些。

②操纵无级变速液压手柄时动作要缓慢，每次的变速范围也不宜过大，以免造成皮带跳槽、打滑或损坏变速箱轴及轴承等零件。

③当道路颠簸不平或收割机急转弯时，最好不要操纵行走无级变速液压手柄。联合收割机行走负荷很大时（泥泞、陷车），也不宜频繁使用无级变速。

④联合收割机停车时，无级变速应停在中速位置上。

⑤调整无级变速时，最好在中速的位置上进行调整，每次的调整量不宜过大，应一边调整一边旋转变速皮带轮（发动机减压，变速箱空格），以防夹伤皮带。

⑥拆装无级变速轮时，应注意定轮和动轮轮毂原装位置记号“0”（无记号时，应重新做记号），严禁错位，否则将影响带轮的平衡。动盘和定盘最好成组更换，不能成组更换时，组装后应做动平衡试验。

⑦通过改变转臂与收割机机体侧臂的左右连接位置调整变速皮带的传动面，使其在一个平面内。

第三项　行走离合器自由行程的检查与调整

行走离合器一般为膜片式摩擦离合器，离合器膜片弹簧和分离轴承之间的自由间隙为 1.5～3 mm。随着离合器摩擦处和其他相关零件的磨损，离合器压盘向外移，膜片弹簧内端压向分离轴承，使它们之间的间隙减小。间隙过小时，会使分离轴承压在膜片弹簧上长期转动，引起离合器摩擦片不能正常结合，严重时会损坏机件，必须调整此间隙。

调整间隙时，可通过调整离合器杠杆（离合器和离合器踏板之间的细长拉杆）两端螺纹长度的方法进行，保证离合器踏板自由行程在 20～30 mm，如图 3-3-16 所示。

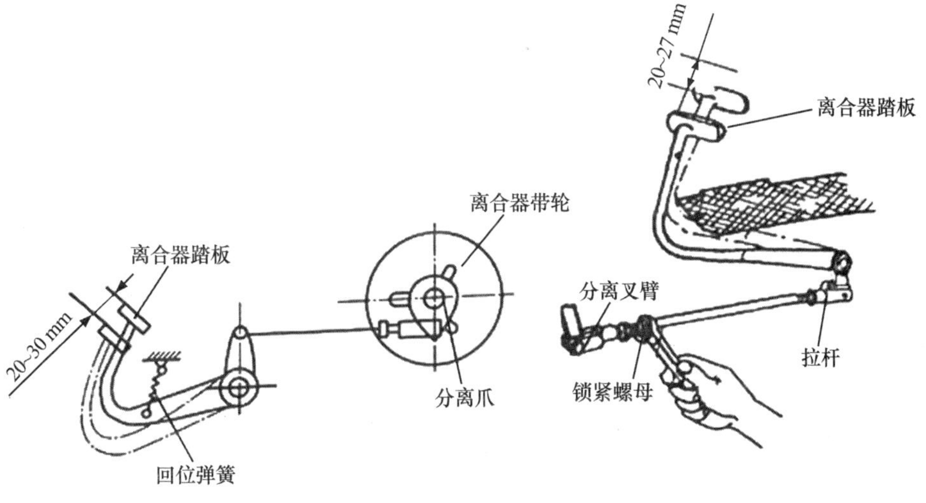

图 3-3-16　行走离合器自由行程的检查与调整

若行走离合器分离杠杆不在同一平面内，离合器的主、从动盘之间的正压力分布不均匀，离合器传递扭矩时大时小，引起离合器打滑，致使行走困难。通过调整行走离合器分离杠杆螺母，可使 3 个分离杠杆高度在同一平面内，如图 3-3-17 所示。

第四项　变速箱的调整

变速箱不能挂挡或自动掉挡，应调整连锁机构的调整拉杆的长度，使离合器完全分离时，连锁轴能完全放松锁定销（图 3-3-18）。

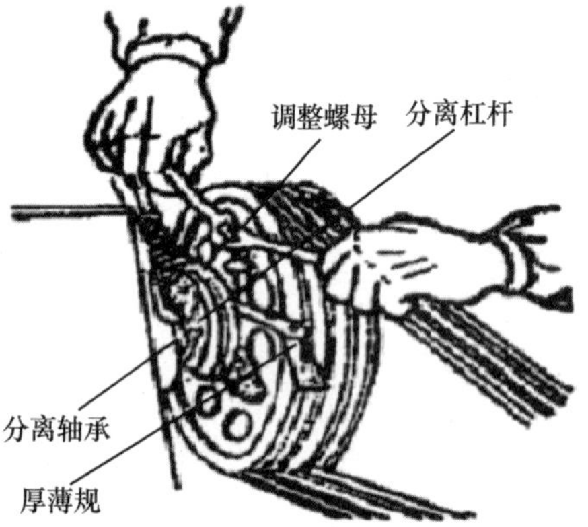

图 3-3-17　行走离合器分离杠杆不在同一平面内的调整

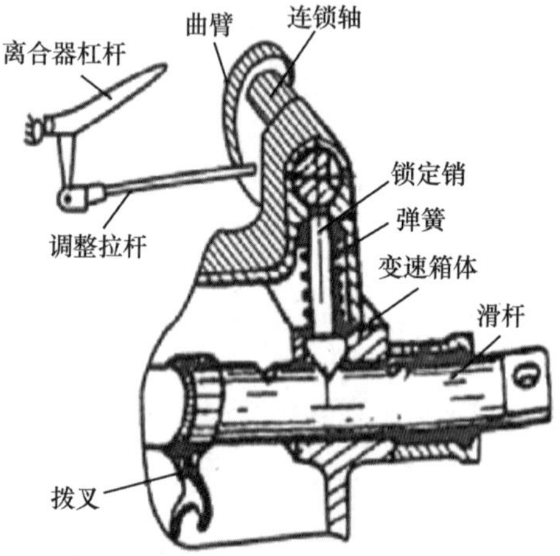

图 3-3-18　变速箱连锁机构的调整

第五项　主变速器驱动皮带紧张度的检查与调整

主变速器一般为静液压传动变速器，又称为 HST，是一种液力驱动无级变速器。当主变速手柄前推时，油泵的转速升高，输出流量增加，液压马达会产生更大扭矩，驱动副变速器高速转动，使联合收割机加速行驶。

1. HST 主变速箱的结构组成

主变速箱主要由输油泵、变量柱塞油泵、液压马达、油冷器、HST 滤芯、低压溢流阀、高压溢流阀及单向溢流阀等组成。变量柱塞油泵和液压马达是主变速箱中的主要部件。变量柱塞油泵由发动机飞轮端皮带轮驱动，其流量随配流盘角度的变化而改变。而配流盘角度受主变速手柄控制。变量柱塞油泵吸入低压油，排出高压油，将机械能转化为液压能；而液压马达则吸入高压油，排出低压油，将液压能还原为机械能，并通过输出轴将扭矩传递给行走系统。输油泵在行走中立、减速慢行和空挡位置时起冷却油泵的作用，而在换挡加速时向油泵、液压马达内部循环补充液压油。HST 主变速箱的结构组成示例如图 3-3-19 所示。

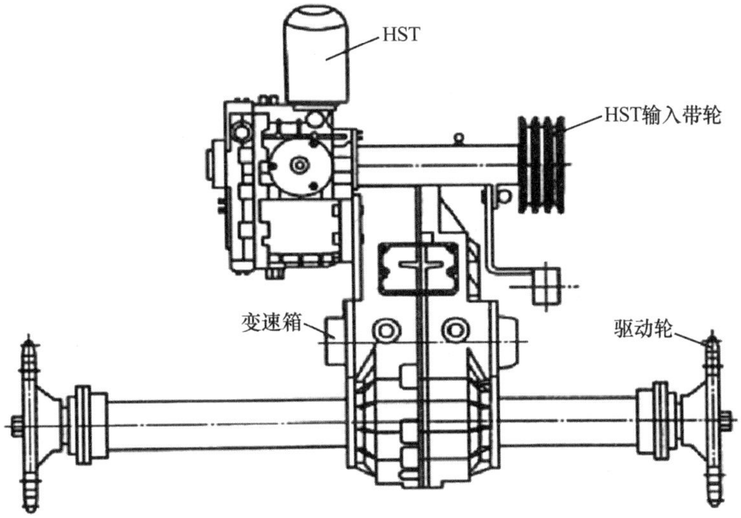

图 3-3-19 HST 主变速箱的结构组成

2. HST 主变速箱的工作原理

HST 主变速箱的工作原理如图 3-3-20 所示。

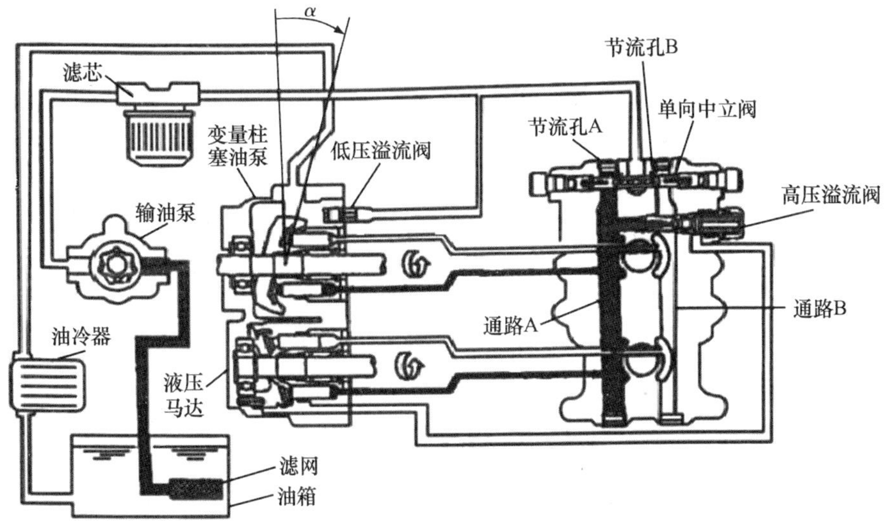

图 3-3-20 HST 主变速箱的工作原理

(1) 行走中立(主变速手柄的位置不变)。当主变速手柄位置不变时,变量柱塞油泵的吸油管与液压马达的出油管相连,而变量柱塞油泵的出油管与液压马达的进油管相连。这样液压油在变量柱塞油泵和液压马达内部循环。此时液压油在变量柱塞油泵和液压马达内部达到平衡,液压马达向行走系统输出扭矩和转速不变的动力,驱动联合收割机在稳定的速度下行走。

输油泵和变量柱塞油泵一样，由发动机飞轮皮带轮驱动，从油管经吸油滤网吸油，产生的压力油经 HST 滤芯滤清后，到达低压溢流阀和单向溢流阀。

当 HST 主变速箱处于行走中立位置时，输油泵输出的低压油打开低压溢流阀，进入 HST 主变速箱箱体，在箱体油管内部循环后将热量带走，经油冷器冷却后回到油箱，保证 HST 主变速箱能在合适的温度条件下工作，此时输油泵起冷却油泵的作用。

（2）加速。当联合收割机需加速时，主变速手柄前移，变量柱塞油泵配流盘背离中立方向倾斜，角度增大，此时变量柱塞油泵输出流量加大，破坏了油泵和液压马达之间已建立的平衡，单向溢流阀一侧的油压降低，单向溢流阀两侧产生的压力差使单向阀开启补充液压油，油泵、液压马达内部建立新的平衡。液压马达以更大的扭矩、转速输出动力，驱动联合收割机以更快的速度前进。

（3）减速。当联合收割机需减速慢行时，主变速手柄后移，变量柱塞油泵配流盘倾斜角度减小，变量柱塞油泵输出流量减小，油泵、液压马达内部又建立新的平衡，液压马达以较小的扭矩、转速输出动力，驱动联合收割机低速慢行。

（4）空挡。当联合收割机主变速手柄位于空挡位置时，变量柱塞油泵配流盘处于中立位置，在油泵高、低压腔间无压力差，液压马达停止工作，联合收割机停止行走。

联合收割机倒车时，HST 主变速箱的工作过程与前进时相同。

3. HST 驱动皮带张紧度的调整

若 HST 的驱动皮带张紧度过松而打滑，发动机的动力就不能有效地传递到 HST 的液压油泵，则联合收割机行驶困难。HST 驱动皮带张紧度的调整方法如下。

第 1 步：打开发动机室，拆下侧盖和脚踏板［图 3-3-21(a)］。

第 2 步：松开锁紧螺母 1，用行走张紧螺栓 1 的调节螺母调节行走张紧弹簧长度至 223～227 mm（弹簧螺旋部分长度为 173～177 mm），然后用锁紧螺母 1 固定［图 3-3-21(b)］。

4. HST 主变速箱的使用注意事项

（1）进行变速换挡时应柔和，严禁猛烈地加速、制动。

（2）经常清扫油冷器上的积尘，防止油温过高。

（3）按规定时间更换 HST 滤芯。

（4）严禁将不同型号的液压油混合使用。

（5）柴油发动机转速在 2 000 r/min 以上才能操作主变速手柄。

(a)拆下侧盖和脚踏板

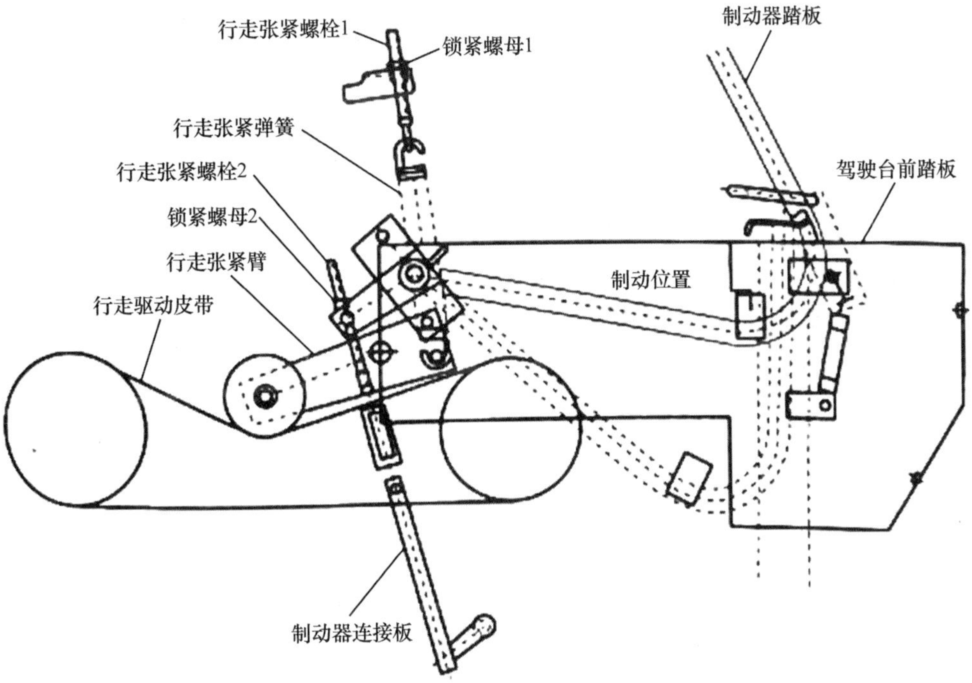

(b)调节行走张紧弹簧长度至223~227 mm

图 3-3-21　HST 驱动皮带张紧度的调整

【学徒岗位任务学习评价】

学徒实习考核表

学校： 班级： 专业： 学生姓名： 日期：

实习任务					
自我鉴定（15分）	自律性（5分）	□优	□良	□一般	□较差
	业务知识（5分）	□优	□良	□一般	□较差
	专业技能（5分）	□优	□良	□一般	□较差
	得分				
实习表现（15分）	职业精神（5分）	□优	□良	□一般	□较差
	工作态度（5分）	□优	□良	□一般	□较差
	出勤率（5分）	□优	□良	□一般	□较差
	得分				
专业理论（25分）	联合收割机传动系统的结构组成（10分）	□优	□良	□一般	□较差
	行走无级变速器、行走离合器的结构组成（15分）	□优	□良	□一般	□较差
	得分				
专业实操（企业师傅安排实操训练）（45分）	对联合收割机底盘结构中传动系统各部位进行检修，判断故障并完成修理（15分）	□优	□良	□一般	□较差
	规范操作（15分）	□优	□良	□一般	□较差
	熟练程度（15分）	□优	□良	□一般	□较差
	得分				
总分					

企业师傅签名： 日期：

任务3　联合收割机转向系统的结构与检修

【任务目标与质量要求】

在师傅指导和带领下，对联合收割机底盘结构中转向系统各部位进行检修，在检修过程中学会检测工具的使用及掌握维修方法。

【学习产出目标】

（1）熟悉联合收割机底盘结构中转向系统的结构；

（2）掌握故障的诊断方法；

（3）学会相关检测工具、仪器的使用及掌握维修方法。

【工作程序与方法要求】

第一项　熟悉联合收割机转向系统的结构

1. 转向系统的功用

转向系统的作用是使联合收割机保持直线行驶和改变行驶方向。

2. 采用后轮转向的原因

自走式联合收割机均采用后轮转向，其主要原因：首先，从整机布置上看，自走式田间作业机械前部均配置有割台、摘穗台等工作装置，重心一般均偏前，因此对前轮的承载要求较大，而转向轮一般承载能力较弱；其次，由于前部配置有割台、摘穗台等工作装置，如采用前轮转向，割台、摘穗台的偏摆较大，容易碰倒未收获区域的作物。

3. 转向系统的组成

联合收割机是液体压力转向系统，因为转向器和转向轮之间没有机械联系，所以又称为全液压转向系统。该系统由转向齿轮油泵、带溢流阀总成的全液压转向器、转向油缸和油箱等组成（图 3-3-22、图 3-3-23）。

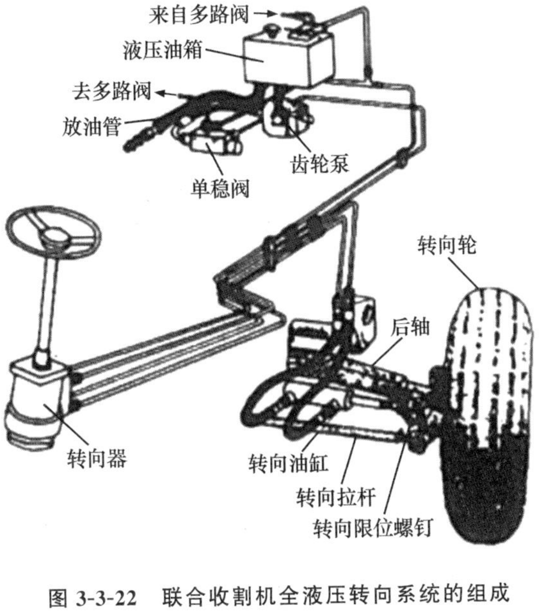

图 3-3-22　联合收割机全液压转向系统的组成

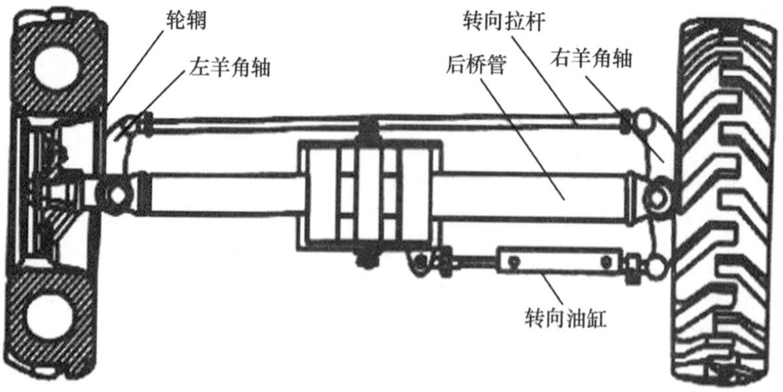

图 3-3-23　联合收割机的转向后桥（自走式）

当液压油推动转向油缸伸长或缩短时，就推动一侧转向轮偏转，另一侧转向轮通过转向拉杆同步推拉偏转，从而实现转向。

4. 转向系统的工作过程

全液压转向器的转向操纵分为中立位置、向左转向、向右转向和人力转向 4 种。

（1）中立位置。转向系统处于中立位置时的工作状态如图 3-3-24 所示。

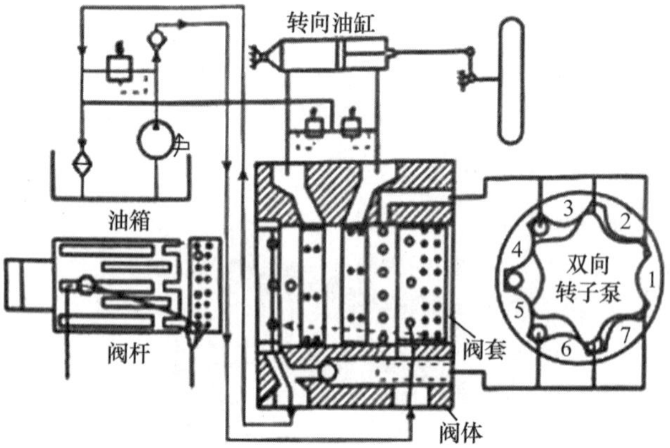

图 3-3-24　全液压转向系统的工作过程（中立位置）

按原方向行驶，转向盘不转动，阀杆和阀套没有相对的转角，在回位弹簧的作用下，阀杆与阀套的 18 对小孔重合，即处于中立位置。此时，全液压转向器中的右路循环。从齿轮泵来的压力油，进入溢流阀总成，推开单向止回阀，流入全液压转向器的进油孔中，在油液压力作用下，单向阀的钢球关闭进、回油孔的通路，压力油进入阀套进油环槽，经阀套与阀杆的 18 对重合小孔进入阀杆内腔，通过阀杆的拔销锥孔、长回油槽（或装嵌回位弹簧片的长槽），再经阀套的回油环槽和回油孔，流入阀体的回油室，从回油孔流出，经溢流阀总成返回油箱。而配油阀向双向转子泵配油油路及转向油缸输油油路都被阀杆所封闭，所以转向轮保持原行驶方向。

（2）向左转向。转向系统向左转向时的工作状态如图 3-3-25 所示。

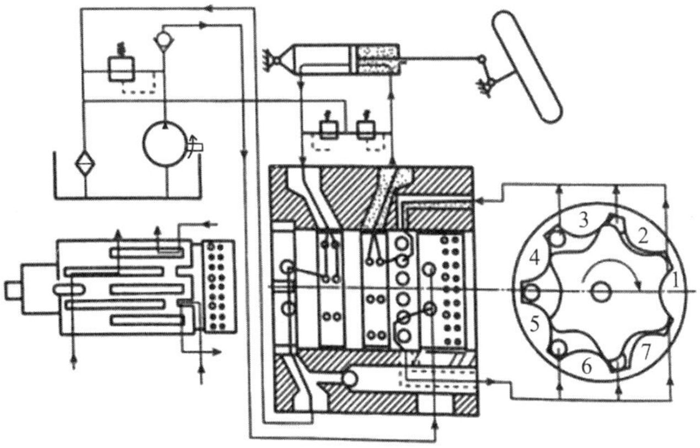

图 3-3-25　全液压转向系统的工作过程（向左转向）

向左转向时，转向盘逆时针转动，此时，转向盘通过十字接头带动阀杆相对阀套向转动方向偏转一个角度。当转角为 2.4°时，配油孔道开始开启；转角为 3.6°时，18 对小孔中的直径为 1 mm 的小孔相互错开而关闭；转角为 7.2°时，各配油孔道全部开启，18 对小孔中，直径为 2 mm 的 6 个小孔则全部错开关闭。

从油泵泵出的压力油，经溢流阀总成进入转向器阀体的进油孔，通过阀套进油环槽和环槽内的 6 个进油孔，流入阀杆的进油环槽和短进油槽，再经过与短进油槽相通的阀套的单号进油孔和阀体 1、2、3 配油孔及配流盘，进入双向转子泵的 1、2、3 油腔。接着压力油推动转子沿定子内齿滚动，5、6、7 油腔的油被挤压，经阀体 5、6、7 配油孔和阀套的双号配油腔，通过阀杆的中输油槽和阀套环槽的 6 对油孔，从阀体通往油缸的油孔输出，经溢流阀总成压入转向油缸一腔，推动活塞移动，完成左转向。由于活塞的移动，将油缸另一腔的油压出，经溢流阀总成和阀体与油缸相通的另一油孔，通过阀套环槽的 6 对油孔及阀杆的长回油槽，再经过阀套回油环槽和回油孔流入阀体回油室，从阀体回油孔流出，经溢流阀总成返回油箱，完成一次工作循环。

转向盘停止转动时，转向盘上的力消失，由于扭杆弹力的作用使输入轴回到相对阀套的平衡位置，使阀杆的相对阀套反转 2.4°，阀杆的长槽孔与阀套的槽口对齐，回到中立位置。

（3）向右转向。转向系统向右转向时的工作状态如图 3-3-26 所示。

向右转向时，转向盘顺时针转动。转向盘通过十字接头带动阀杆相对阀套顺时针转过一个转角。关闭 18 对小孔，阀杆短进油槽对准阀套双号配油孔，给双向转子泵的 5、6、7 油腔配油，1、2、3 油腔的油被压出，经中输油槽和阀套环槽的油孔给转向油缸的另一油腔输油，油缸活塞杆带动转向轮偏转一个角度，将联合收割机向右转向。

油缸另一端的油经阀套环槽、阀杆长回油槽及阀体回油室等油路返回油箱。

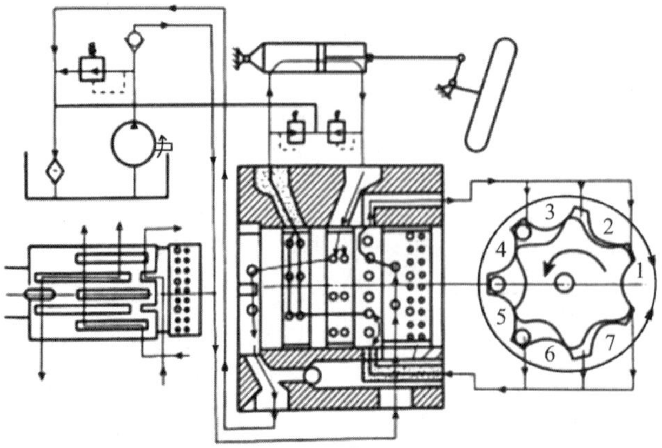

图 3-3-26　全液压转向系统的工作过程（向右转向）

（4）人力转向。转向系统人力转向时的工作状态如图 3-3-27 所示。

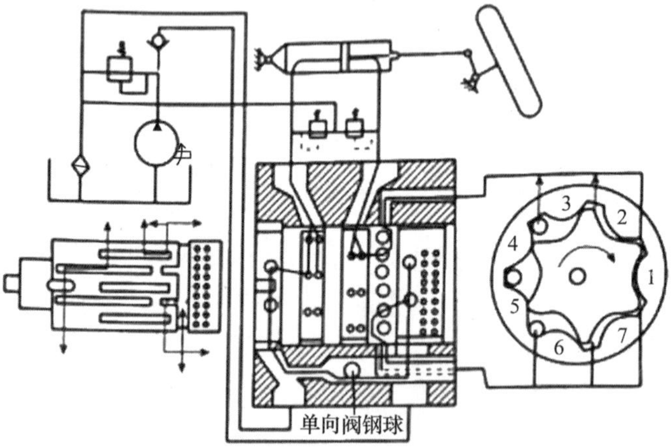

图 3-3-27　全液压转向系统的工作过程（人力转向）

只有在发动机不工作或齿轮泵不转动的情况下，才进行人力转向。

当人力转动转向盘时，十字接头带动阀杆转动，压迫回位弹簧片变形，直至阀杆锥形拔销孔与拔销接触后，才带动阀套、联动器和转子同步转动。此时，阀杆相对于阀套转过 9.7°的转角，关闭 18 对小孔，开启各配油孔道，给双向转子泵和转向油缸配油。由于没有压力油进入转向器，单向阀钢球靠自重落下，将阀体进、回油孔连通。双向转子泵的转子沿定子内齿滚动，转子一侧油腔经配油孔道（与动力转向相同）和单向阀、阀体回油室等从油缸的一腔吸油，而转子泵的另一侧油腔向油缸的另一侧压油，形成闭式循环油路。此时双向转子泵依靠人力转动实现吸油和排油，成为手动油泵。当转向盘停止转动时，在回位弹簧片弹力的作用下，阀杆反向转动，阀杆与阀套转角消除，回到中立位置。

第二项　转向节的轴承调整

转向节轴上的止推轴承的轴向间隙不大于 0.5 mm，可通过增、减垫片的方法调整。

第三项　转向轮轴承间隙的调整

由于磨损，轴承间隙会增大，严重时会出现转向轮左右摇摆现象。因此每个作业季节必须调整 1 次。调整时，将转向横梁顶起，拆下轮毂端盖，拔出槽形螺母开口销，将槽形螺母拧紧，使轴承间隙消失，再松退 1/8～1/6 圈，调整后转动轮子，应转动灵活，无卡滞和松晃现象，最后用开口销将槽形螺母锁死。

第四项　联合收割机全液压转向系统的油泵供油压力的检查

联合收割机全液压转向系统的油泵供油压力不足，就会引起转向沉重，具体包括：油箱中液压油油位低或吸油滤芯堵塞，使液压泵吸油不足；液压泵严重磨损，泄漏严重，使输出流量或油压不足；油管或管接头泄漏，导致液压泵吸入空气而使输出压力降低，并伴随噪声；溢流阀损坏或压力调得低；计量马达或转向阀内严重磨损而造成内泄漏等现象。

由于联合收割机在田间收割转向时所需克服的转向阻力比较大，如果油液压力不足，从计量马达排出到转向油缸的压力油不足，驾驶员必须连续快速地转动转向盘，通过拔销带动计量马达转子转动，将计量马达中的油液压入转向油缸，使计量马达处于泵的工况，向转向油缸供油驱动轮子转向，引起转向沉重。如果流量不足，虽然有足够的压力可以克服转向阻力后转向，但是进入转向油缸的压力油比较少，转向油缸的活塞移动缓慢，转向迟缓、不灵敏。要达到正常的转向速度，驾驶员只能快速转动转向盘，这时又会使计量马达处于泵的工况，引起转向沉重。

检查转向油泵工作性能时，主要是检查其最大工作压力。转向油泵最大工作压力的检查方法：在转向油泵的出油口与转向器的进油口之间安装一个额定压力为 25 MPa 的压力表、一个压力调至 16 MPa 的溢流阀及一个压力开关。启动发动机，以较低的稳定转速运转，短时间关闭压力开关（最多不超过 10 s），此时压力表的读数应为 14.4～16 MPa，如图 3-3-28 所示。如果测得转向油泵压力低于 14.4 MPa，则为转向油泵故障，需要修理或更换油泵。如果测得转向油泵压力正常，则故障在全液压转向器，需要修理或更换转向器。

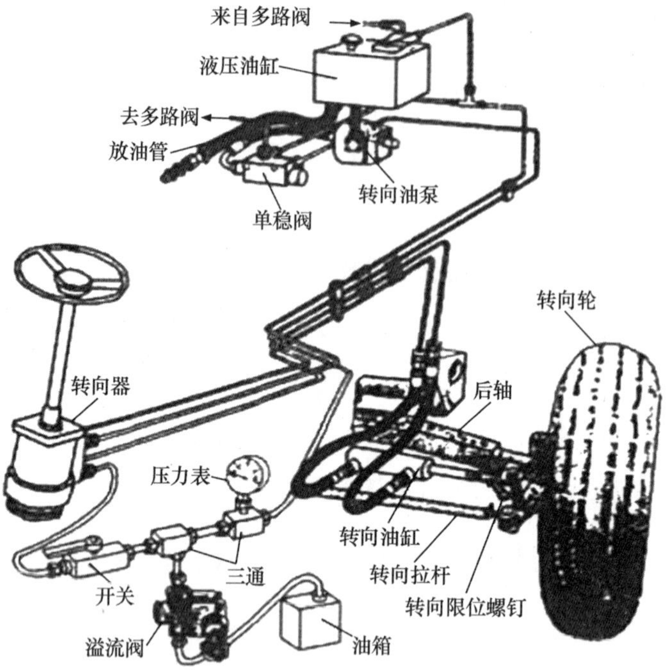

图 3-3-28 联合收割机全液压转向系统的油泵供油压力的检查

为了减少联合收割机全液压转向系统故障的产生，延长其使用寿命，工作中应注意以下几点：

(1) 不要随意拆卸全液压转向器。必须拆卸时，一定要注意清洁，不要划伤配合表面。

(2) 安装联动器时，要注意联动器外花键上的记号对准转子内花键上的记号。

(3) 在转向过程中，当转动转向盘很费力，同时听到安全阀开启的“嘶嘶”声，就不要再用力转动了，以防止油液温度升高，损坏零件。

(4) 发动机熄火或油泵不工作时，转动转向盘不要过猛，转向速度要慢，避免损坏弹簧片拔销或联动器。

(5) 选择适当黏度的液压油，定期检查油液的性能指标，不符合要求时应更换。

(6) 定期清洗滤清器及管路，视需要更换滤芯，检查液压系统管路及油泵各接合部位，应密封完好，防止油液产生高温和零件磨损。

(7) 随时检查油面高度，不足时应予添加。油料应符合规定，不得随意替换。添加的油液应经过滤清，缺油过多时应进行“排空”作业。

【学徒岗位任务学习评价】

学徒实习考核表

学校：　　班级：　　专业：　　学生姓名：　　日期：

实习任务					
自我鉴定（15分）	自律性（5分）	□优	□良	□一般	□较差
	业务知识（5分）	□优	□良	□一般	□较差
	专业技能（5分）	□优	□良	□一般	□较差
	得分				
实习表现（15分）	职业精神（5分）	□优	□良	□一般	□较差
	工作态度（5分）	□优	□良	□一般	□较差
	出勤率（5分）	□优	□良	□一般	□较差
	得分				
专业理论（25分）	联合收割机转向系统的结构组成（10分）	□优	□良	□一般	□较差
	联合收割机转向系统的工作过程（15分）	□优	□良	□一般	□较差
	得分				
专业实操（企业师傅安排实操训练）（45分）	对联合收割机底盘结构中转向系统各部位进行检修，判断故障并完成修理（15分）	□优	□良	□一般	□较差
	规范操作（15）	□优	□良	□一般	□较差
	熟练程度（15）	□优	□良	□一般	□较差
	得分				
总分					
企业师傅签名：		日期：			

任务4　联合收割机制动系统的结构与检修

【任务目标与质量要求】

在师傅指导和带领下，对联合收割机底盘结构中制动系统各部位进行检修，在检修过程中学会检测工具的使用及掌握维修方法。

【学习产出目标】

（1）熟悉联合收割机底盘结构中制动系统的结构；

（2）掌握故障的诊断方法；

（3）学会相关检测工具、仪器的使用及掌握维修方法。

【工作程序与方法要求】

第一项　熟悉联合收割机制动系统的结构

1. 制动系统的功用

自走式联合收割机制动系统的作用是使联合收割机降低速度以至停车，用以锁定联合收割机固定作业或斜坡停车。

2. 制动系统的组成

联合收割机上一般有两套各自独立的制动系统：一套为行走制动系统；另一套为停车制动系统。前者又称主制动系统，多用踏板由脚操纵；后者又称辅制动器或驻车制动器，一般用手柄操纵。

联合收割机的制动系统由制动器和制动传动装置组成。制动器用来直接产生摩擦力矩，迫使驱动轮转速降低。制动传动装置的作用是把驾驶员或其他能源的作用力传给制动器，迫使制动器产生摩擦作用。

（1）制动器。制动器的形式有带式、蹄式和盘式 3 种，其中蹄式和带式应用较广。制动器可以安装在变速箱从动轴上、最终传动装置传动轴上或差速器两侧的半轴上，但以安装在半轴上较常见。

①带式制动器。带式制动器主要由制动带、制动轮和机械操纵机构（包括制动踏板、连杆、回位弹簧等）等构成（图 3-3-29）。制动轮随驱动轮一起旋转，与机架相连的制动带环抱于它的四周。当踩下制动踏板时，经一系列的杆件拉动制动带而抱紧制动轮，产生制动作用。当松开制动踏板使制动带与制动轮脱离接触时，解除制动。东风-5 型和北京-25 型等联合收割机均采用这种制动器。

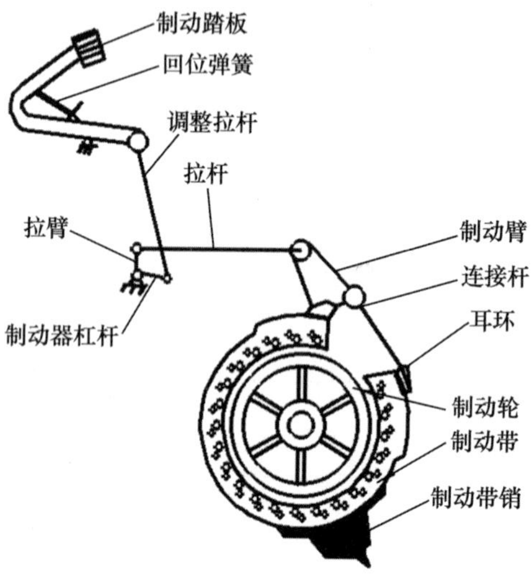

图 3-3-29　带式制动器的结构

②蹄式制动器。蹄式制动器与带式制动器相比，仅制动元件的形式不同而已，其主要由制动鼓、制动蹄和操纵机构组成

（图 3-3-30）。制动鼓与驱动轮相连并随其转动。制动蹄处于制动鼓的内部，由两半圆蹄片组成，其外表面铆接有摩擦衬带，经连接板、拉力弹簧连为一体后，通过销子铰连于机架（半轴壳体上）。制动蹄片与制动鼓之间保持一定的间隙。当踩下制动踏板时，操纵杆件驱动凸轮转动，使两半圆蹄片张开，与制动鼓的内壁面接触，产生摩擦制动作用。当松开制动踏板时，在拉力弹簧的作用下，制动蹄片与制动鼓分离，从而解除制动。新疆-2 型等联合收割机采用这种制动器。

③盘式制动器。盘式制动器采用机械-液压联合作用的原理，通过制动总泵和分泵的增力作用制动夹盘，达到减速或制动的目的。夹盘式制动器的热稳定性能好，系统结构简单，调整方便，工作可靠。目前国内某些型号的联合收割机采用此种制动器（图 3-3-31）。

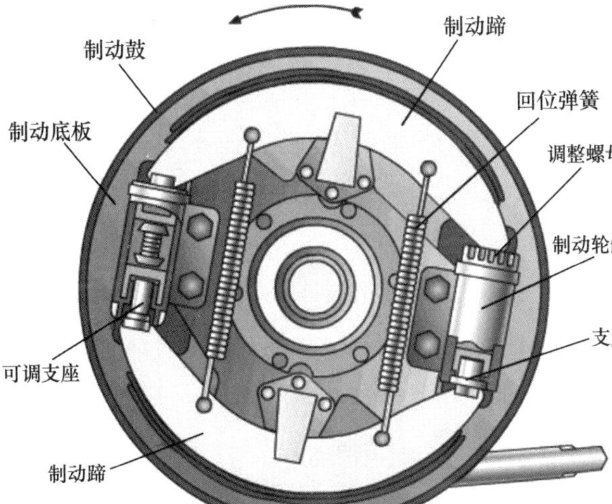

图 3-3-30 蹄式制动器的结构

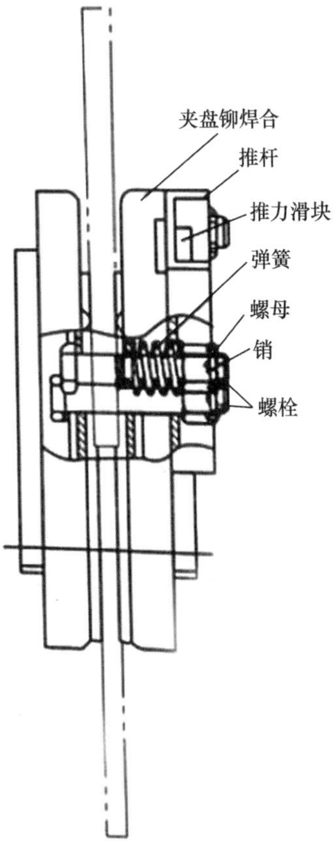

图 3-3-31 盘式制动器的结构

盘式制动器中的旋转元件都是以端面为工作表面的圆盘（图 3-3-31 中双点画线所示），称为制动盘。制动盘与车轮传动系统相连，随车轮一起旋转。不动的摩擦元件是位于制动盘两侧的面积不大的摩擦衬片。制动时，摩擦片在液压油缸及传动装置作用下压向制动盘，因车轮是与制动盘相连的，在摩擦力的作用下，产生制动作用。

（2）制动传动装置。制动传动装置有机械式、液压式和气压式。其中机械式和液压式在玉米联合收割机上应用较多。机械式制动传动机构是将驾驶员操纵制动踏板或制动手柄的力，通过一系列的销轴、杠杆、拉杆等传给制动器，使制动器产生制动力矩。液压式制动传动机构是将驾驶员踩制动踏板或拉（推）手柄的力，通过推杆推动液压总泵的活塞，并使具有压力的油液进入各分泵（又称轮缸），分泵将制动蹄摩擦衬片压靠到制动鼓上，使联合收割机制动。气压式制动传动机构均是利用压缩气体作为动力源来推动制动器，使制动器产生制动力矩，而使联合收割机制动。

第二项　带式制动器的调整

（1）在自由状态下，制动带与制动轮的间隙应均匀一致，且不小于 1 mm。调整时，可调节连接杆长度和拧动支撑螺钉来调整制动带与制动轮之间的间隙。

（2）制动踏板应有 10～15 mm 的自由行程，可通过改变拉杆的长度来调整。经调整后的制动器，使联合收割机以 18 km/h 的行驶速度制动时，应能在 8 m 内停车。

第三项　蹄式制动器的调整

蹄式制动器的调整如图 3-3-32 所示，其调整步骤如下：

（1）放松制动踏板，支起驱动轮，松开制动器上的锁紧螺母，转动偏心轴，使制动鼓不能转动。

（2）反方向转动偏心轴，使偏心轴上的调整棘轮转回一个齿，此时制动鼓与制动蹄有一定的间隙，制动鼓应能灵活转动。

（3）经上述调整后，制动踏板行程仍很大，应对制动器操纵机构进行调整，方法如下：放松制动踏板，松开转臂上软轴钢丝绳接头锁紧螺母，旋转软轴钢丝绳接头锁紧螺母，调整至用力踏制动器踏板，拉出长度为 25～26 mm 时，拧紧锁紧螺母。

（4）调整时，左、右制动器应一致，同时应满足下列要求：①制动踏板有 10～

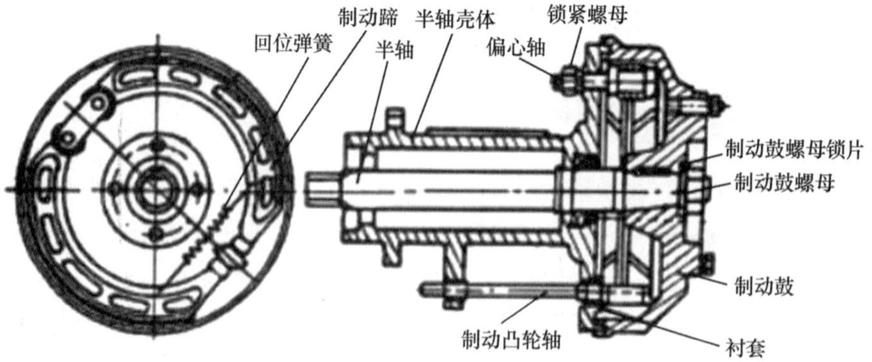

图 3-3-32　蹄式制动器的调整

15 mm 的自由行程。②联合收割机以 18 km/h 的行驶速度制动时，应能在 8 m 内停车。

第四项　盘式制动器的调整

(1) 制动距离过长，管路中有气时，应打开放气螺钉，用脚踏制动踏板，排出油气，直至排出油液中无气泡为止，拧紧放气螺钉。

(2) 调整制动分泵螺栓，使制动夹盘的自由间隙保持在 0.5～1 mm。调整后的制动装置，使联合收割机在以 20 km/h 的行驶速度行走时，其制动距离应小于 6.6 m（制动踏板的自由行程为 10～15 mm）。

【学徒岗位任务学习评价】

学徒实习考核表

学校：	班级：	专业：	学生姓名：	日期：	
实习任务					
自我鉴定（15 分）	自律性（5 分）	□优	□良	□一般	□较差
	业务知识（5 分）	□优	□良	□一般	□较差
	专业技能（5 分）	□优	□良	□一般	□较差
	得分				
实习表现（15 分）	职业精神（5 分）	□优	□良	□一般	□较差
	工作态度（5 分）	□优	□良	□一般	□较差
	出勤率（5 分）	□优	□良	□一般	□较差
	得分				
专业理论（25 分）	联合收割机制动系统的功用（10 分）	□优	□良	□一般	□较差
	联合收割机制动系统的结构组成（15 分）	□优	□良	□一般	□较差
	得分				
专业实操（企业师傅安排实操训练）（45 分）	对联合收割机底盘结构中制动系统各部位进行检修，判断故障并完成修理（15 分）	□优	□良	□一般	□较差
	规范操作（15 分）	□优	□良	□一般	□较差
	熟练程度（15 分）	□优	□良	□一般	□较差
	得分				
总分					
企业师傅签名：			日期：		

任务5　联合收割机行走系统的结构与检修

【任务目标与质量要求】

在师傅指导和带领下，对联合收割机底盘结构中行走系统各部位进行检修，在检修过程中学会检测工具的使用及掌握维修方法。

【学习产出目标】

(1) 熟悉联合收割机底盘结构中行走系统的结构；

(2) 掌握故障的诊断方法；

(3) 学会相关检测工具、仪器的使用及掌握维修方法。

【工作程序与方法要求】

第一项　熟悉联合收割机行走系统的结构

联合收割机的行走系统主要有轮式和履带式两大类。

1. 轮式行走装置

轮式行走装置的车轮都采用气压为 0.15～0.30 MPa 的低压橡胶充气轮胎。驱动轮的直径较大，装在驱动轮桥上，胎面上有“人”字形或“八”字形凸起较高的越野花纹，轮胎与地面有较好的附着性能。转向轮装在转向轮桥上，胎体较窄小，胎面有条形纵向花纹，可以改善导向性和防止轮子侧滑。

轮胎的规格及有关参数的表示方法有英制和公制两种，当前我国采用的都是英制。图 3-3-33 中，D 为轮胎的外径，B 为轮胎断面宽度，H 为轮胎断面高度，d 为轮辋直径，单位是 in。低压胎用 $B—d$ 表示；高压胎用 $D \times B$ 表示。

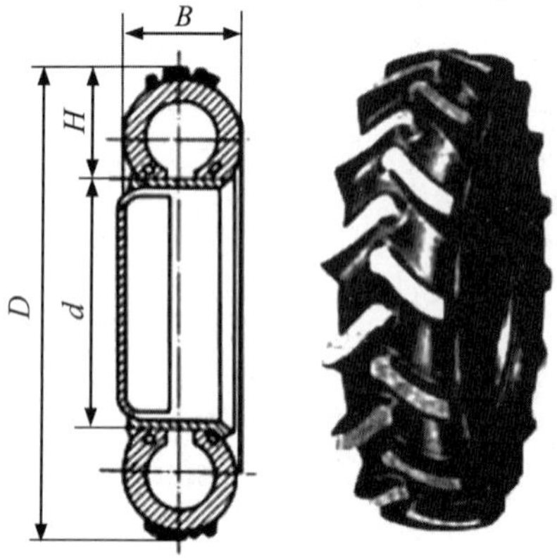

图 3-3-33　轮胎尺寸的表示符号

2. 履带式行走装置

履带式行走装置主要包括驱动轮、支重轮、导向轮、托皮带轮、机架、橡胶履带等（图 3-3-34）。

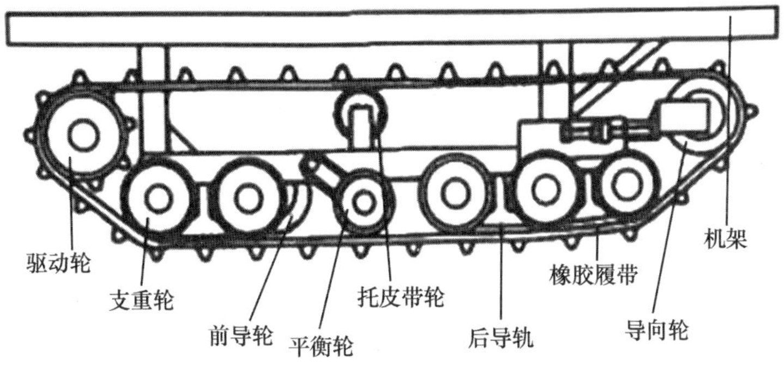

图 3-3-34　履带式行走装置

（1）机架。机架将联合收割机各部分有机地连接起来，并支撑整个收割机的质量。机架上安装支重轮、导向轮等，形成一个完整的行走系统。

（2）橡胶履带。橡胶履带主要由芯铁、钢丝帘线和橡胶填充物组成。工作时，履带驱动轮齿卡在履带相邻两个铁芯间驱动履带行走（图 3-3-35）。

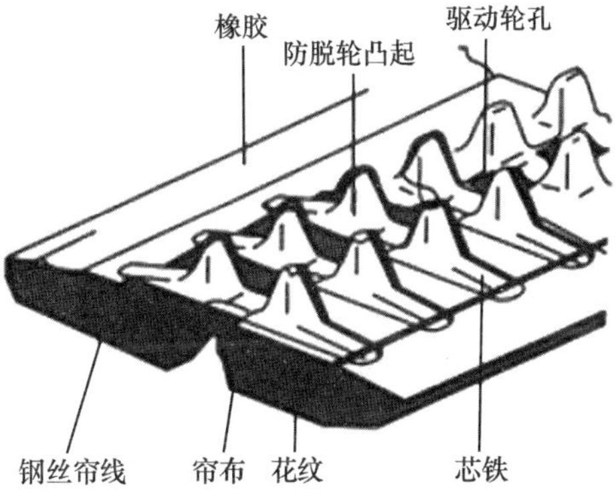

图 3-3-35　橡胶履带

（3）驱动轮。发动机动力经传动系统传递至驱动轮，驱动轮通过轮齿与履带芯铁啮合，驱动履带前后运动。

（4）导向轮。导向轮的功用是引导履带的方向，并通过导向轮前后位置的变化张紧履带。工作中应注意履带的张紧度，过紧则动力消耗多，履带易老化，过松则易脱落。

（5）支重轮和托皮带轮。支重轮和托皮带轮分别和履带的下侧及上侧接触。支重轮的作用是支撑联合收割机通过机架传来的重力，而托皮带轮则托住履带，防止下垂。支重轮和托皮带轮结构大致相同，主要由轮毂、轴、轴承、油封等组成，在外侧轴头上装有标准黄油嘴，能方便地加、注黄油。

第二项　转向轮前束的检查与调整

联合收割机在使用中由于相关部件的磨损和变形，转向轮的前束值发生变化，直接影响到轮胎的使用寿命和行驶安全性，因此要定期检查转向轮的前束值。

前束值用前束尺来测量。前束尺是由一根带套管的尺杆、画针及支架等组成（无前束尺时，可用钢卷尺替代，方法基本相同）。测量前束时，先将转向桥顶起来，使车轮能自由转动，用粉笔涂轮胎胎冠表面；然后用画针对正胎冠中点，转动车轮，画针在胎冠上画出一条中心线；最后将车轮落地。调整画针，使之分别指向两转向轮后方胎冠中心线。画针尖端离地面高度应等于被测车轮的半径值。调整前束尺刻度使之对准“0”刻度。然后将前束尺移至车轮前方，调整前束尺长度，使两画针分别指向转向轮前方胎冠中心线，即被测车轮的前束值。若车轮后方胎冠中心线之间的距离大于前方胎冠中心线的距离，则前束为正值；反之，前束为负值，应及时调整（图 3-3-36）。

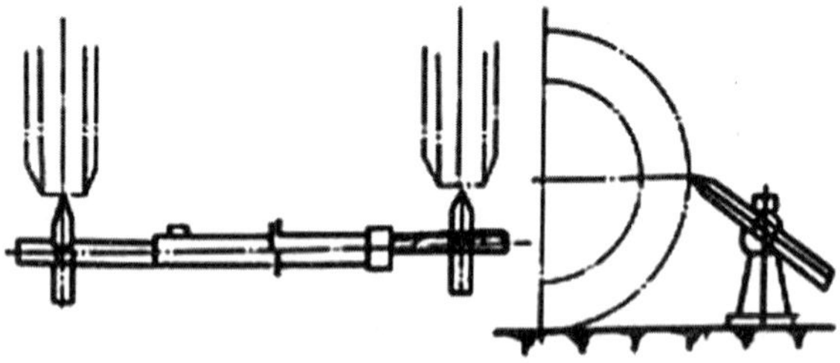

图 3-3-36　测量前束方法

调整时，首先要检查转向梯形杆球头是否松晃，如有松晃，应先调整球头；然后松开转向梯形横拉杆两端接头处螺母，转动横拉杆，使前束达到要求值（不同机型的联合收割机前束值不同，如北京-2.5 型的前束值为 6 mm，新疆-2 型的前束值为 6～10 mm）；最后锁紧横拉杆两端的螺母。

第三项　行走履带张紧度的调整

第 1 步：用千斤顶顶起联合收割机。顶起时，一定要在平坦的地方，用载荷 2 t 以上的千斤顶，在变速箱下部、机架左后方或机架右后方进行。切勿顶到燃油箱及行走变速其他部位。

第 2 步：调节时，先松开导向轮外侧张紧螺杆锁紧螺母，将张紧螺杆拧紧，推出导向轮，第三支重轮和履带的间隙应为 10～15 mm，然后用锁紧螺母固定，如图 3-3-37 所示。松弛履带与上述方法相反。

张紧履带时一定要掌握好履带张紧程度。过紧，影响履带的使用寿命；过松，行走时会发生跳齿，甚至脱轨。

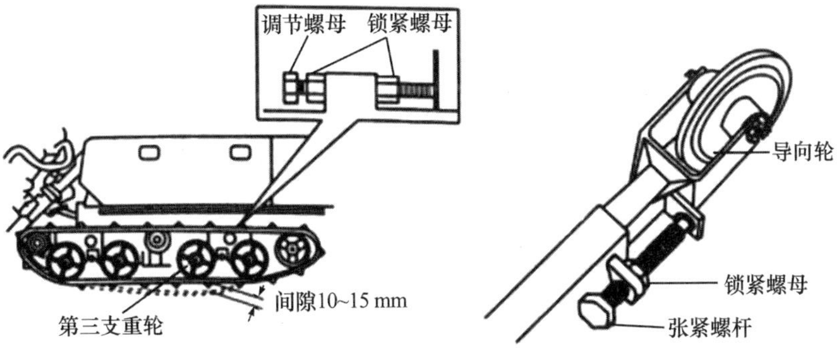

图 3-3-37 行走履带张紧度的调整

【学徒岗位任务学习评价】

学徒实习考核表

学校：　　班级：　　专业：　　学生姓名：　　日期：

实习任务					
自我鉴定（15 分）	自律性（5 分）	□优	□良	□一般	□较差
	业务知识（5 分）	□优	□良	□一般	□较差
	专业技能（5 分）	□优	□良	□一般	□较差
	得分				
实习表现（15 分）	职业精神（5 分）	□优	□良	□一般	□较差
	工作态度（5 分）	□优	□良	□一般	□较差
	出勤率（5 分）	□优	□良	□一般	□较差
	得分				
专业理论（25 分）	轮式行走装置结构（10 分）	□优	□良	□一般	□较差
	履带式行走装置结构（15 分）	□优	□良	□一般	□较差
	得分				
专业实操（企业师傅安排实操训练）（45 分）	对联合收割机底盘结构中行走系统各部位进行检修，判断故障并完成修理（15 分）	□优	□良	□一般	□较差
	规范操作（15 分）	□优	□良	□一般	□较差
	熟练程度（15 分）	□优	□良	□一般	□较差
	得分				
总分					

企业师傅签名：　　日期：

【业务知识】

一、离合器失灵故障原因分析

离合器的功用是将发动机的动力传递给底盘。这就要求离合器结合时平稳、可靠，切断动力时迅速、彻底。为了达到这些目的，东方红拖拉机的离合器还设置成双作用离合器。工作中，离合器被频繁使用，多次使用后，离合器各部分出现局部损坏，使离合器出现故障。离合器的常见故障有离合器打滑、离合器分离不彻底、拖拉机起步颤抖等，如图 3-3-38 所示。

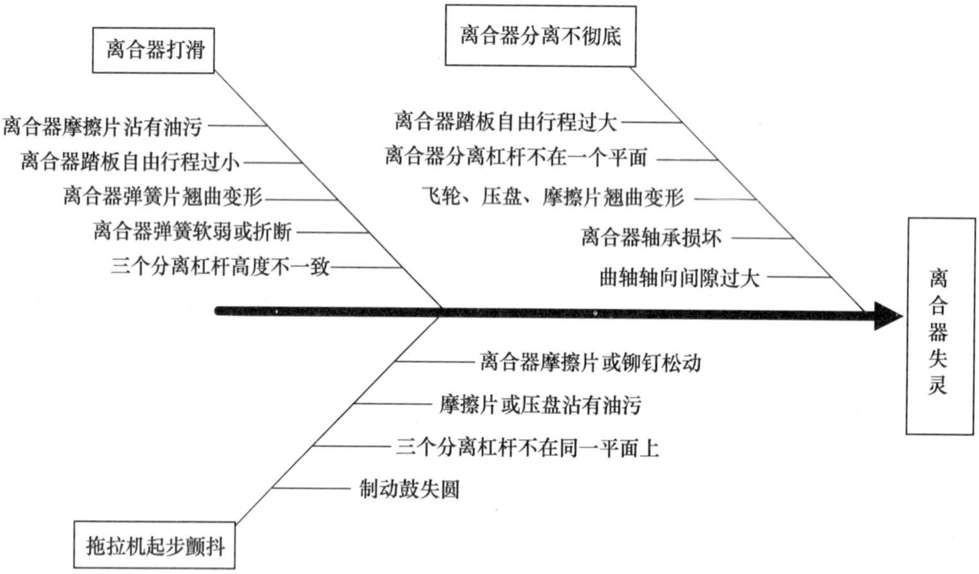

图 3-3-38　离合器失灵的原因

二、变速器失灵故障原因分析

拖拉机的变速器是由齿轮箱、操纵机构和锁定机构三大部分组成的。其中，齿轮箱是由大小不同的齿轮、支撑齿轮的轴及轴承组成。这些零件均装在密封的壳体内，各部分技术状态的好坏不易从外部直接观察。但是，这些零件技术状态恶化后会在传动过程中产生明显的噪声。因此，根据它们工作时响声的变化即可判断内部是否发生故障。当发现变速器出现作用异常时，其原因可能是锁定机构或操纵机构出现故障。作用异常的现象主要有自动脱挡、乱挡、挂挡困难等，如图 3-3-39 所示。这些故障在驾驶员掌握一定的操作方法后可以在短时间内及时排除。

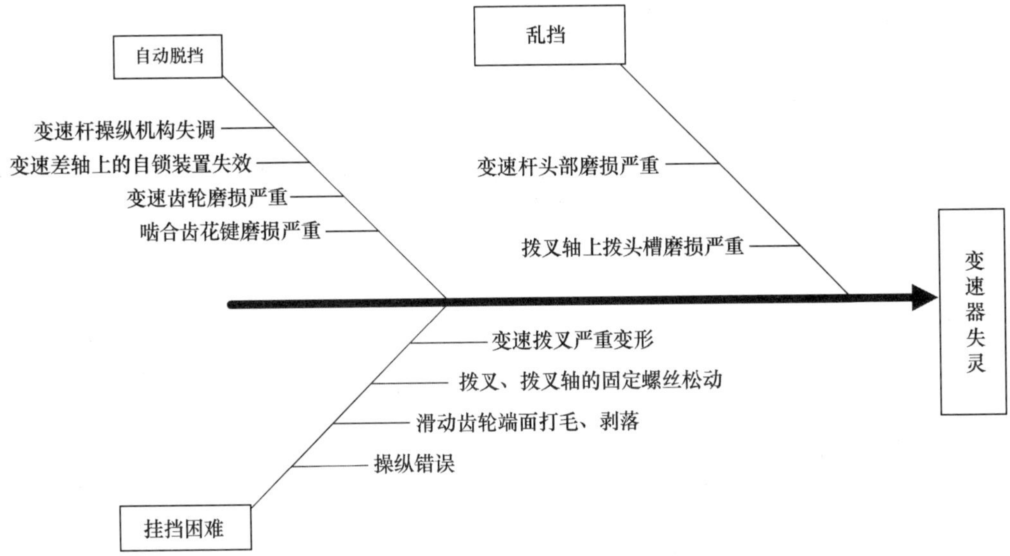

图 3-3-39　变速器失灵的原因

三、后桥故障原因分析

轮式拖拉机的后桥主要包括中央传动、差速器和最终传动。履带式拖拉机的后桥主要包括中央传动、转向离合器和最终传动。同变速器一样，后桥也是由齿轮、轴、轴承组成的，它们也是装在密封的壳体内，技术状态不易从外部直接观察。当其技术状态恶化，会在传递扭矩时产生明显的噪声。因此，根据传动时的声音变化即可判断内部是否发生故障。后桥故障会导致温度过高和后桥异响，如图 3-3-40 所示。

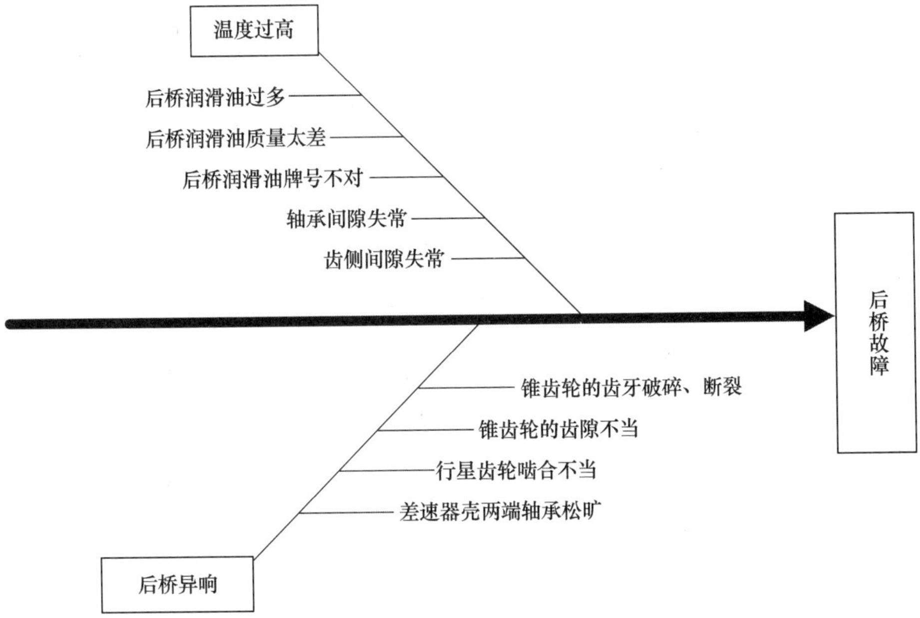

图 3-3-40　后桥故障的原因

四、转向异常故障原因分析

拖拉机的转向是依靠驾驶员转动转向盘，带动转向器上左右转向摇臂前后摆动，再通过左右转向操纵拉杆拉动垂直销旋转，使两前轮分别偏转一定的角度进行导向。同时，后轮在差速器的作用下会以不同的转速向前旋转，使拖拉机达到转向的目的。转向系统工作正常与否直接关系到行车安全。平时，必须按照说明书要求及时做好各项调整和保养工作，使转向系统始终处于良好的技术状态。在使用中，千万不要高速急转弯，更不要在泥泞、冰雪打滑地段上急转弯，以免因前轮侧滑而翻车。拖拉机及农用汽车转向异常主要表现为转向沉重和摆头，如图 3-3-41 所示。

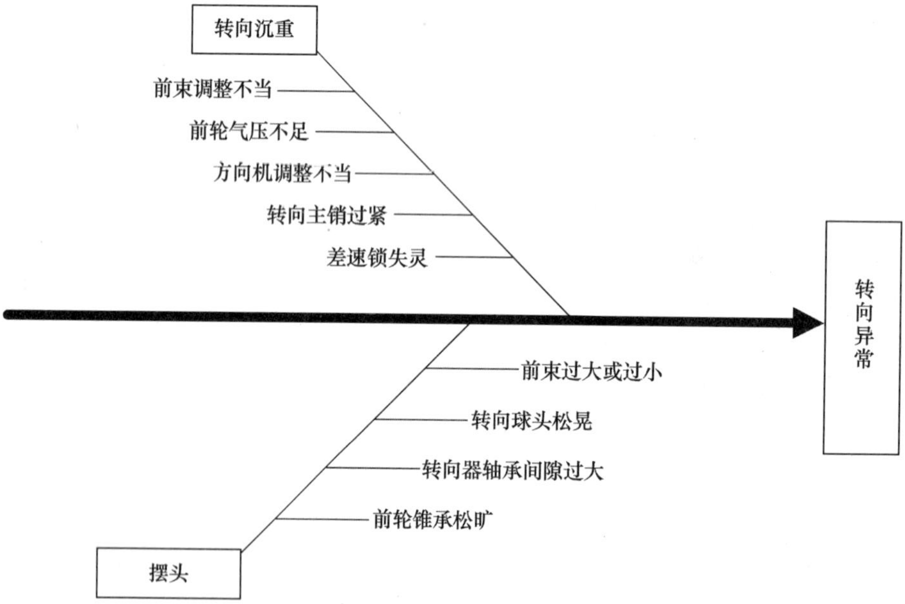

图 3-3-41 转向异常的原因

五、制动异常故障原因分析

制动系统的功用是保证拖拉机在行驶过程中能迅速降低速度或紧急停车。同时，制动系统还可协助转小弯、坡上停车等。大部分轮式拖拉机的制动系统由踏板操纵机构和制动器组成。其制动器是由两块带有斜槽的盘式制动压盘和两块铆有摩擦片的摩擦盘组成，左右各有一套，在转小弯时可以单独使用。制动异常表现为刹车失灵、偏刹、制动器不复位三种情况，如图 3-3-42 所示。

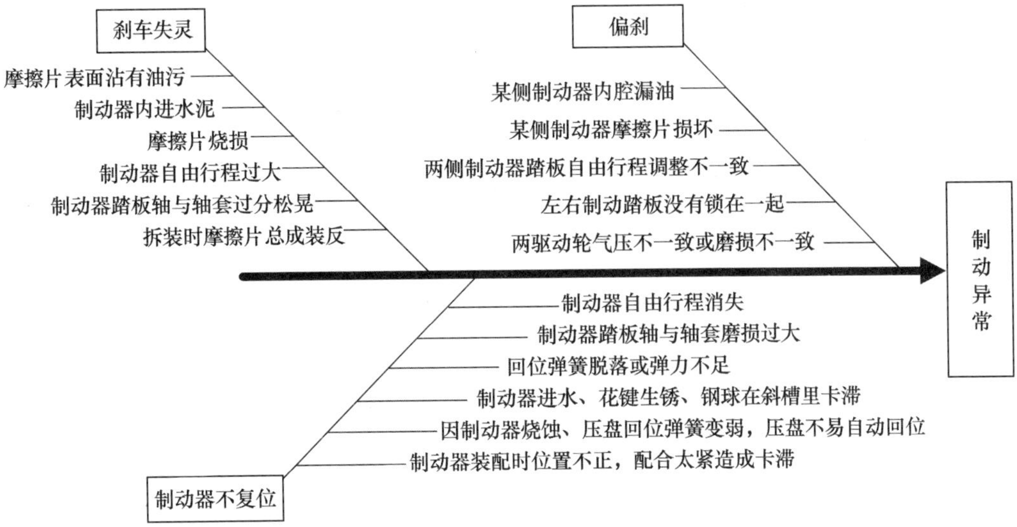

图 3-3-42　制动异常的原因

六、气压制动异常故障原因分析

气压制动装置用来提供拖拉机在运输作业时的挂车制动，并可以作为轮胎充气的气源。气压制动装置主要由空气压缩机、储气筒、制动阀门、气管和操纵机构等组成。气压制动装置的零件磨损、振动、锈蚀、老化和调整不当等都会导致故障的产生。气压制动异常反映为气制动力不足、制动跑偏、制动发响、制动卡滞、储气筒压力急剧下降等。

七、液压悬挂系统异常故障原因分析

拖拉机液压悬挂系统包括液压系统、操纵机构和悬挂机构三部分。国产大中型拖拉机的液压悬挂系统构造各不相同，具有代表性的有东方红拖拉机的分置式液压悬挂装置、东风-50 型拖拉机使用的半分置式液压悬挂装置和上海-50 型拖拉机使用的整体式液压悬挂装置。这三种液压悬挂系统中只有东方红拖拉机将液压系统的主要零件置于拖拉机的相应部位，再用各种高压油管将它们连接起来，因此，出现故障时排除比较容易。而轮式拖拉机的液压悬挂系统的液压零件几乎全部安装在后桥壳体内部，外部只有操纵手柄和悬挂机构的杠杆，因此，一旦出现故障，大都要进行一些必要的拆卸才能解决，拆卸后的装配又伴随着严密的调整步骤，作为驾驶员，处理时应特别慎重。液压悬挂系统异常主要表现为农具不能下降、农具点头、农机具不能提升、烧泵四种情况，如图 3-3-43 所示。

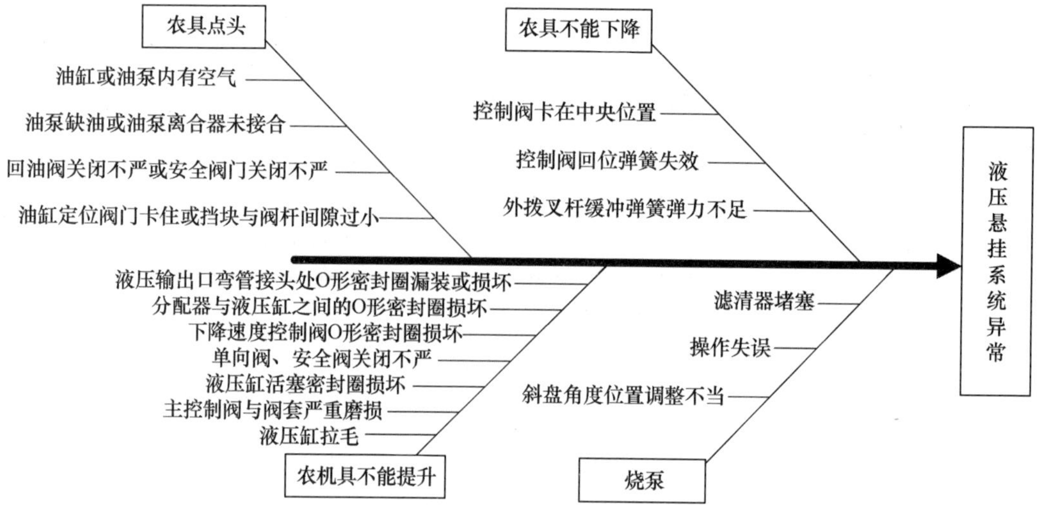

图 3-3-43　液压悬挂系统异常的原因

【底盘故障维修案例】

案例一

故障描述：操纵无级变速器手柄，达不到增速的目的。

故障原因分析：衬套与动盘脱离。

维修方法：某收割机公司维修网点承接一台收割机维修任务。用户自述收割机作业时，操纵无级变速器手柄，两个柱塞式液压缸作用在动盘上，却达不到增速的目的。对液压分配器安全阀压力是否过低、行走无级变速器的控制滑阀内部是否泄漏等分别做了检查，发现上述部位工作正常。最后卸下行走无级变速器，检查发现是衬套与动盘配合孔失去了过盈量，衬套与动盘脱离，衬套在动盘和定盘之间变成间隔套所致。

案例二

故障描述：前轮摆振。

故障原因分析：前轮毂轴承轴向游隙过大。

维修方法：某维修网点接到维修任务，用户自述拖拉机在工作时，明显可见前轮在行驶中左右晃动，同时感觉转向盘不易操控，方向也不好控制。用双手晃动左前轮，感觉到有明显晃动感时，说明前轮毂轴承轴向游隙过大，或轴承磨损严重，或轴承损坏。此案例是游隙过大。

拆去前轮毂外盖，拔下开口销，用千斤顶或吊钩装置，在左前轮内侧前轴部位将左前轮支离或吊离地面约 5 cm，吊起或支撑后再轻晃动，以进一步检查轴承的松紧度。用扳手转动转向节螺母（图 3-3-44），边紧固边用大约 5 kg 的力转动车轮，直至转动到有明显阻力时停止。松手后，靠惯性不能自转一周为止，以消除轮毂轴承轴向游隙，用双手晃动车轮或用重物敲击轮胎，通过震动消除由内部零件卡滞而可能造成的拧紧不到位现象。如果轮毂轴承轴向游隙未完全消除，则继续转动转向节螺母，最终将轮毂轴承轴向游隙消除。

图 3-3-44　用扳手转动转向节螺母

用粉笔或其他可辨色笔在转向节螺母和转向节轴头上的同一圆周位置画一刻线标记，按照刻线标记，将转向节螺母拧松回退 1/30～1/8 圈，换算成轴向距离即 0.05～0.19 mm，并使螺母上的一个槽口与转向节轴头上的一个孔口对正，以保证开口销能正确安装。再次用双手晃动车轮或用重物敲击轮胎，并转动车轮，检查是否转动正常。插入开口销将尾端沿圆周方向分开，对转向节螺母进行锁止防松（图 3-3-45）。松开千斤顶或吊钩装置，将左前轮放落地面，并收起千斤顶或吊钩装置，装上前轮毂外盖。

图 3-3-45　对转向节螺母进行锁止防松

项目四
农机电气设备的故障诊断、修理与调试

在师傅指导和带领下，对拖拉机、农用汽车电气设备进行修理与调试，对联合收割机电启动系统进行检修，同时学习并掌握底盘常见故障产生的原因和排除方法，掌握常用检测仪器的操作。

任务1　拖拉机、农用汽车电气设备的修理与调试

【任务目标与质量要求】

学习拖拉机、农用汽车等农机的基础电气知识，能够熟练运用工具、检测设备对农机进行拆装及检修，掌握常见的电气故障产生原因及维修方法。

【学习产出目标】

（1）掌握拖拉机、农用汽车电气设备的检修方法；

（2）学会相关检测工具、仪器的使用及掌握维修方法。

【工作程序与方法要求】

第一项　直流发电机充电系统故障诊断与排除

1. 不充电

发动机中速以上转动时，电流表指示放电，说明有不充电故障。发动机中速运转时进行以下故障检测：

（1）用一字旋具中部紧靠发电机“电枢”接线柱，使一字旋具尖和机壳划碰试火。若火花强，呈亮白色，说明故障在断流器或调节器“电池”接线柱至电流表的一段电

路，检修该电路以排除故障。

(2) 用一字旋具使发电机“电枢”接线柱搭铁试火时，若火花微弱，呈暗红色或无火，说明故障在外激磁电路或发电机，此时检修外激磁电路或发电机。

再用一字旋具连通发电机“电枢”和“磁场”接线柱做进一步检查。这时若电流表指示充电，说明是发电机“磁场”接线柱至调节器“磁场”接线柱电路有断路故障或调压器有故障，此时应对该电路及调压器进行检修。

(3) 用一字旋具连通发电机“电枢”和“磁场”接线柱，若电流表指示放电，此时可拆去发电机“电枢”和“磁场”接线柱上的连线，用一根铜线连通“电枢”和“磁场”接线柱搭铁试火，若火花微弱或无火，说明发电机有故障。

(4) 用铜线连通发电机“电枢”和“磁场”接线柱搭铁试火时，若火花极明，发电机正常，故障在外激磁电路。

2. 充电电流过大

发动机中速以上运转时，电流表指针指示 20 A 以上充电；汽车行驶时，在 2～3 h 内电流表指示充电电流始终大于 5 A。同时出现蓄电池电解液消耗快，点火线圈过热，分电器断电触点经常烧蚀，各种灯泡经常烧毁，发电机过热，说明充电电流过大。发动机中速运转时应检查下列故障：

(1) 拆下发电机“磁场”接线柱导线头，这时电流表指针仍然卡到底，说明故障发生在发电机。可能是发电机“磁场”接线柱内端导线头和“电枢”接线柱内端导线头或绝缘电刷架接触，致使外激磁电路被短接，造成发电机电压和输出电流不受节压器和节流器控制，此时打开发电机进行检查调整。

(2) 拆除发电机“磁场”接线柱导线头，若电流表指示放电，说明故障在调节器。进一步检查节压器触点和节流器触点能否张开，测节压器线圈铁芯有无吸力等，对调节器进行检查调整。

3. 充电电流过小

发动机转速由低逐渐升高，但电流表指示充电电流很小。保持发动机中速运转，进一步开大灯，使大灯放射远光，电流表指示放电。蓄电池经常充电不足，灯光暗淡，电喇叭声音小，起动机转速缓慢等，都说明有充电电流小的故障，应做如下检查：

(1) 用一字旋具连通发电机“电枢”和“磁场”接线柱，若电流表仍然反映充电电流很小，说明故障在发电机或限流器，应检修发电机或调整限流器。

(2) 用一字旋具使发电机“电枢”接线柱搭铁试火。若火花微弱，说明故障在发电机；若火花强，说明故障在限流器，应检修发电机或调整限流器。

第二项　交流发电机充电系统故障诊断与排除

1. 不充电

发动机中速运转时，电流表指示放电，说明有不充电故障。发动机熄火，断开断电器断电触点，然后闭合点火开关。若电流表指示“0”位，说明激磁电路有断路故障，应对激磁电路进行检修。若电流表指示放电电流，说明激磁电路良好，充电电路有断路故障，应对充电电路进行检修。

2. 充电电流过大

发动机中速以上运转，电流表指针向“+”卡到底；汽车行驶时，在2～3 h内电流表反映充电电流始终大于5 A；蓄电池电解液消耗快；点火线圈发热；分电器断电触点经常烧蚀；各种灯泡经常烧毁；发电机过热等均表示有充电电流过大故障，需做进一步诊断。

用手压调节器活动触点臂，观察低速触点能否张开。若触点不能张开，故障原因是低速触点烧结或高速触点无间隙；活动触点臂和线圈铁芯之间被绝缘物抵死，导致调节器失效，应对调节器进行检查调整。若低速触点能张开，发动机保持中速运转，用一字旋具接触活动触点臂，试探线圈铁芯有无吸力。若无吸力，可能是调节器线圈烧断或电阻烧毁，调节器搭铁不良，应更换调节器电阻，修复线圈，使搭铁牢固；若有吸力，可能是调节器活动触点臂弹簧拉得过紧，导致调节电压过高，应重新校准。

3. 充电电流过小

启动发动机后，使其转速由低逐渐升高，但电流表始终反映充电电流很小；保持发动机中速运转，使大灯放射远光，而电流表反映放电；蓄电池经常充电不足、灯光暗淡、电喇叭声音小、起动机运转缓慢等均说明有充电电流过小故障，需做进一步诊断。在调节器活动触点臂和线圈铁芯之间用绝缘物抵死，保持发动机中速运转。若电流表反映充电电流很大，说明调节器调节电压调得过低，应重新校准。若电流表仍然反映充电电流很小，可用一字旋具连通固定触点臂和活动触点臂，使触点短接。这时若电流表指示充电电流增大，说明低速触点因烧蚀或脏污而导电不良，应予以清除；若电流表指示充电电流仍然很小，说明故障在发电机，可能是硅二极管损坏一个或两个，定子绕组有一相连接不良或脱落，滑环积污过多等，应对发电机进行检修。

第三项　硅整流发电机调节器的调整和急救措施

1. 调节器的调整

调节器各部分间隙可用塞尺来测量。调节器的调整数据见表3-4-1。

表3-4-1　调节器的调整数据

型号	调节电压/V	常开触点间隙/mm	衔铁与铁芯间隙/mm
FJ70A	28.4～29.6	0.4	1.2～1.3
FJ60A	27.6	0.4	1.2～1.3
FJ61	13.5～14.5	0.25～0.30	1.28～1.32

2. 调节器损坏的急救措施

与硅整流发电机配套使用的双触点式调节器损坏后，若无备件更换，可用直流发电机的三联调节器代替。代替的接线方法：发电机搭铁导线接在调节器搭铁螺钉上，发电机“磁场”接线柱与调节器“磁场”接线柱连接；发电机和原调节器“点火”接线柱的导线与调节器“电枢”接线柱连接。这样三联调节器的节流器和断流器失去作用，仅节压器工作。

第四项　交流发电机和调节器的连接

在点火开关断开的情况下，先用发电机上拆下的三根连线头分别搭铁试火，其中有火花出现的一根是通点火开关进火接线柱的火线，应和发电机“电枢”接线柱连接。然后用搭铁试火时无火花出现的两根导线分别和火线头划碰，有强烈火花出现的一根是通调节器搭铁螺钉的导线，应和发电机“负极接地”接线柱连接；无火花的一根应与发电机“磁场”接线柱和调节器“磁场”接线柱连接。

第五项　喇叭电路故障诊断与排除

1. 双喇叭不响

查看熔断器，若发现触点跳开，说明电气部分有搭铁故障。可进一步拆除连接熔断器出火接线柱上通其他电路的连线头，然后按下熔断器按钮，使触点闭合。这时触爪又迅速跳开，说明是熔断器出火接线柱至继电器“电池”接线柱之间的连线外皮磨破而搭铁，应修复连线破皮处。将熔断器触点闭合后，若触点不再跳开，可按住喇叭按钮不放。若喇叭不响，但熔断器触点迅速跳开，说明是继电器“喇叭”接线柱至双喇叭之间的连线或线头搭铁，应查找绝缘不良的地方予以排除；若喇叭发声，熔断器触点不再跳开，可能是喇叭电路的搭铁在某些活动部分松动而造成有时搭铁，有时不搭铁，应查找松动部位，予以紧固。若熔断器触点未跳开，说明喇叭电路或按钮电路有断路故障，此时可开转向灯，若转向灯不亮，说明蓄电池至熔断器一段公用电路有断路故障；若转向灯亮，可用一字旋具中部紧靠继电器“电池”接线柱，使一字旋具尖和汽车金属部分划碰试火。若无火花出现，说明熔断器至继电器之间的连线断脱，应将连线重新接好；若有火花出现，再用一字旋具连通“电池”和“喇叭”接线柱试响。若喇叭不响，可能是继电器“喇叭”接线柱至喇叭之间的连线断开，或喇叭固定板搭铁不良；若喇叭响，再用一字旋具中部紧靠“按钮”接线柱，使一字旋具尖和汽车金属部分接触，这时喇叭响，故障可能是继电器“按钮”接线柱至按钮触点之间的连线折断或按钮触点脱焊，应将连线重新接好，脱焊处重新焊好；若喇叭仍然不响，说明故障在继电器内。拆下继电器盖，再用一字旋具使“按钮”接线柱搭铁，同时观察活动触点能否被吸动。若不能被吸动，可能是电磁线圈烧断或线头脱焊，致使按钮电路断路，应检修磁铁线圈或重新焊好线头。若活动触点能被吸动，但不能闭合，可能是触点间隙过大，应重新校准；若活动触点能被吸动，且闭合，但喇叭不响，说明触点严重烧蚀或太脏而导电不良，应修复触点或清除脏物。

2. 单喇叭不响

按喇叭按钮时，只有一个喇叭响。任意拆除一个喇叭，然后按喇叭按钮，若喇叭响，说明被拆除的喇叭有故障；若喇叭不响，说明未拆除的喇叭有故障。单只喇叭不响的原因可能是单只喇叭线断脱；喇叭触点严重烧蚀，或太脏，或不能闭合；电磁线圈烧断或线头脱焊；振动片和铁芯之间间隙调整不当。根据相应问题，对喇叭进行调整或修复。

第六项　灯光照明故障诊断与排除

1. 前照灯不亮

（1）将车灯总开关闭合在 2 挡位，反复踩踏变光开关踏钮，若两只前照灯的近光和远光指示灯全部不亮，说明蓄电池至变光开关之间有断路故障，将断处重新接好。

（2）查看后灯。若后灯亮，可能是变光开关损坏，检查修复开关；车灯总开关至变光开关之间的连线折断或线头松脱，应检查重新接好。

（3）查看小灯。查看后灯不亮，可将车灯总开关闭合在 1 挡位，这时若小灯亮，说明是车灯总开关 2 挡位损坏而断电，应修复或更换车灯总开关。

（4）查看电流表。车灯总开关闭合在 1 挡位时，若小灯也不亮，再进一步闭合点火开关。踩踏起动机开关，若电流表指针左右摆动，可能是点火开关至车灯总开关之间的连线断脱或车灯总开关上的熔断器损坏，应查找断线并接好或换新熔断器。若电流表指示“0”不动，说明是蓄电池至点火开关一段有断路故障，应将断处重新接好。

2. 灯光暗淡

（1）蓄电池充电不足，其诊断与排除方法与发电机充电系统故障的相同。

（2）检查各导线接头有无松动，搭铁处导线是否可靠搭铁。排除方法是使导线连接、搭铁牢固。

（3）检查前照灯导线是否过细，过细时应更换合适的导线。

3. 转向灯不亮

打开转向灯开关，左右转向灯都不亮，可能是电流表、闪光器、转向灯开关之间断路，闪光器失效，灯泡接触不良等。打开前照灯，若灯亮，说明电流表到熔断器的电源线路良好。这时，用一根导线，一端接触闪光器的电源接线柱，一端划碰搭铁，若有火花出现，则说明电源良好。用一字旋具将闪光器两个接线柱接通，打开开关。若灯亮，则说明闪光器失效，应更换新品；若灯不亮，应将转向灯开关上的指示灯导线拆下，闪光器两接线柱继续接通，与开关上的电源线接火。若指示灯亮，则说明开关失效，应检修或更换。当以上检查都是良好的且无故障时，应查找接线板接头是否脱落、导线是否折断。

【学徒岗位任务学习评价】

学徒实习考核表

学校：　　班级：　　专业：　　学生姓名：　　日期：

实习任务					
自我鉴定（15 分）	自律性（5 分）	□优	□良	□一般	□较差
	业务知识（5 分）	□优	□良	□一般	□较差
	专业技能（5 分）	□优	□良	□一般	□较差
	得分				
实习表现（15 分）	职业精神（5 分）	□优	□良	□一般	□较差
	工作态度（5 分）	□优	□良	□一般	□较差
	出勤率（5 分）	□优	□良	□一般	□较差
	得分				
专业理论（25 分）	蓄电池主要技术参数（10 分）	□优	□良	□一般	□较差
	蓄电池的检测方法（15 分）	□优	□良	□一般	□较差
	得分				
专业实操（企业师傅安排实操训练）（45 分）	对拖拉机、农用汽车电气设备进行检修，判断故障并完成修理（15 分）	□优	□良	□一般	□较差
	规范操作（15）	□优	□良	□一般	□较差
	熟练程度（15）	□优	□良	□一般	□较差
	得分				
总分					

企业师傅签名：　　日期：

任务2　联合收割机电启动系统的结构与检修

【任务目标与质量要求】

在师傅指导和带领下，对联合收割机电启动系统进行修理与调试，在此过程中学会检测工具的使用及掌握维修方法。

【学习产出目标】

（1）掌握联合收割机电启动系统的检修方法；

（2）学会相关检测工具、仪器的使用及掌握维修方法。

【工作程序与方法要求】

第一项　熟悉联合收割机电启动系统的结构

1. 功能

电启动系统主要用来实现发动机的迅速启动，保证安全行驶信号和夜间与雾天照明。

2. 组成

电启动系统主要由启动机、发电机、蓄电池、电热塞等部件组成，如图 3-4-1 所示。

（1）启动机。启动机（又称启动马达）装在发动机飞轮壳体的前端面上，启动机通入直流电后，其前端的齿轮与发动机飞轮上的齿圈啮合，带动发动机飞轮旋转，使发动机启动。

启动机由直流电动机、传动机构等部分组成。

①直流电动机。它主要由电枢、磁极、端盖、机壳、电刷及刷架组成。电枢由电枢轴、电枢铁芯、电枢绕组和换向器组成，其作用是产生电磁转矩。磁极由铁芯和线圈组成，固定在壳体上，作用是产生磁场。端盖用于支撑电枢轴，并与机壳一起密封机体。电刷固定于刷架后再安装在前端盖上，作用是引导电流。

②传动机构。传动机构安装在启动电机轴的花键部分，由驱动齿轮、单向离合器、拨叉、啮合弹簧等组成。启动时，其使驱动齿轮沿启动电机轴移出与飞轮啮合，将直流电动机的电磁转矩通过飞轮传递给发动机的曲轴。启动后，当发动机的飞轮带着驱动机构高速旋转时，动齿轮与启动电机轴自动脱开，防止启动电机超速。

（2）发电机。硅整流发电机实质上是自励式三相交流同步发电机，发出的是三相交流电，使用三相桥式整流器将其变成直流电。硅整流发电机的输出电压既随发电机

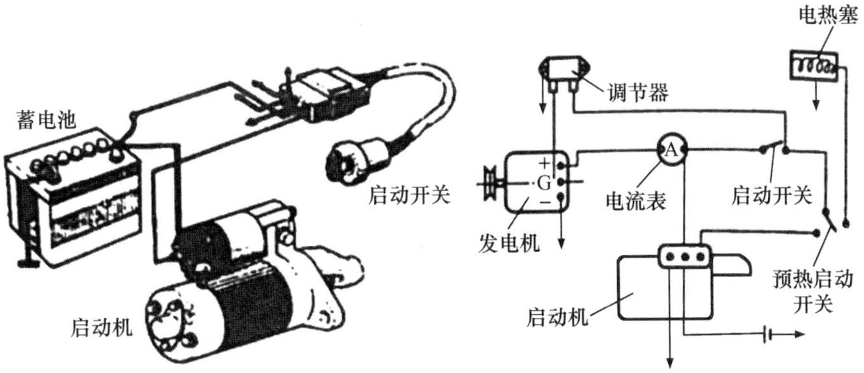

图 3-4-1　电启动系统的组成

转速变化（转速升高，电压升高），又随负荷变化（负荷增加，电压下降），必须与调节器配合才能正常工作。调节器主要有电磁振动式和晶体管式两种。

（3）蓄电池。当发动机启动时，蓄电池向启动机、预热器供电；在发动机不工作或低速运转时，蓄电池向各用电设备供电；在发电机过载时，蓄电池协同发电机向用电设备供电；在发电机端电压高于蓄电池电动势时，发电机向蓄电池充电，蓄电池贮存电能。

蓄电池的工作原理就是化学能和电能的相互转化。蓄电池将化学能转化为电能供给用电设备使用，称为蓄电池的“放电过程”；蓄电池将电能转化为化学能贮存起来，称为蓄电池的“充电过程”。收获机械用蓄电池大多为铅酸蓄电池，由 3 个或 6 个单格电池组成，标称电压分别为 6 V 和 12 V。其结构主要由正负极板、隔板、外壳、电解液、连接条和极柱等部件组成。

（4）电热塞。电热塞安装在柴油机进气管入口处。寒冬季节用电热塞预热空气，能帮助冷车启动。

电热塞主要由螺杆、固定架、杆身、钢球、电阻丝、定位片等组成。当接通电源后，电热塞中的电阻丝发热。杆身受热伸长，使钢球打开，柴油流出并着火燃烧。电路截断以后球阀能自行关闭，电热塞的持续使用时间不应超过 40 s。

第二项　启动机的检修

1. 检查炭刷

（1）检查炭刷的损坏、磨损及接触面的粗糙程度。当炭刷的长度因磨损达到使用限度、与整流子的接触面损伤、炭刷压簧被腐蚀或有损伤时，均应更换炭刷。

（2）检查炭刷在炭刷架内的上下移动情况，若移动不灵活，则应修理或更换。

（3）检查炭刷与转向器之间的接触面积，若其接触面积小于 80%，则应更换炭刷。

2. 检查整流子

检查整流子表面有无偏磨，当表面有偏磨、烧损时应用砂纸加以修整。

（1）检测整流子外径。用游标卡尺测量整流子的外径，如图 3-4-2 所示，当磨损到使用极限时，应更换电枢。

（2）检测云母片槽深度。测量云母片槽深度，如图 3-4-3 所示，当深度小于 0.3 mm 时，应向下挖深，下挖深度以 0.5～0.8 mm 为宜。

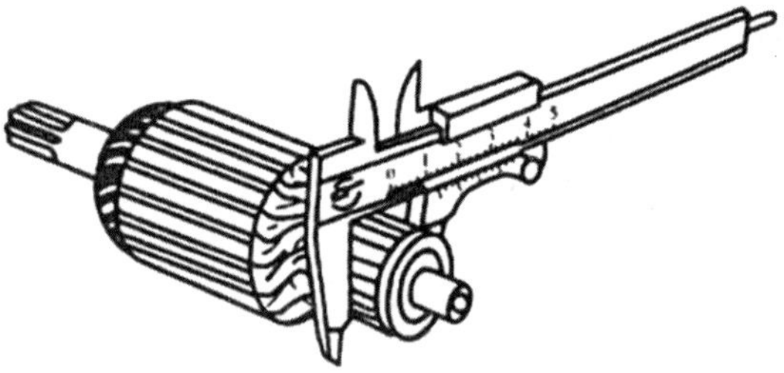

图 3-4-2　检测整流子外径

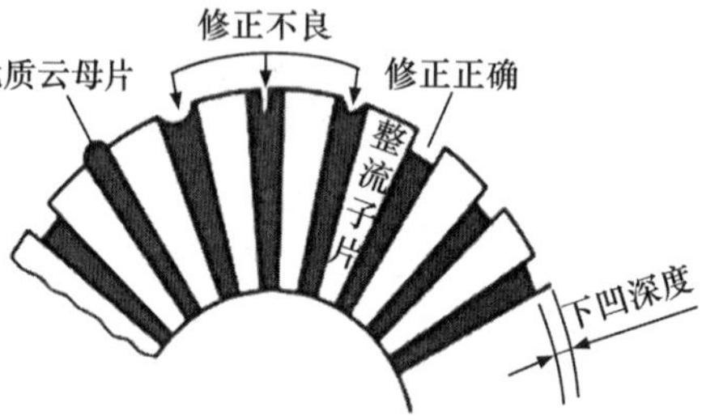

图 3-4-3　检测云母片槽深度

（3）检查电枢绕组。

①检查整流子片间的导通情况。如图 3-4-4 所示，用万用表的试棒接触整流子部分，测定各整流子片之间是否通电。若通电，则为正常；若不通电，应检查电枢线圈是否断线。

②检查整流子片与轴间的导通情况。如图 3-4-5 所示，用万用表检测各整流子片与电枢铁芯或与轴间有无导通现象。若不导通，则为正常；若导通，则说明有短路。

图 3-4-4　检查整流子片间的导通情况

图 3-4-5　检查整流子片与轴间的导通情况

（4）单向超越离合器的修理。联合收割机电启动打滑是由于电启动单向超越离合器有故障，大多是因为超越离合器的弹簧和启动滚柱有问题。

第三项　启动继电器的检修

1. 检测启动继电器线圈

如图 3-4-6 所示，将欧姆表调到“$R\times1\ \Omega$”挡位，测量启动继电器线圈上的两导电片的电阻，其电阻值一般在 0.4～1 Ω 为正常。若电阻值为无穷大，说明启动继电器线圈断路，应更换启动继电器；若电阻值为 0 Ω，说明启动继电器线圈短路，应更换启动继电器。

2. 检测启动继电器搭铁

如图 3-4-7 所示，用两根导线将蓄电池的正、负极与启动继电器线圈上的两导电片连接，将欧姆表调到“$R\times1\ \Omega$”挡位测量启动继电器上的蓄电池导电片与启动电机电导片之间的电阻，应呈现导通性（电阻值小于 0.3 Ω）；否则，说明启动继电器内部触点烧蚀，应更换启动继电器。

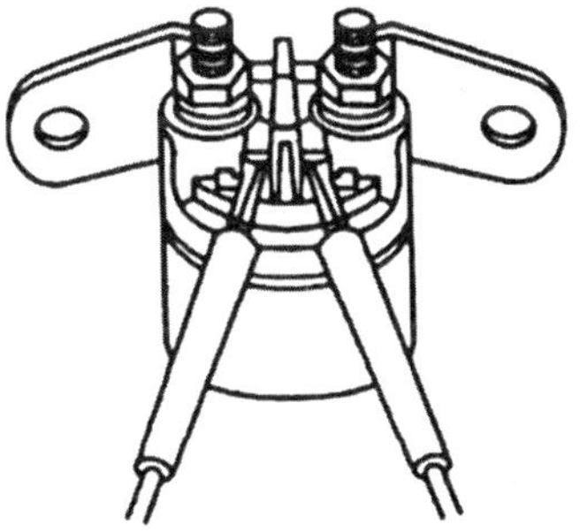

图 3-4-6　检测启动继电器线圈

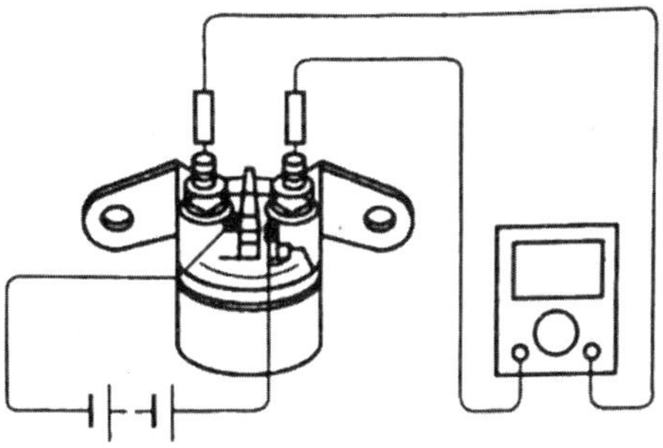

图 3-4-7　检测启动继电器搭铁

第四项　启动系统中辅助电器的检修

1. 启动按钮和发动机熄火开关的检修

经检查确认启动按钮或发动机熄火开关内部触点有接触不良现象，则应更换新件或拆开后用细砂纸打磨开关触点，以清除触点氧化物，使触点接触良好。

2. 制动灯开关的检修

从整车电缆中拆下制动灯开关的接插器，用欧姆表测量制动灯开关两引导线间的导通性。当紧握制动握把时，应呈现导通性；当放开制动握把时，应呈现非导通性。否则应更换制动开关。

【学徒岗位任务学习评价】

学徒实习考核表

学校：	班级：	专业：	学生姓名：	日期：	
实习任务					
自我鉴定（15 分）	自律性（5 分）	□优	□良	□一般	□较差
	业务知识（5 分）	□优	□良	□一般	□较差
	专业技能（5 分）	□优	□良	□一般	□较差
	得分				
实习表现（15 分）	职业精神（5 分）	□优	□良	□一般	□较差
	工作态度（5 分）	□优	□良	□一般	□较差
	出勤率（5 分）	□优	□良	□一般	□较差
	得分				
专业理论（25 分）	联合收割机电启动系统的结构（10 分）	□优	□良	□一般	□较差
	蓄电池的工作原理（15 分）	□优	□良	□一般	□较差
	得分				
专业实操（企业师傅安排实操训练）（45 分）	对联合收割机电启动系统进行检修，判断故障并完成修理（15 分）	□优	□良	□一般	□较差
	规范操作（15 分）	□优	□良	□一般	□较差
	熟练程度（15 分）	□优	□良	□一般	□较差
	得分				
总分					
企业师傅签名：			日期：		

【业务知识】

一、蓄电池主要技术参数及检测方法

（一）铅酸蓄电池参数

铅酸蓄电池的性能用下列参数度量：电动势、开路电压、工作电压、放电终止电压、放电电流、容量、电池内阻、循环寿命、能量等。只有充分理解铅酸蓄电池参数，才能挑选适合的铅酸蓄电池。

1. 电动势

当蓄电池用导体在外部接通，正极和负极的电化学反应自发地进行，电池中电能与化学能转换达到平衡时，正极的平衡电极电势与负极的平衡电极电势的差值便是电动势。电动势与单位电量的乘积，表示单位电量所能做的最大电功。

2. 开路电压

电池在开路状态下的端电压称为开路电压。电池的开路电压等于电池正极电极电位与负极电极电位之差。

电动势在数值上等于达到稳定值时的开路电压。但电动势与开路电压意义不同：电动势可依据电池中的反应利用热力学计算或通过测量计算，有明确的物理意义；开路电压只在数字上近于电动势，需视电池的可逆程度而定。

3. 工作电压

电池工作电压是指电池有电流通过（闭路）的端电压。在电池放电初始的工作电压称为初始电压。电池在接通负载后，由于欧姆电阻和极化过电位的存在，电池的工作电压低于开路电压。

4. 放电电流

一般所说的放电电流就是放电率，针对蓄电池放电电流的大小，分为时间率和电流率。

放电时间率指在一定放电条件下，放电至放电终止电压的时间长短。依据 IEC 标准，放电时间率有 20 小时率、10 小时率、5 小时率、3 小时率、2 小时率、1 小时率、0.5 小时率及分钟率，分别表示为 20Hr、10Hr、5Hr、3Hr、2Hr、1Hr、0.5Hr 等。

放电电流率是为了比较标称容量不同的蓄电池放电电流大小而设立的，通常以 10 小时率电流为标准，用 I_{10} 表示，3 小时率及 1 小时率放电电流则分别以 I_3、I_1 表示。

5. 放电终止电压

铅蓄电池以一定的放电率在 25 ℃环境温度下放电至能再反复充电使用的最低电压称为放电终止电压。大多数固定型电池规定以 10Hr 放电时的终止电压为 1.8 V/只。终止电压值视放电速率和需要而定。通常，为使电池安全运行，小于 10Hr 的小电流放电时，终止电压取值稍高，大于 10Hr 的大电流放电时，终止电压取值稍低。在通信电源系统中，蓄电池放电的终止电压由通信设备对基础电压的要求而定。

6. 容量

电池容量是指电池储存电量的数量，以符号 C 表示。常用的单位为 A・h 或 mA・h。电池的容量可以分为额定容量（标称容量）和实际容量。

（1）额定容量。额定容量是指固定型铅酸蓄电池在 25 ℃环境温度下，电池以 10 小时率电流放电，应该放出最低限度的电量（A・h）。10 小时率额定容量用 C_{10} 表示。

其他小时率下容量表示方法：3 小时率容量（A・h）用 C_3 表示。在 25 ℃环境温度下，实测容量（A・h）是放电电流与放电时间的乘积。固定型铅酸蓄电池 C_3 和 I_3 值应该为

$$C_3 = 0.75C_{10}$$
$$I_3 = 2.5I_{10}$$

1 h 额定容量（A·h）用 C_1 表示，实测 C_1 和 I_1 值应为

$$C_1 = 0.55C_{10}$$
$$I_1 = 5.5I_{10}$$

（2）实际容量。实际容量是指电池在一定条件下所能输出的电量。它等于放电电流与放电时间的乘积，单位为 A·h。

7. 电池内阻

电池内阻包括欧姆内阻和极化内阻，极化内阻又包括电化学极化电阻与浓差极化电阻。内阻的存在，使电池放电时的端电压低于电池电动势和开路电压，充电时的端电压高于电动势和开路电压。电池的内阻不是常数，在充放电过程中随时间不断变化，这是因为活性物质的组成、电解液浓度和温度都在不断地改变。欧姆内阻遵守欧姆定律；极化电阻随电流密度增加而增大，但不是线性关系，常随电流密度的对数增大而线性增大。

8. 循环寿命

蓄电池经历一次充电和放电，称为一次循环（一个周期）。在一定放电条件下，电池工作至某一容量规定值之前，电池所能承受的循环次数称为循环寿命。

各种蓄电池的使用循环次数都有差异，传统固定型铅酸电池为 500～600 次，启动型铅酸电池为 300～500 次，阀控式密封铅酸电池为 1 000～1 200 次。影响循环寿命的因素：一是厂家产品的性能，二是维护工作的质量。固定型铅酸电池的寿命还可以用浮充寿命（年）来衡量，阀控式密封铅酸电池的浮充寿命在 10 年以上。

对于启动型铅酸蓄电池，按我国机械工业协会制定的标准，采用过充电耐久能力及循环耐久能力单元数来表示寿命，而不采用循环次数表示寿命，即过充电耐久能力单元数应在 4 以上，循环耐久能力单元数应在 3 以上。

9. 能量

电池的能量是指在一定放电制度下，蓄电池所能给出的电能，单位通常用 W·h 表示。

电池的能量分为理论能量和实际能量。理论能量（$W_{理}$）可用理论容量（$C_{理}$）和电动势（E）的乘积表示，即

$$W_{理} = C_{理} E$$

电池的实际能量为一定放电条件下的实际容量 $C_{实}$ 与平均工作电压 $U_{平}$ 的乘积，即

$$W_{实} = C_{实} U_{平}$$

常用比能量来比较不同的电池系统。比能量是指电池单位质量或单位体积所能输出的电能，单位分别是（W·h）/kg或（W·h）/L。

比能量有理论比能量和实际比能量之分。理论比能量是指1 kg电池反应物质完全放电时理论上所能输出的能量。实际比能量为1 kg电池反应物质所能输出的实际能量。

由于各种因素的影响，电池的实际比能量远小于理论比能量。实际比能量和理论比能量的关系可表示如下：

$$W_{实}=W_{理}K_{V}K_{R}K_{m}$$

式中：K_V为电压效率；K_R为反应效率；K_m为质量效率。

电压效率是指电池的工作电压与电动势的比值。电池放电时，由于电化学极化电阻、浓差极化电阻和欧姆压降，工作电压小于电动势。

反应效率表示活性物质的利用率。

质量效率是指电池按理论计算所需的活性物质的质量与电池实际质量的比值。实际电池的质量效率大多不到40%，其主要原因是电池中包含了许多辅助及结构材料。而且当电解质溶液不直接参与电极成流反应而仅作为离子导体时，计算理论比能量时并没有考虑电解质溶液的质量，而在实际电池中，电解质溶液是必需的电池基本三要素之一，也一定程度上降低了电池实际比能量。此外，在设计实际电池时出于各种考虑，往往需要使某一活性电极材料过量，这也在一定程度上降低了电池的质量效率。

铅酸蓄电池的参数还有很多，其中储存性能关系到铅酸蓄电池到底可以储存多少电量。蓄电池在储存期间，由于电池内存在杂质，如正电性的金属离子，这些杂质可与负极活性物质组成微电池，发生负极金属溶解和氢气的析出。又如，溶液中及从正极板栅溶解的杂质，若其标准电极电位介于正极和负极标准电极电位之间，则既会被正极氧化，又会被负极还原。所以有害杂质的存在，使正极和负极活性物质逐渐被消耗，而造成电池丧失容量，这种现象称为自放电。

（二）车用蓄电池的技术性能检测

蓄电池技术性能检测的目的是了解其存电量及内在故障，以便有针对性地采取维护措施。目前蓄电池的检测方法主要有开路电压检测、相对密度测试、负荷测试和单格电池液面高度检测。

1. 开路电压检测

如果蓄电池刚充过电或车辆刚行驶过，应先接通前照灯30 s，消除“表面充电”现象。然后切断所有负载，用数字式万用表测量蓄电池开路电压。若测得标称电压为12 V的蓄电池电压小于12 V，则说明蓄电池过量放电；若测得电压为12.2～12.5 V，则说明部分放电；若测得电压高于12.5 V，则说明蓄电池存电充足。

2. 相对密度测试

蓄电池充、放电的过程是可逆的。在充、放电过程中，蓄电池内部物质的变化是逐渐形成的。实验表明，蓄电池电解液相对密度每下降 0.04 g/cm^3，其容量约下降 25%，因此可以通过测量电解液相对密度来了解蓄电池的放电程度。

蓄电池均设有测量相对密度的加液口，可用吸式密度计测得电解液相对密度。在测量相对密度的同时，还要测量电解液的温度，然后将测得的相对密度换算成 20 ℃时的相对密度。这是因为温度变化时，电解液的密度也随着发生变化，温度每升高 1 ℃，相对密度减少 0.000 75 g/cm^3。实测密度换算关系如下：

$$\rho_{20}=\rho_t+\beta(t-20)$$

式中：ρ_t 为实测电解液密度，g/cm^3；t 为实测电解液温度，℃；β 为密度温度系数，β=0.000 75 g/(cm^3·℃)。

测量后，若各电池槽内的电解液密度的偏差不超过 0.02 g/cm^3，则为正常。若密度的偏差超过 0.05 g/cm^3，则说明蓄电池有故障，应对其进行修复或更换。

免维护蓄电池在盖上设有一个孔形密度计，其内部装有一颗能反光的绿色小球。小球的颜色随其浮升的高度变化，从玻璃观察孔中可以看到代表不同状况的颜色。若呈绿色，说明蓄电池电量充足；若呈现“暗”区，说明蓄电池需要充电；若呈现“亮”区，说明电解液密度过低，蓄电池已经报废，需要更换。

3. 负荷测试

铅酸蓄电池性能的最佳测试方法是负荷测试。

（1）用高率放电计测试。单格式高率放电计只能测取单格电池电压，而新型蓄电池联条均为穿壁跨接式，用单格式高率放电计已无法测取高率放电端电压。12 V 整体式高率放电计可测试新型蓄电池。测试时，用力将放电计触针刺入正、负极，保持 15 s，若蓄电池能保持在 9.6 V 以上，说明该电池性能良好，但存电不足；若稳定在 10.6～11.6 V，说明电池存电充足；若迅速下降，则说明蓄电池已损坏。

（2）就车启动测试。如果没有高率放电计，在启动系统正常的情况下，可用启动机作为试验负荷。测试步骤如下：拔下分电器中央高压线，并将线头搭铁（实际上将各缸断火）；将数字式电压表接于蓄电池正、负极上；接通起动机历时约 10 s，迅速读取电压表读数，对 12 V 电池而言，电压表读数应不低于 9.6 V。

4. 单格电池液面高度检测

当电解液液面因蒸发而降低时，应及时补充蒸馏水，使液面高于极板 10～15 mm。若电解液液面低于极板，则会使部分极板组裸露在空气中，导致裸露部分极板硫化，而降低蓄电池容量。

二、电压调节器

交流发电机的转子是由发动机通过皮带驱动旋转的，且发动机和交流发电机的速比为1.7～3，因此交流发电机转子的转速变化范围非常大，这样将引起发电机的电压发生较大变化，无法满足车用电设备的工作要求。为了满足用电设备恒定电压的要求，交流发电机必须配用电压调节器，使其输出电压在发动机所有工况下基本保持恒定。

三、电子调节器

电子调节器是通过一个可调直流电源（输出电压为0～30 V，输出电流为3 A）和一个测试灯泡（12 V或24 V，20 W）进行检验的，检测电路如图3-4-8所示。检测方法如下：接通开关S，然后逐渐提高直流电源电压。如果测试灯L亮起并随着电源电压的升高亮度增强，而当电压上升至调节器的调节电压值（14 V调节器为13.5～14.5 V，28 V调节器为27～29 V）或略高于调节电压值时，测试灯L熄灭，则说明调节器能正常起调节作用；如果测试灯L不熄灭，或一直不亮，均说明调节器有故障，应予以更换。

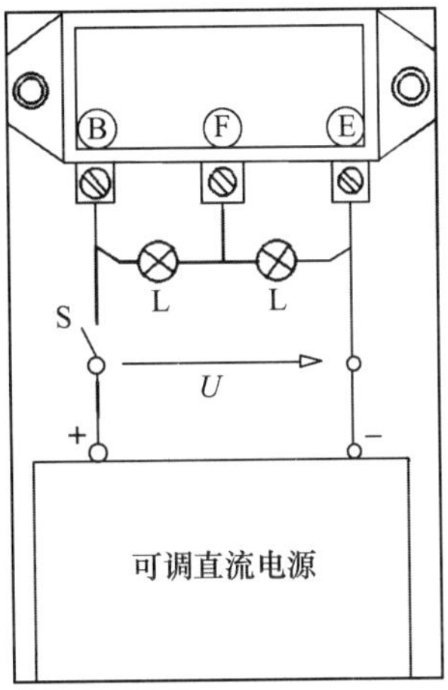

图3-4-8 检测电路

四、发电机的主要技术参数及检测方法

发电机的主要技术参数有输出容量（kVA）、输出功率（kW）、功率因数、频率（Hz）、输出电压（V）、最大（长行/备用）输出电流（A）等。

（一）电压和频率的稳态调整率测量

发电机组的输出电压与发电机组的转速及励磁电流有关，而转速又决定了输出交流电的频率，只有在决定了频率的情况下，才能测量其输出电压的额定值，即先在满载时调整交流电频率为额定值（50 Hz），然后去掉负载（为空载）测量其输出电压为整定电压（400 V）。按25%、50%、75%、100%逐级加载（或逐级减载），待稳定后，测得输出电压，经计算得稳态电压调整率dU，其应符合要求。

$$dU=\frac{U_1-U}{U}\times 100\%$$

式中：U为空载时输出的整定电压；U_1为负载渐变后的稳定输出电压，取最大值或最小值，若三相电，则取平均值。

测试频率时，可用发电机控制屏上的频率表或F41B表测试，测得的交流电频率经计算得稳态频率调整率。

（二）瞬态电压调整率及电压恢复时间的测量

1. 瞬态电压调整率的测量

通过三次突加、突减负载，测得输出电压，经计算得瞬态电压调整率 $\mathrm{d}U_s$，其应符合要求。

$$\mathrm{d}U_s=\frac{U_s-U}{U}\times100\%$$

式中：U_s 为负载突变时的瞬时电压最大值或最小值，V；U 为额定电压，V。当机组为三相机组时，U_s 取三相电压的平均值。

瞬态电压调整率的考核值取三次测试计算值的平均值。其测量方法与步骤如下：

（1）发电机加满载，调整输出交流电频率为整定值（50 Hz）。

（2）发电机去载（为空载），调整输出交流电压为整定值（400 V）。

（3）突加 60%的额定功率，然后一次性降至空载，连续进行三次，测得输出电压，经计算得瞬态电压调整率 $\mathrm{d}U_s$，其应符合要求。

2. 电压恢复时间的测量

电压恢复时间是指从电压突变时起至电压开始稳定在与稳定电压相差 $\pm\mathrm{d}U$ 范围内止所需的时间。其值用存储示波器从电压变化的图线上读出。

注意：突变负载分为功率因数不超过 0.4（滞后）和 60%额定电流的三相对称负载（对额定功率大于 250 kW 的油机可为 50%额定负载）两种。

（三）瞬态频率调整率及频率恢复时间的测量

1. 瞬态频率调整率的测量

通过三次突加、突减负载，测得输出频率，经计算得瞬态频率调整率 $\mathrm{d}f_s$，其应符合要求。

$$\mathrm{d}f_s=\frac{f_s-f_3}{f}\times100\%$$

式中：f_s 为负载突变时的频率最大值或最小值，Hz；f_3 为负载突变前的稳定频率，Hz；f 为额定频率，Hz。

瞬态频率调整率的测量方法与步骤如下：

（1）发电机加满载，调整输出交流电频率为整定值（50 Hz）。

（2）发电机去载（为空载），调整输出交流电压为整定值（400 V）。

（3）突加 60%的额定功率，然后一次性降至空载，连续进行三次，测得输出频率，经计算得瞬态频率调整率 $\mathrm{d}f_s$，其应符合要求。

2. 频率恢复时间的测量

频率恢复时间是指从频率突变时起至频率开始稳定在与稳定频率相差 $\pm\mathrm{d}f_s$ 范围内

止所需的时间。其值用存储示波器从频率变化的图线上读出。

注意：突变负载分为功率因数不超过 0.4（滞后）和 60%额定电流的三相对称负载（对额定功率大于 250 kW 的油机可为 50%额定负载）两种。

【电气设备故障维修案例】

故障描述：收割机搅龙处出现警报，并伴随异响，电气控制面板指示按钮一直闪烁。

故障原因分析：搅龙报警装置或电气线路出现故障。

维修过程：某农机公司维修网点承接了一台收割机的维修任务。用户自述收割机二号搅龙处出现警报，并伴随异响，电气控制面板指示按钮一直闪烁。经检测是二号搅龙报警装置故障，维修后问题得到解决。用户要求对这台收割机的报警装置进行检测。

1. 二号搅龙报警（指示灯亮、喇叭响）检测

（1）如果脱粒离合器处于“合”（脱粒开关置于“ON”）的状态下，二号搅龙的转速在 350 r/min 以下达 1 s 以上，则喇叭将一直鸣响，仪表盘的二号搅龙报警指示灯也同时点亮，如图 3-4-9 所示。

（2）如果二号搅龙的转速在 350 r/min 以上或脱粒离合器处于“离”（脱粒开关置于“OFF”）的状态下，则喇叭停止鸣响，二号搅龙报警指示灯也同时熄灭。

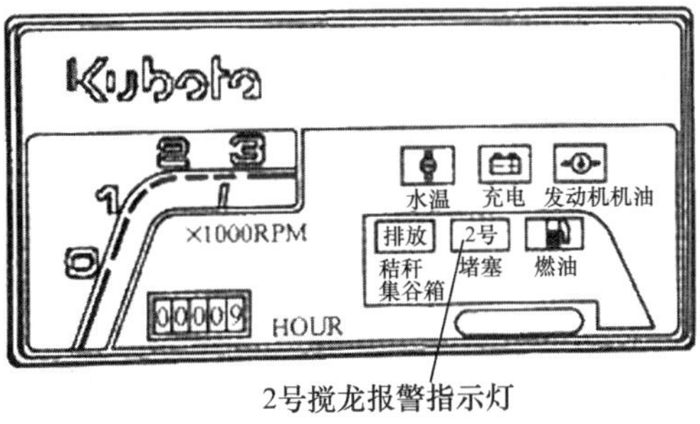

图 3-4-9　二号搅龙报警指示灯

2. 充电报警检测

（1）如果在发动机停止状态下将钥匙开关置于“开”，则充电指示灯点亮。

（2）启动发动机时，如果充电系统正常，则充电指示灯熄灭。

（3）在发动机运转过程中，调节器将判定交流发电机的端子（B、S）脱落或电池过度放电等，在充电系统出现异常时，充电指示灯点亮。

3. 机油报警检测

（1）如果在发动机停止状态下将钥匙开关置于“开”，则发动机机油指示灯点亮，蜂鸣器鸣响。

（2）如果启动发动机时机油压力正常，则发动机机油指示灯熄灭，蜂鸣器也停止鸣响。

（3）如果在发动机运转过程中机油泵产生故障等导致机油压力下降，则发动机机油指示灯点亮，蜂鸣器鸣响。

（4）停止发动机时，如果钥匙开关仍保持在“开”的状态（机油指示灯和充电指示灯点亮时），则蜂鸣器鸣响以提醒驾驶员不要忘记关闭钥匙开关。

4. 水温（过热）报警检测

（1）水温传感器用来检测发动机的冷却液温度。如果在脱粒离合器处于“合”状态下冷却液温度达到 115 ℃以上，则喇叭鸣响，水温指示灯也同时点亮。

（2）脱粒离合器处于“离”的状态时，喇叭停止鸣响。

（3）如果冷却液温度达到 108 ℃以下，则喇叭停止鸣响，水温指示灯也同时熄灭。

5. 燃料报警检测

在燃料剩余量减少时，燃料指示灯点亮。

项目五 农机液压系统的故障诊断、修理与调试

在师傅指导和带领下，对联合收割机、拖拉机等农机设备液压系统进行修理与调试，同时学习并掌握液压系统常见故障产生的原因和排除方法，掌握常用检测仪器的操作。

任务1 联合收割机液压系统的诊断与检修

【任务目标与质量要求】

学习联合收割机基础液压知识，掌握整车的液压系统，能够熟练运用工具、检测仪器对相关液压系统进行拆装及检修，掌握常见液压系统的故障及维修方法。

【学习产出目标】

（1）掌握联合收割机液压系统常见故障的检修方法；

（2）学会相关检测工具、仪器的使用及掌握维修方法。

【工作程序与方法要求】

第一项 以JL-1075型谷物联合收割机为例，熟悉液压系统组成构件

液压系统用于割台升降、拨禾轮升降、拨禾轮水平调节、卸粮搅龙回转、脱粒滚筒无级变速等工作机构的操纵，如图3-5-1所示。

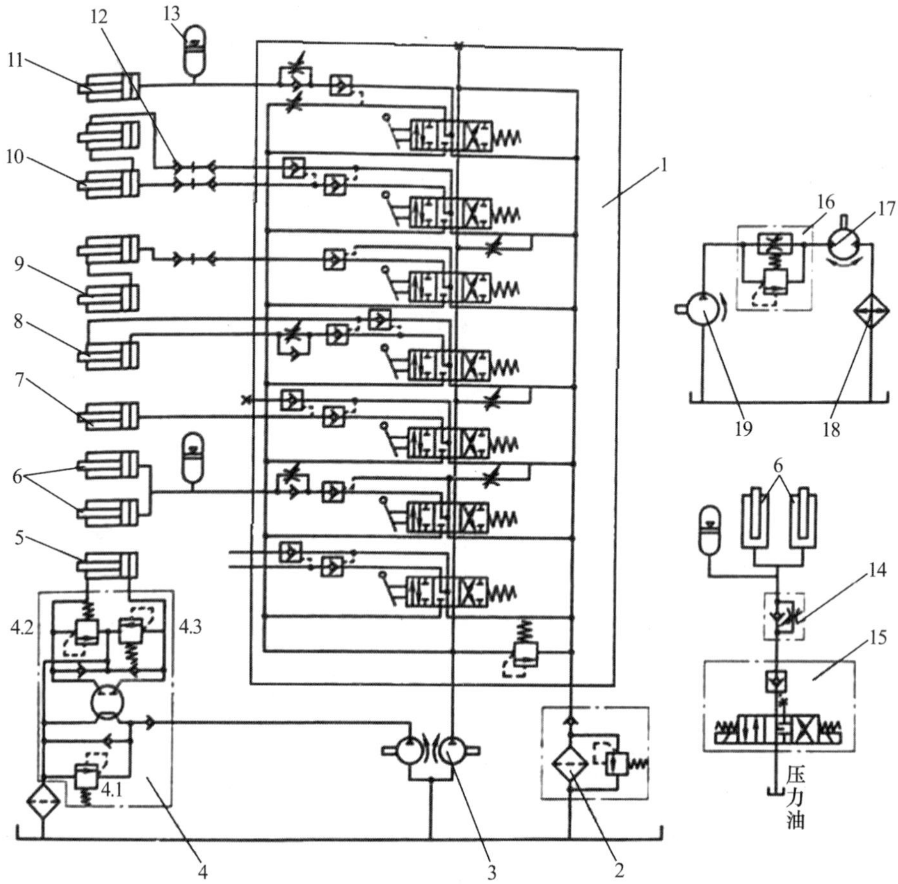

1. 多路转向阀 2. 过滤器组件 3. 双联齿轮泵 4. 全液压转向器 4.1、4.2、4.3. 溢流阀 5. 转向液压缸 6. 割台升降液压缸 7. 行走无级变速液压缸 8. 卸粮搅龙回转液压缸 9. 拨禾轮升降液压缸 10. 拨禾轮水平调节液压缸 11. 脱粒滚筒无级变速液压缸 12. 快速接头 13. 蓄能器 14. 下降速度调节阀 15. 电磁阀 16. 调速阀 17. 摆线马达 18. 冷却器 19. 齿轮泵

图 3-5-1 JL-1075 型谷物联合收割机液压系统

第二项 掌握联合收割机液压系统的故障及排除方法

联合收割机液压系统的故障及排除方法见表 3-5-1。

表 3-5-1 联合收割机液压系统的故障及排除方法

常见故障	故障原因	排除方法
操作系统所有油缸在接通多路换向阀时均不能工作	(1) 油箱油位过低，油泵出油口不出油(油管长时间不升温)。 (2) 溢流阀工作压力太低或锥阀脱位。 (3) 换向阀拉杆行程不到位，阀内油道不畅通	(1) 检查油面，按规定加足油，检查油泵密封性。 (2) 按要求调整溢流阀弹簧工作压力，调整锥阀回位。 (3) 对拉杆进行调整

续表3-5-1

常见故障	故障原因	排除方法
割台和拨禾轮升降迟缓或只升不降	(1) 溢流阀工作压力偏低。 (2) 油路中有空气。 (3) 滤清器被脏物堵住	(1) 按要求调整溢流阀弹簧工作压力。 (2) 排除空气。 (3) 清洗或更换滤芯
割台和拨禾轮升降速度不平稳，拨禾轮油缸不下降	(1) 油路中有空气。 (2) 溢流阀弹簧工作不稳定。 (3) 油缸节流孔被脏物堵塞	(1) 排除空气。 (2) 更换弹簧。 (3) 卸开油缸接头，排除脏物
割台和拨禾轮自动下降	(1) 油缸柱、活塞密封圈失效。 (2) 阀体与滑阀的间隙因磨损或拉伤增大。 (3) 滑阀位置没有对中。 (4) 单向阀（锥阀）密封带磨损或沾有污物	(1) 更换密封圈。 (2) 送工厂检查修复或更换滑阀。 (3) 使滑阀位置保持对中。 (4) 更换单向阀或清除污物
无级变速失效	无级变速控制油缸不能正常工作	与割台和拨禾轮油缸检查方法相同
液压油箱内有气泡和乳化状态	液压油里混入空气和水	(1) 检查吸油管环箍和油泵，排除空气。 (2) 更换含水液压油
转向盘居中时，机器跑偏，转向机失灵	(1) 转向器拨销变形或损坏。 (2) 转向器弹簧片失效。 (3) 联动轴开口变形	更换转向器或送工厂修理
转向沉重	(1) 油泵供油不足。 (2) 转向系统油路混有空气。 (3) 分流阀中的安全阀弹簧压力低于工作压力	(1) 检查油泵和油面高度。 (2) 排除油路中空气。 (3) 调整安全阀弹簧工作压力
多路换向阀不能自动回到中位或在中位时不能定位	(1) 复位弹簧变形。 (2) 定位弹簧变形。 (3) 定位套磨损。 (4) 阀体与滑阀之间不清洁而卡死	(1) 更换复位弹簧。 (2) 更换定位弹簧。 (3) 更换定位套。 (4) 清洗阀或系统
卡套式接头漏油	连接管未对正接头体，螺母未按正确方法拧紧	按规定重新对正、拧紧

【学徒岗位任务学习评价】

学徒实习考核表

学校：	班级：	专业：	学生姓名：	日期：	
实习任务					
自我鉴定（15分）	自律性（5分）	□优	□良	□一般	□较差
	业务知识（5分）	□优	□良	□一般	□较差
	专业技能（5分）	□优	□良	□一般	□较差
	得分				
实习表现（15分）	职业精神（5分）	□优	□良	□一般	□较差
	工作态度（5分）	□优	□良	□一般	□较差
	出勤率（5分）	□优	□良	□一般	□较差
	得分				
专业理论（25分）	联合收割机液压系统主要构成（10分）	□优	□良	□一般	□较差
	液压油泵工作原理（15分）	□优	□良	□一般	□较差
	得分				
专业实操（企业师傅安排实操训练）（45分）	对联合收割机液压系统进行检修，判断故障并完成修理（15分）	□优	□良	□一般	□较差
	规范操作（15分）	□优	□良	□一般	□较差
	熟练程度（15分）	□优	□良	□一般	□较差
	得分				
总分					
企业师傅签名：			日期：		

任务2 拖拉机、农用汽车液压系统的诊断与检修

【任务目标与质量要求】

在师傅指导和带领下，对拖拉机、农用汽车液压系统进行修理与调试，在此过程中学会检测工具的使用及掌握维修方法。

【学习产出目标】

（1）掌握拖拉机、农用汽车液压系统常见故障的检修方法；

（2）学会相关检测工具、仪器的使用及掌握维修方法。

【工作程序与方法要求】

第一项　液压系统的检查

液压系统的检查有修前检查和修后检查两种。修前检查的主要目的是检查拖拉机在运用过程中或修理之前液压系统或某液压元件的技术指标，可用不拆卸检查法或在试验台上进行。修后检查一般是检查液压元件的修理质量和装配质量，通常在液压试验台上进行。

1. 液压系统密封性的检查

在发动机运转状态下，先不加装任何仪器，将分配器手柄置于“提升”位置上停留 1 min，此时能听到安全阀的声响，并检查液压系统的外部零部件、管道和接头处有无渗油现象。

2. 悬挂农具提升时间的检查

在悬挂机构上悬挂规定的质量，用秒表测量从开始提升到提升至最大高度时所需要的时间。如提升时间超过规定值，就表明液压系统有故障。

3. 油泵工作能力的检查

检查油泵工作能力时，主要是测量油泵的输油流量及压力。

（1）输油流量的检查。将分配器壳体上的进油管接头螺钉拆下，换上专用螺钉。利用高压软管或过渡接头，把专用螺钉与调压阀连接起来，调压阀的出口与三通阀相连，在调压阀的进油腔上装压力表。向外拧出调压阀杆，使阀孔全部打开，将三通阀置于与油箱相通的位置，启动发动机，使油泵运转，将油液预热到 40～60 ℃。待发动机达到额定转速后，平稳地旋进调压阀杆，使系统油压逐渐升高到 10 MPa，这时迅速转动三通阀，接通量油桶，测出油充满量油桶所需要的时间，并计算出油泵的流量。

（2）最大压力的检查。当油泵最大压力低于规定值时，应进行检修。做最大压力检查时，时间要短，切勿超过 1 min，以免油泵发热。

4. 分配器的检查

先将两根油管从油缸卸下，把调压阀串接入软管油路中，然后将调压阀全开，分配器手柄置于“中立”位置，进行如下检查：

（1）回油阀严密性及工作情况的检查。①从分配器进油口倒入少许煤油，在 5 min 内回油阀密封环处不应有明显的渗漏。否则，表明回油阀密封不严，应进行检查或修理。②逐渐关闭调压阀，使通往调压阀的油路完全堵塞，这时如果压力表的读数不大于（2～3）$\times 10^5$ Pa，则表明回油阀是开启的；如果压力表的读数超出上述数值，则表明回油阀处在关闭位置，不能正常开启。③将分配器手柄强制扳在“提升”或“压降”位置，如果压力表显示的压力值很小，则说明回油阀在开启位置卡住。

（2）滑阀严密性的检查。检查滑阀严密性时，可用测量油缸活塞沉降量的方法进行。如果沉降量超出规定值，即表示滑阀磨损，应拆卸修理。

（3）滑阀自动回位压力的检查。将分配器手柄扳到“提升”或“压降”位置，逐渐关小调压阀，直至分配器手柄跳回“中立”位置，这时压力表的读数即自动回位压力。如果压力表读数不符合上述数值，在回油阀工作正常的情况下，可调整自动回位压力。

（4）安全阀开启压力的检查。当分配器手柄强制在“提升”或“压降”位置时，逐渐关小调压阀，直到压力表指针稳定在某一读数不再升高，此时应听到安全阀开启的声响，该读数即安全阀开启压力。当压力表读数不符合规定的标准值时，可调整安全阀调整螺钉。

5. 油缸的检查

（1）定位阀严密性的检查。在悬挂机构上悬挂额定质量，拆下定位卡箍，将悬挂机构升至最高位置，关闭定位阀，拆下通往油缸下腔的油管接头，观察油缸上的接头孔口，不得有向外渗油现象。如有漏油，则说明定位阀封闭不严，应予检修。

（2）油缸严密性的检查。在悬挂机构上悬挂额定质量，把悬挂机构提升到最高位置，然后将滑阀置于“锁紧”位置，再将油缸定位阀关闭，静置 30 min，观察测量油缸活塞杆的下沉量。若油缸活塞杆有下降量，则说明油缸有内泄窜油现象，密封不严，应予检修。若油缸活塞杆没有下降量，则说明没有内泄漏，油缸是好的。

第二项　齿轮泵的修理

1. 齿轮修理

齿轮的修理技术要求较高，工艺规范严格。

齿轮端面、外径、轴颈磨损后可用镀铬或研磨的方法修理。若齿轮齿面有严重的疲劳剥落斑点，齿侧间隙超过最大的允许值 0.35 mm，应换新品。若齿轮齿面磨损不严重，齿顶也磨损轻微，只要对齿轮端面的磨损痕迹进行稍许磨削和研磨，就可以延长齿轮的使用寿命。但修过的齿轮端面对轴颈的轴向跳动量不得大于 0.01 mm，齿轮外径对轴颈的径向跳动量应不大于 0.02 mm，齿轮的宽度相差不得大于 0.005 mm，表面粗糙度为 Ra1.25 μm。

2. 泵盖的修理

泵盖端面磨损后，应该以磨削或研磨的方法整平，表面粗糙度为 Ra1.25 μm。在修理加工中，不应破坏端面与轴孔中心线相互垂直的要求。

3. 泵体的修理

泵体内孔磨损多发生在低压油腔一侧，主要是由轴承松旷、高压油推压等造成的，其磨损量不应大于 0.05 mm。磨损超限后可用镀铁和刷镀的方法修复，修复后其轴套孔的圆柱度应小于 0.015 mm，圆度应小于 0.005 mm。

4. 轴承的修理

轴承径向间隙大于 0.01 mm 时，应更换新品。与滚针轴承相配合的轴颈表面粗糙度应为 Ra0.16 μm。轴套端面的磨损伤痕可用研磨的方法消除。由此引起的与齿轮轴向间隙的变化，可以通过增减垫片进行补偿。

第三项　控制阀的修理

滑阀与阀体的主要缺陷是配合表面产生磨损及几何形状误差。先用磨削的方法消除滑阀的几何形状误差，然后将滑阀外径镀铬、加工，再与阀孔对研，达到表面粗糙度 Ra0.16 μm，几何形状误差为 0.003～0.005 mm，配合间隙正确。

滑阀弹簧自由高度降低 1/2 或弹力降低 1/5 时，应更换新品。

装配后要进行滑阀机能、换向性能、压力损失和内漏试验。

第四项　液压缸的修理

缸筒与活塞的磨损间隙增大到 0.2 mm 以上，或缸壁与活塞有严重的划痕时，可将缸筒进行镗磨修理，消除划痕，同时注意消除锥度。镗磨后表面粗糙度应达到 Ra0.16～0.32 μm，圆柱度和圆度误差不得大于 0.01 mm，然后配加大尺寸的活塞，使其恢复标准间隙。

第五项　液压系统的试运转

1. 启动

通过动力传动可使系统各部件得到充分润滑，同时观察启动状态。启动时通常采取点动，经过几次反复，确认无异常现象存在时，才允许投入空载连续运转。

2. 无负荷运转

运转时间不宜过长，一般为 20～30 min。此时允许液压油有一定的温升，温度不得超过 6 ℃。若温度剧增，应停止运转，查明原因。

3. 无负荷程序运转

在无负荷运转后，操纵换向阀使液压缸做往复运动。在此过程中，一方面检查液压阀、液压缸、电气元件、机械控制机构等是否灵敏可靠，另一方面进行系统排气。排气时，最好是全管路依次进行，对于复杂或管路较长的系统，排气过程应进行多次。如果混入空气量较少，运转 2～3 天会自然排除。

4. 压力调整运转

在无负荷运转之后，对系统压力阀依次调整，同时检查稳定性、调压范围和准确程度。压力调整时可借助压力表直接观察，或用压力传感器进行测定。压力波动值必须在规定范围内。若出现较大压力波动，应查明原因并予排除。系统压力表抖动多数是由系统内混入空气，压力阀内部泄漏孔口未通、堵塞、液体流动阻力过大、机械振动等引起的。

5. 流量调整运转

系统执行元件的运动速度根据工况需要，有时要做快慢调整，主要通过流量控制阀开度大小来实现。调整时，注意观察速度变化范围和最小稳定速度。

6. 短时间负荷运转

运转时，检查将引起压力、温度、振动、噪声等参数变化的情况。一般采取间断加载，间断时间不宜过长。

7. 全负荷运转

仔细观察运转状态并进行综合检查。检查内容包括压力、速度、扭矩、冲击、振动、噪声、油温、油面高度、漏油、工作机构工作情况等。全负荷运转处于正常状态后，锁紧调整部位，再次紧固定位件。最后完成全负荷运转报告。

第六项　熟悉东方红-804 型拖拉机液压系统的故障及排除方法

东方红-804 型拖拉机液压系统的故障及排除方法见表 3-5-2。

表 3-5-2　东方红-804 型拖拉机液压系统的故障及排除方法

常见故障	故障原因	排除方法
农具不能提升	(1) 液压泵离合手柄没有接合，或液压泵偏心轴离合手柄不起作用； (2) 油面过低或吸油滤网堵塞； (3) 液压泵和高压油管上的 O 形密封圈损坏	(1) 接合或更换离合器手柄； (2) 加油到规定油面高度或清洗滤网； (3) 更换 O 形密封圈
农具提升缓慢	(1) 液压泵安全阀漏油严重或弹簧折断； (2) 液压泵进油阀或出油阀漏油； (3) 液压泵柱塞与柱塞孔之间漏油； (4) 控制阀与封油垫圈严重磨损，或封油垫圈损坏，或出油阀上部的密封圈损坏； (5) 控制阀卡在中立位置或回油位置； (6) 油缸中活塞环对口或活塞在油缸中卡住； (7) 副离合器有打滑等故障； (8) 里、外拨叉杆错装在摆动滚轮之后； (9) 操纵机构失效或调整不当，如中短偏心轴上的滚轮脱落等； (10) 安全阀开启压力过低	(1) 校正压力或更换安全阀，更换折断的弹簧； (2) 修复或更换进油阀和出油阀； (3) 更换已磨损件； (4) 更换已磨损件； (5) 清洗控制阀，修复或更换已损坏零件； (6) 清洗有关零件并重新安排活塞环； (7) 检查副离合器并排除故障； (8) 重新安装； (9) 重新安装滚轮并调整； (10) 调整开启压力到规定值

续表3-5-2

常见故障	故障原因	排除方法
农具升起后不能下降	（1）控制阀回位弹簧失效； （2）控制阀卡滞在中立位置； （3）摆动杆支点位置调整不当； （4）外拨叉杆缓冲弹簧弹性不足	（1）更换控制阀回位弹簧； （2）清洗并修复控制阀； （3）重新调整； （4）重新调整或更换外拨叉杆缓冲弹簧
农具上升时抖动	（1）油缸的活塞环损坏一个； （2）顶杆上限位螺母与顶杆端面的距离小于 136 mm； （3）高压油路密封不严，有轻微泄漏，油中有少量空气混入	（1）更换损坏的活塞环； （2）重新调整限位螺母与顶杆端面的距离，使其达到 136 mm； （3）查出高压油路泄漏部位，并排除
农具有时能提升，有时不能提升	（1）控制阀有时有卡滞现象； （2）滚轮架有偏摆现象，焊接处有松动	（1）清洗控制阀，并仔细检查，如有磨损，应修复或更换； （2）检查并修复滚轮架

【学徒岗位任务学习评价】

学徒实习考核表					
学校：	班级：	专业：	学生姓名：	日期：	
实习任务					
自我鉴定（15 分）	自律性（5 分）	□优	□良	□一般	□较差
	业务知识（5 分）	□优	□良	□一般	□较差
	专业技能（5 分）	□优	□良	□一般	□较差
	得分				
实习表现（15 分）	职业精神（5 分）	□优	□良	□一般	□较差
	工作态度（5 分）	□优	□良	□一般	□较差
	出勤率（5 分）	□优	□良	□一般	□较差
	得分				
专业理论（25 分）	液压系统的检查项目（10 分）	□优	□良	□一般	□较差
	液压系统的试运转项目（15 分）	□优	□良	□一般	□较差
	得分				
专业实操（企业师傅安排实操训练）（45 分）	对拖拉机液压系统进行检修，判断故障并完成修理（15 分）	□优	□良	□一般	□较差
	规范操作（15 分）	□优	□良	□一般	□较差
	熟练程度（15 分）	□优	□良	□一般	□较差
	得分				
总分					
企业师傅签名：			日期：		

【业务知识】

一、农业机械液压系统的工作原理

液压系统工作原理如图 3-5-2 所示，扳动操纵手柄可处于提升、中立、压降、浮动 4 个工作位置。

1. 提升位置

当操纵手柄在提升位置时，如图 3-5-2(a)所示，液压油泵使油从油道 P 进入分配器，经滑阀环槽连通的油路及油道 B 流向液压油缸的下腔，推动活塞上移，提升农具。与此同时，油缸上腔的油液经油道 A 进入分配器，经滑阀下环槽、油道流回油箱。

2. 中立位置

当操纵手柄在中立位置时，如图 3-5-2(b)所示，液压油泵来油通往液压油缸上、下两腔的油路分别被滑阀中间两台肩堵死，活塞在油缸内不能移动，农具不升不降。农具与拖拉机刚性地连成一体。此时液压油泵来油经回油阀（图中未画出）流回油箱。

3. 压降位置

当操纵手柄在压降位置时，如图 3-5-2(c)所示，液压油泵来油从油道 P 进入分配器，经滑阀下环槽及油道 A 流向液压油缸上腔，液压油缸下腔内的油经油道 B、滑阀上环槽和分配器上回油道 C 流回油箱。农具从开始降落到接触地面以前，活塞的下降是靠农具的重力作用。农具接触地面以后，通往液压油缸上腔的油泵来油，才强制活塞下降，农具被迫入土，故称为压降。

4. 浮动位置

当操纵手柄在浮动位置时，如图 3-5-2(d)所示，液压油缸上腔经油道 A、油道 D 与油箱相通。液压油缸下腔经油道 B、滑阀上环槽和上回油道 C 与油箱相通，活塞在油缸中不受约束，可随农具的自由起落而上下浮动。液压油泵来油经回油阀流回油箱。

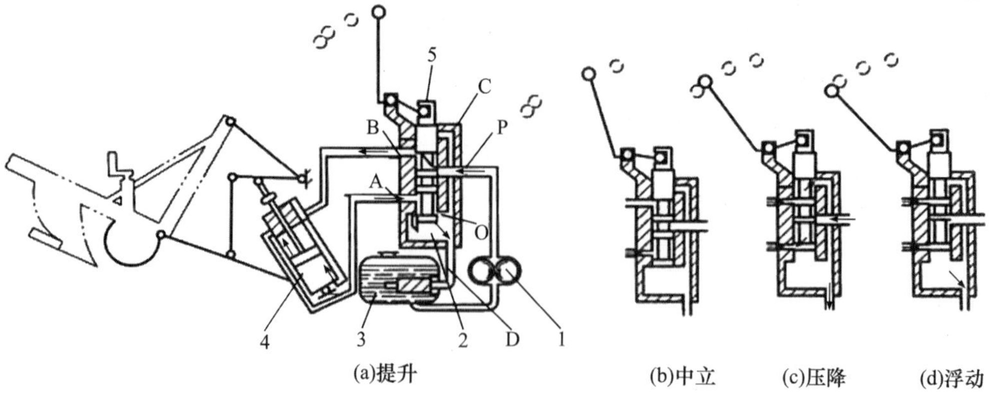

1. 液压油泵　2. 分配器　3. 油箱　4. 液压油缸　5. 滑阀

图 3-5-2　液压系统工作原理

二、联合收割机液压系统的组成和作用

联合收割机的液压系统由液压操纵、液压转向和液压驱动三部分组成。液压操纵部分的作用是控制某些工作部件的位置和速度的转换，如割台的升降和拨禾轮的升降、无级变速器 V 带带轮直径的改变、集草箱的卸载及其他。液压转向部分的作用是驱动某些工作部件，如拨禾轮和捡拾器等，并控制其转速和转矩。

液压系统由液压泵、液压缸、液压马达和各种阀等主要元件，以及油管、油箱、接头、过滤器等辅助部件组成。

各形式联合收割机的液压系统的工作原理基本相同，但由于工作要求和系统中所选元件的不同，各机型液压系统的组成略有差别。

三、 JL-1075 型谷物联合收割机的液压操纵系统

液压操纵系统由双联齿轮泵、多路换向阀、溢流阀、液压缸和液压辅件组成。JL-1075 型谷物联合收割机的液压操纵系统如图 3-5-3 所示。

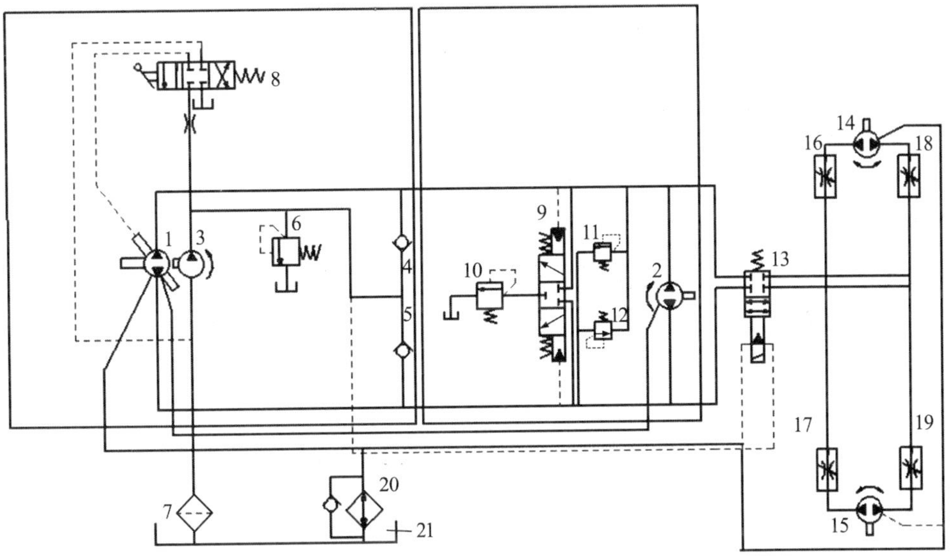

1. 变量泵　2. 定量马达　3. 补油泵　4、5. 补油单向阀　6. 补油溢流阀　7. 过滤器　8. 手动伺服阀　9. 梭阀　10. 低压溢流阀　11、12. 高压溢流阀　13. 电液转向阀　14、15. 后轮驱动马达　16、17、18、19. 限速阀　20. 冷却器及旁通阀　21. 油箱

图 3-5-3　JL-1075 型谷物联合收割机的液压操纵系统

1. 双联齿轮泵

双联齿轮泵是同轴驱动的两个不同排量的液压泵，排量分别为 13.78 mL/r、5.4 mL/r。大排量液压泵向操纵系统提供压力油。小排量液压泵向全液压转向系统提

供压力油。

双联齿轮泵如图 3-5-4 所示，它的工作原理与一般的齿轮泵一样，是靠密封容积变化完成吸、排油过程。为了保证液压泵的工作压力和容积效率，采用轴向间隙补偿措施，结构上采用了隔膜等零件，在压力油的作用下补偿轴向间隙，安装时一定要注意它们的方向。在隔膜上开有卸荷槽，可消除困油现象的不良影响。轴承润滑采用高压节流减压润滑。

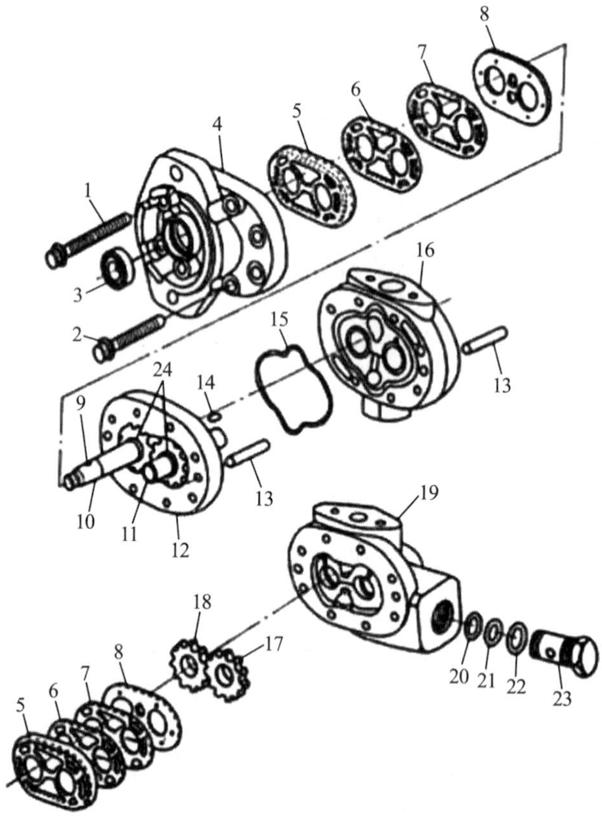

1、2. 螺栓　3. 油封　4. 泵盖　5. 密封橡胶垫　6. 保护垫　7. 支撑垫　8. 侧板　9、14. 键　10. 主动轴　11. 从动轴　12、16. 壳体　13. 定位销　15. 密封圈　17、18. 小排量齿轮　19. 后盖　20、22. 密封圈　21. 垫圈　23. 螺塞　24. 大排量齿轮

图 3-5-4　双联齿轮泵

2. 多路换向阀

多路换向阀用来控制工作机构的运动方向和系统工作压力，保护系统安全。它由五个独立而又相互关联的换向阀组成，简称五路阀，是一种集中式手动控制换向阀的组合体。该阀是借助阀芯与阀体之间的相对运动来改变连接在阀体上油道的通断关系

的阀类，液压泵的油液按不同的需要分别流进不同的液压缸，完成不同动作，故属于控制元件。整个阀是三位六通阀，由手动换向阀、溢流阀、液控单向阀等组合为一体。五路阀的进油口是公共的，每个换向阀有两个或一个工作油口与工作液压缸相连，滑阀靠弹簧自动复位，其结构如图 3-5-5 所示。

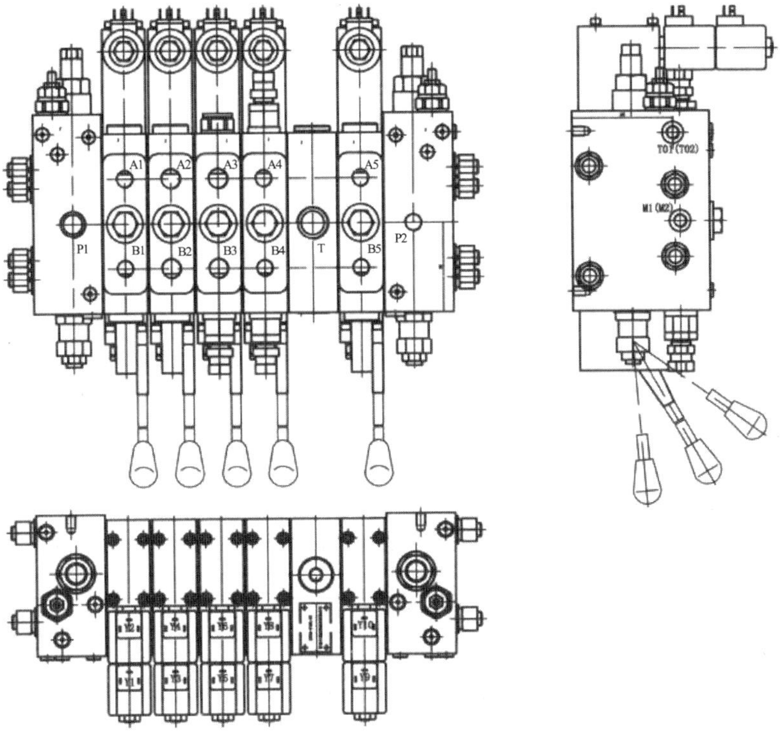

图 3-5-5 五路阀

3. 溢流阀

在多路换向阀的进油盖上装有先导式溢流阀，控制系统的安全压力为 13.8～14.51 MPa。先导式溢流阀的结构如图 3-5-6 所示。

当系统压力不超过溢流阀调整值时，先导阀阀芯在弹簧的作用下压在先导阀阀座上，先导阀阀芯关闭，主阀阀芯也关闭，压力油被堵截，压力油进入系统。

当系统压力超过溢流阀调整值时，压力油经节流孔作用在先导阀阀芯上，将其开启，压力油经主阀阀芯上的油孔、回油口 O 返回油箱。由于压力油经节流孔产生压力损失，主阀阀芯右端的油压大于左端的油压，在压差的作用下主阀阀芯克服弹簧的弹力而向左移动，打开 P_2 口与 O 口之间的油道，压力油经打开的油道及回油口 O 返回油箱。直到系统中的油压下降到调整值时，弹簧使先导阀阀芯和主阀阀芯复位，维持系统压力在调整值的范围内。

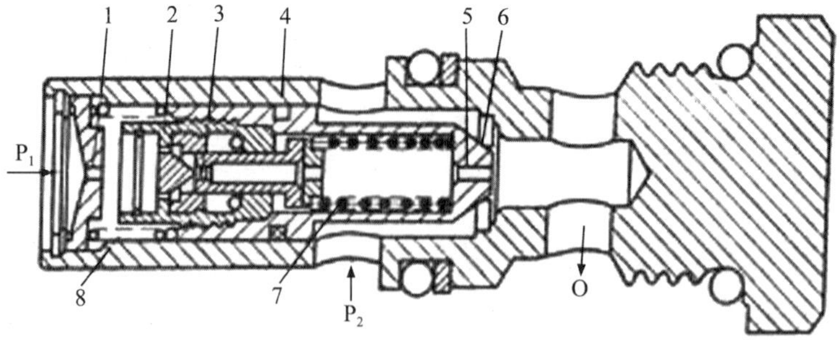

1. 节流孔　2. 先导阀阀座　3. 先导阀阀芯　4. 回油口 O
5. 主阀阀芯上油孔　6. 主阀阀芯　7. 弹簧　8. 阀体

图 3-5-6　先导式溢流阀的结构

4. 液压缸

液压缸是液压系统中的执行元件。工作中，它是将液压油的压力转换成机械能的能量转换装置，使液压缸中的活（柱）塞做直线往复运动，以操纵工作部件的运动而满足收割机对运动的要求。

（1）液压缸的种类　按其作用来分，有单作用式和双作用式两种。

①单作用式液压缸。割台升降液压缸、拨禾轮升降液压缸（割台右侧）和行走无级变速液压缸均属于单作用式液压缸，其结构分别如图 3-5-7 至图 3-5-9 所示。

单作用式液压缸只有一个工作油腔，油从同一端进入或流出。压力油进入工作油腔，则推动柱塞伸出，顶起工作部件。当压力油停止进出时，柱塞就停止运动，保持工作部件在一定位置，工作部件保持静止，液压缸油腔内的油液保持一定压力。当将液压缸油腔和回油路相通时，柱塞在工作部件重力作用下缩回液压缸，油腔内的油液被压送回油箱，工作部件随即下降。

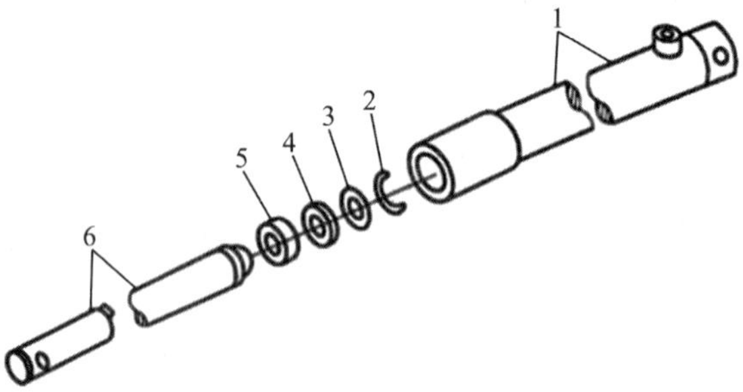

1. 缸筒　2. 卡簧　3. O 形密封圈　4. 挡圈　5. 防尘圈　6. 柱塞

图 3-5-7　割台升降液压缸的结构

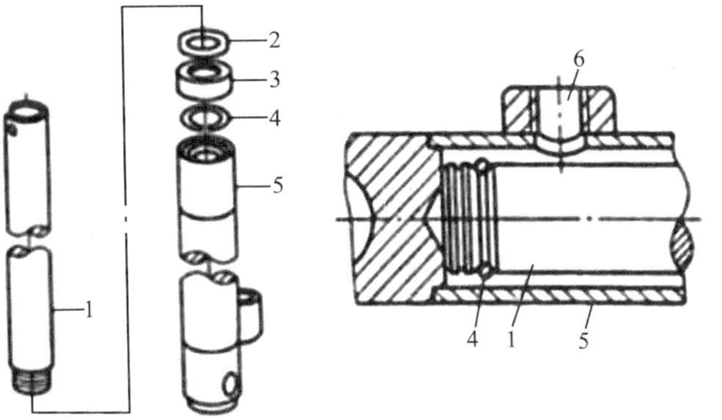

1. 柱塞　2. 防尘圈　3. 专用密封圈　4. 卡簧　5. 缸筒　6. 油孔

图 3-5-8　拨禾轮升降液压缸（割台右侧）的结构

为了限制柱塞伸出的行程，在柱塞的尾部槽内装有卡簧。当要拆卸柱塞时，可用螺钉旋具通过缸筒上的接头孔，将卡簧从柱塞尾部的浅槽中向右拨到深槽中，即可卸下柱塞。重新安装柱塞时，其顺序与拆卸相反。

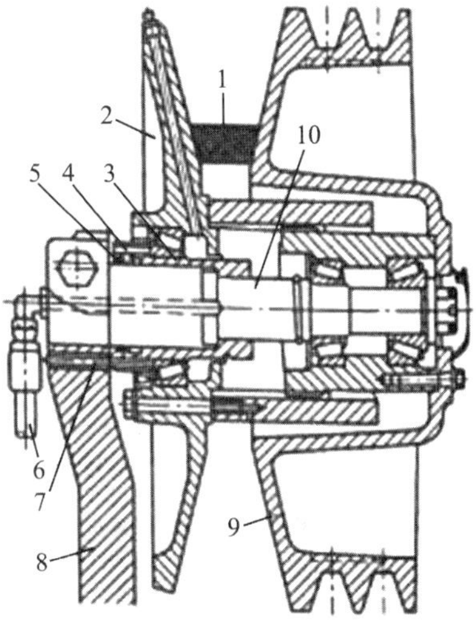

1. 带　2. 活动带盘　3. 环形液压缸活塞
4. 密封圈　5. 挡圈　6. 油管　7. 导向销
8. 支架　9. 固定带盘　10. 带轮轴

图 3-5-9　行走无级变速液压缸的结构

行走无级变速液压缸为专用液压缸。它的主要特点是环形液压缸活塞与活动带盘固定连接，液压缸与带轮轴为一体。工作时，当压力油从油管进入液压缸后，推动环形液压缸活塞且带动活动带盘右移。固定带盘装在带轮轴的两个轴承上。活动带盘左右移动时，改变带在槽内的位置，从而改变带轮作用半径，即调节两个带轮的传动比，达到无级变速的目的。

②双作用式液压缸。拨禾轮升降液压缸（割台左侧）、卸粮筒回转液压缸和转向液压缸均为双作用式液压缸，其结构分别如图 3-5-10 至图 3-5-12 所示。双作用式液压缸内有一活塞，活塞将液压缸分成两个互不相通的工作腔。当压力油从无杆腔油口进入油腔时，推动活塞和活塞杆从液压缸中伸出，有杆腔油液被压送回油箱，实现工作部件的提升；当压力油从有杆腔油口进入油腔时，推动活塞和活塞杆缩回，无杆腔油液被压送回油箱，实现工作部件的下降。

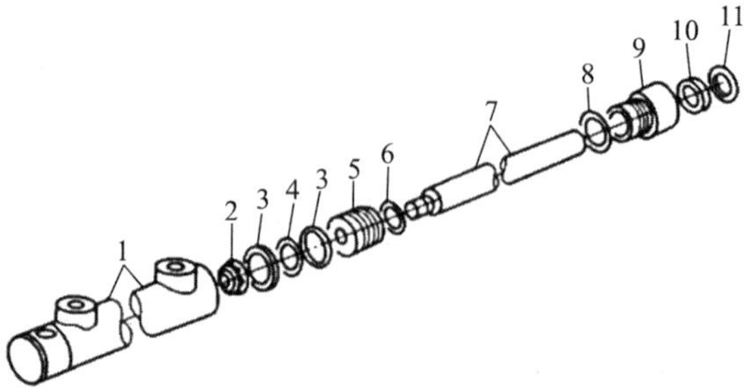

1. 缸筒　2. 锁紧螺母　3. 挡圈　4、6、8. O 形密封圈　5. 活塞　7. 活塞杆
9. 活塞杆导套　10. 密封圈　11. 防尘密封圈

图 3-5-10　拨禾轮升降液压缸（割台左侧）的结构

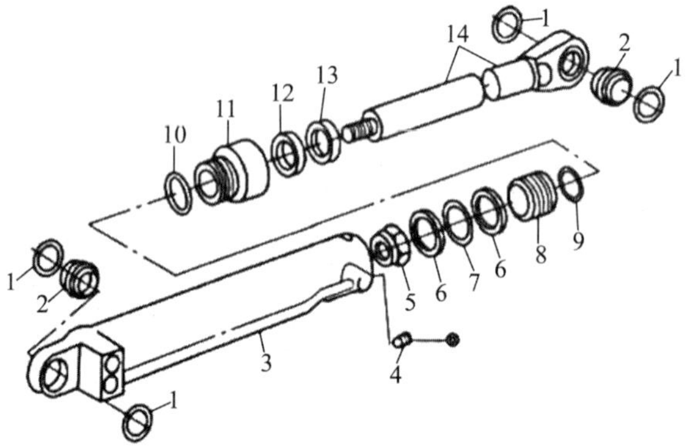

1. 卡簧　2. 衬套　3. 缸筒　4. 塞子　5. 活塞杆螺母　6. 挡圈　7、9、10. O 形密封圈
8. 活塞　11. 活塞杆导套　12. 活塞杆密封件　13. 防尘密封圈　14. 活塞杆

图 3-5-11　卸粮筒回转液压缸的结构

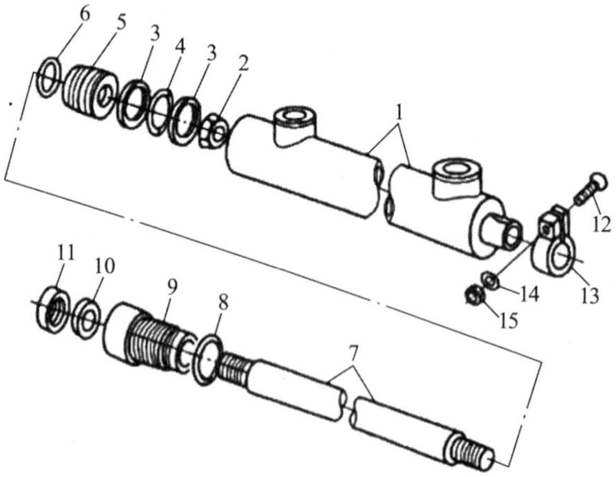

1. 缸筒　2. 锁紧螺母　3. 挡圈　4、6、8. O 形密封圈　5. 活塞　7. 活塞杆　9. 活塞杆导套
10. 活塞杆密封件　11. 防尘密封圈　12. 螺钉　13. 夹紧装置　14. 弹簧垫圈　15. 螺母

图 3-5-12　转向液压缸的结构

（2）液压缸的连接方式

①液压缸的串联连接。拨禾轮左侧的升降液压缸是双作用活塞式液压缸，而右侧的升降液压缸是单作用柱塞式液压缸，两个缸是串联同步回路，同步精度高。当出现两个缸升起高度不一致时，用手操纵换向阀，使拨禾轮升到极限位置，向封闭油路充油的同时，拧松右侧从动缸的放气螺塞，直到流出没有气泡的压力油为止，然后拧紧螺塞，即可恢复同步动作。

②液压缸的并联连接。割台升降回路即两个单作用柱塞式液压缸并联连接的同步回路。油路中并联安装一个囊式蓄能器。

5. 液压辅件

液压辅件包括蓄能器、液压油箱、油管和管接头等。虽然称为液压辅件，但它们对液压系统有着重要作用。

（1）蓄能器。蓄能器是一种能量储存装置，如图 3-5-13 所示。它在系统中的作用是在适当时候把系统中的部分能量储存起来，以便在需要时重新释放出去供给系统，使能量合理利用，同时还可以吸收系统的冲击，保护系统安全。

蓄能器一般采用以橡胶膜将液压油和气体（氮气）分隔开的囊式充气储能器，安装在收割机右侧壁上，其外观呈球形，容积为 2.5 L，充气压力为 3.5 MPa。在使用中，不需要保养和维护。但对压力油管进行修理时，要注意节流片的安装是否正确，如不正确会造成蓄能器损坏。

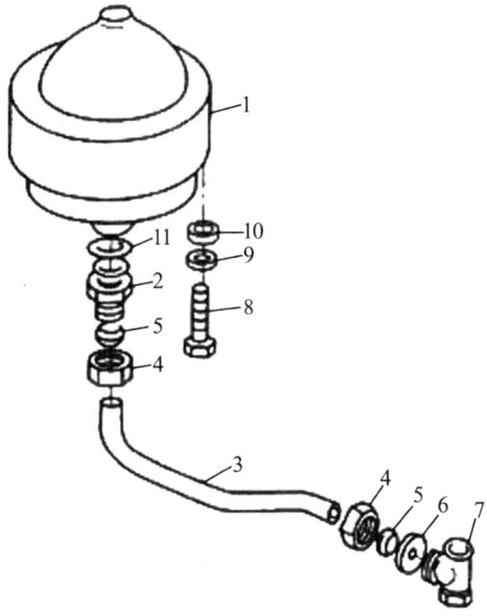

1. 蓄能器　2. 接头　3. 压力油管　4. 螺母　5. 卡套　6. 节流片　7. 三通接头
8. 螺栓　9. 弹簧垫圈　10. 垫圈　11. 密封垫圈

图 3-5-13　蓄能器

（2）液压油箱。液压油箱是储存液压系统所需的油液、沉淀油液中的杂质、分离油液中的空气和散热冷却液压油的装置，其结构分解图如图 3-5-14 所示。在液压油箱上部有一个可更换的过滤器，提升系统回油经过滤器后通过回油管流回油箱，过滤器的结构及油液流向如图 3-5-15 所示。

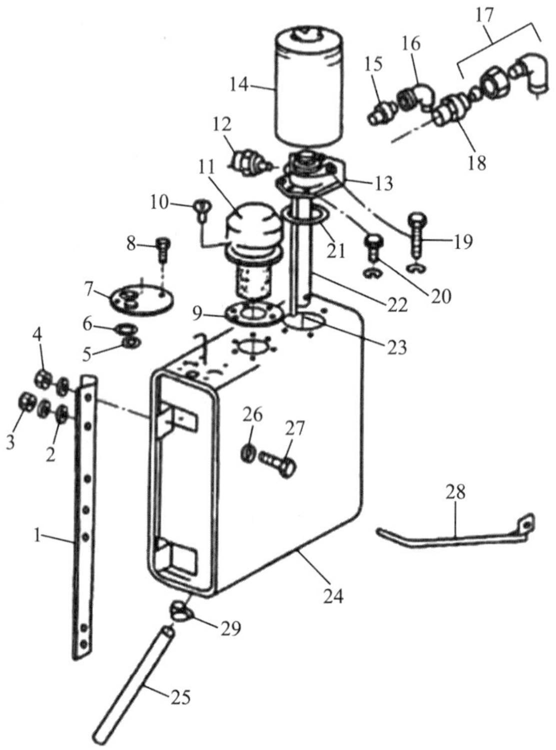

1、28. 支架　2、26. 垫圈　3、4. 六角螺母　5、6、21. O 形密封圈　7. 法兰盘　8、19、20、27. 螺钉　9. 垫片　10. 开槽螺钉　11. 带网的盖　12. 堵塞指示器接触开关　13. 过滤器底座　14. 过滤器　15、18. 接头　16、17. 直角接头　22. 提升系统回油管　23. 转向系统回油管　24. 油箱体　25. 放油管　29. 夹子

图 3-5-14　液压油箱结构分解图

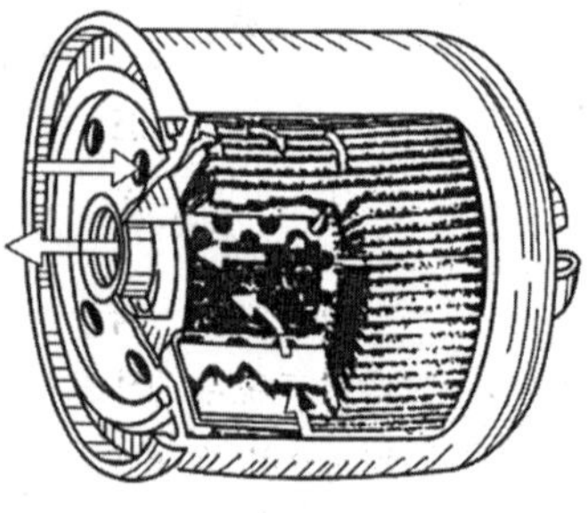

图 3-5-15　过滤器的结构及油液流向

过滤器内装有旁通阀（图 3-5-15 中未画出），其开启压力为 0.012 MPa。当过滤器堵塞时，回油阻力升高，推开旁通阀，回油不经过滤直接流回油箱。当过滤器堵塞严重时，安装在过滤器底座上的堵塞指示器接触开关（电感塞）在油压作用下自行接通电路，驾驶室内仪表盘上的声光报警系统报警，此时应及时更换过滤器滤芯。

（3）油管和管接头。液压系统元件之间的油路连接采用各种形式和材料的油管。除了一般的油管连接方法外，收割机上油管连接广泛用卡套式连接形式（图 3-5-16）。卡套式连接形式具有结构先进、性能良好、质量小、体积小、使用方便及不用焊接等优点。

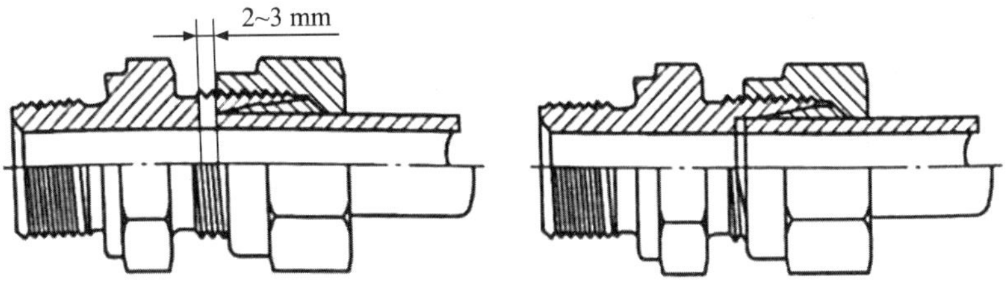

图 3-5-16　油管卡套式连接形式

油管连接前应做的检查如下：

①钢质油管的切口断面必须与轴线垂直。

②钢管头部不得有毛刺，应及时清理杂质。

③如果自行配作，切记要使用最小工作压力为 20 MPa 的标准油管。

油管连接安装时，具体步骤如下：

①把紧固螺母及卡套装到油管上，注意卡套的正确安装。

②用冲头插入带卡套的油管端部，用锤子敲一下，使管子口销外翻，形成喇叭口。

③把油管压入连接部件并用手拧紧紧固螺母。

④把紧固螺母拧紧 1/2 圈（卡套接触连接部件的锥面）。

⑤慢慢放松紧固螺母，从连接件上把油管拉出 2～3 mm，否则当拧紧螺母时，卡套的内部密封不好。

⑥再拧紧螺母 3/4～1 圈，标准转矩为 1.4～2 N·m，如果转矩太大，会使油管损坏。

【液压系统故障维修案例】

故障描述：突然发生转向轮不能转向的故障。

故障分析：液压转向系统故障。

维修过程：某公司承接一台收割机的维修任务。用户自述：收割机在田里本来行驶正常，却突然发生转向轮不能转向的故障，估计原因不是转向阻力过大。经判断分析，可能是收割机液压转向系统出了故障。检查时发现有异物进入阀内并卡在阀芯与阀座之间，这就使缓冲阀处于常开状态，造成卸压，转向轮不能转向。用户要求对这台收割机的液压系统进行检测并维修。液压装置的检查与调整如下：

1. 方向操作溢流阀设定压力

（1）拆下阀单元 PD 口（方向操作液压泵口）的液压软管，使用转接器 C1 和转接器 D，在配管和 PD 口之间接上压力表（15 MPa）。

（2）将副变速手柄置于中立位置，启动发动机进行暖机运转后，将发动机转速设定为 2 700 r/min 左右。

（3）将动力转向杆向左或向右推到底，使方向操作溢流阀动作，并测量此时的压力，如图 3-5-17 所示。

（4）方向操作溢流阀设定压力基准值为 7.3～7.7 MPa。溢流压力与基准值不符时，利用溢流阀内的溢流弹簧长度调节垫片进行调节。

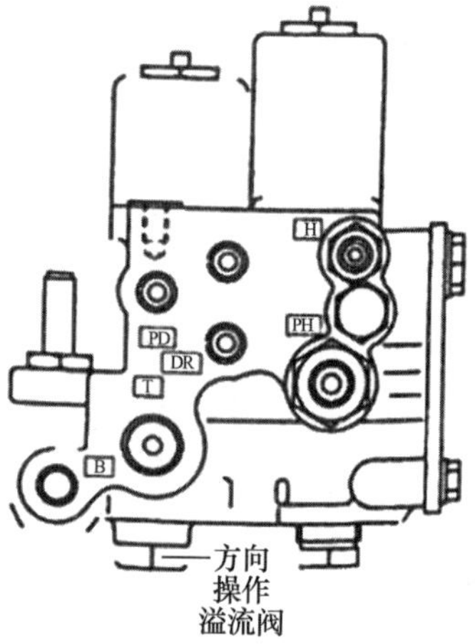

图 3-5-17　调整方向操作溢流阀

2. 收割机溢流阀压力设定

（1）拆下阀单元 PH 口（收割机高度液压泵口）的液压软管，使用转接器 C2 和转接器 D，在配管和 PH 口之间接上压力表（25～30 MPa）。

（2）将副变速手柄置于中立位置，启动发动机进行暖机运转后，将发动机转速设定为 2 700 r/min 左右。

（3）操作动力转向杆，将收割部上升至最高位置，使收割机溢流阀动作，并测量此时的压力，如图 3-5-18 所示。

（4）收割机溢流阀设定压力基准值为 15～16 MPa。溢流压力与基准值不符时，利用溢流阀内的溢流弹簧长度调节垫片进行调节。

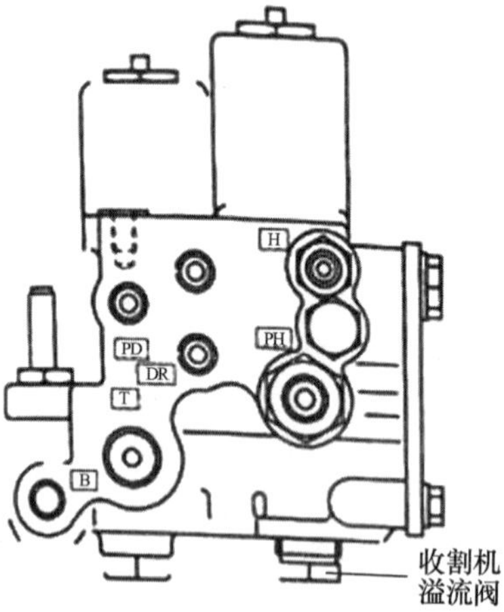

图 3-5-18　调整收割机溢流阀

3. 动力制动绳的调整

（1）检查制动臂和可调溢流阀的间隙，或在制动臂的动力制动绳端部检查制动臂的游隙。

（2）制动臂和可调溢流阀的间隙的基准值为 0.1～0.3 mm，测量值与基准值不符时，旋松动力制动绳的锁紧螺母进行调节。

项目六
农机维修后质量检验与保养

农机维修后需要及时进行质量检验，一般是对农机进行外观检查、发动机技术状态检验、底盘技术状态检验、电器设备技术状态检验。

任务1　农机修后质量检验

【任务目标与质量要求】

在师傅指导和带领下，对大修后的农机进行试运转，并对气缸、活塞连杆组、机油泵、液压系统及整机维修后的质量进行检查，在此过程中掌握维修后各部件质量检查方法。

【学习产出目标】

（1）掌握大修后的农机试运转方法；

（2）学会对气缸、活塞连杆组、机油泵、液压系统及整机维修后的质量进行检查。

【工作程序与方法要求】

第一项　农机大修后的试运转

1. 试运转前的检查和准备

（1）检查系统的各组成部分的完整性、连接的正确性和可靠性，如有不当，应予以纠正。

（2）检查各调整部位调整的正确性，必要时应予以补充调整。

（3）检查操纵机构静态的灵活性、照明和信号装置是否正常。

（4）检查轮胎气压是否正常，必要时应予以补充充气。

（5）加足燃油、润滑油和水。检查蓄电池、制动装置、液压系统、空气滤清器等的电解液或油是否符合要求。检查各管路和接头有无泄漏现象。

（6）向各润滑点加注润滑脂。

2. 试运转中的检查

在试运转过程中，应随时注意检查各系统、各部位的技术状态和各种仪表的读数。当发现有异常现象时，应根据具体情况予以排除。

（1）检查各总成间连接处有无松动、变形或位移。

（2）检查有无漏水、漏油、漏电、漏气现象。

（3）检查发动机、变速箱、制动鼓、主减速器壳以及中间轴承座、发电机等是否有温度过高的现象。

（4）检查制动系统的性能及有无漏气现象。

3. 试运转后的工作

（1）趁热放出发动机油底壳中的机油和传动系统中的齿轮油，并用柴油进行清洗。

（2）清洗各种滤清器，必要时更换滤芯。

（3）检查发动机、离合器、制动器和转向机构的各项调整参数，必要时，重新进行调整。

（4）检查并拧紧各部分的螺钉，重点是气缸盖、连杆、前后轮和各总成之间连接的螺钉。

（5）检查并维护电气设备，保证其正常工作。

第二项　气缸修后的质量检验

气缸修理后，应对气缸的直径、圆度、圆柱度、表面粗糙度和气缸中心线偏斜情况等进行检查，以评定其修理质量的好坏。检查要求如下：

（1）气缸套内表面无黑皮（未锉到处）、刀痕，表面粗糙度 Ra 值不大于 0.16 μm。

（2）气缸套尺寸应在公差范围内，圆度误差和圆柱度误差不大于 0.02 mm。

（3）气缸中心线的偏斜在 100 mm 长度内不得超过 0.05 mm。

气缸中心线的偏斜是以缸壁厚度差来表示的，检查方法如图 3-6-1 所示。检查时，首先将气缸套套在一个一面磨平的圆柱上，再把两个百分表固定，使表头顶在气缸套的安装带上。然后转动气缸套，并观察指针的摆动情况，即可判断气缸套中心轴线是否偏斜及偏斜的程度。当两表指针同时向一侧转动，且数值相等时，表示气缸套中心轴线发生平行移动；当两表指针同时向一侧转动，但数值不等时，表示气缸套中心轴线偏斜，并移向一侧；当其中一端百分表指针不动，而另一端百分表指针偏向一边时，表示气缸套中心轴线一端发生位移；当两个百分表指针同时摆动，但方向相反时，表示气缸套中心轴线与标准中心轴线交叉。

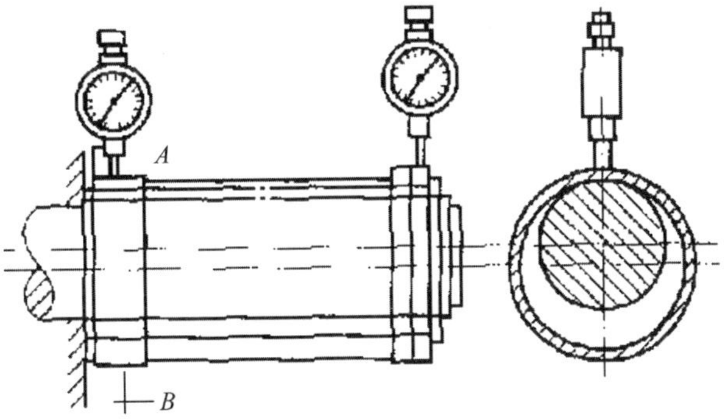

图 3-6-1 气缸中心线偏斜的检查

第三项 活塞连杆组修后检查

（1）检查活塞销与连杆小端衬套之间转动是否灵活，连杆小端沿活塞销轴方向有一定的移动量，如东方红-804 型拖拉机的不小于 2.5 mm，约翰迪尔-654/704 型拖拉机的不小于 2 mm。

（2）检查活塞裙部的圆度，若圆度比装配之前大，应查明原因，设法消除。

（3）在连杆检验仪上检查活塞裙部母线与连杆大端孔中心轴线的垂直度。活塞裙部下端与检验仪平板之间的间隙值在 100 mm 长度内不得大于 0.05 mm。

（4）各缸之间活塞连杆组总质量之差应不大于规定值。

第四项 机油泵修后检验

1. 试运转

经过修理以后重新安装的机油泵，在检验工作性能指标之前，应先进行试运转。试运转方法：调整试验台油压调节阀和无级变速手柄，使机油泵在低速（即 1/3 额定转速）、最小压力下运转 5～6 min，然后逐渐提高转速和油压直至额定数值。经过试运转后的机油泵，即可做工作性能指标的检查。

2. 限压阀压力的检验和调整

（1）检验方法。开动试验台，调整无级变速手柄，使试验台主轴转速与机油泵工作转速一致。同时调整试验台油压调节阀，使油压逐渐升高，并注意观察限压阀旁侧的回油孔。当发现回油孔大量喷出机油，试验台压力表指示压力也不再继续上升时，即表明限压阀已全部打开。此时记下试验台压力表读数，即限压阀打开的压力。若与要求压力不符合，应予以调整。

（2）调整方法。首先将限压阀调节螺母拧松，看限压阀打开后的压力大小，调整限压阀调节螺钉，拧入调节螺钉则压力增加，反之则压力减小。调整合适后，应重新拧紧调节螺母。

(3) 泵油量的检验。检查泵油量时，试验台的转速与检验限压阀时相同，调整试验台油压调节阀，使试验台油压表指示压力达到拖拉机主油道压力。然后关闭试验台上油箱（即可测量油箱）的放油阀门，这时机油泵向上油箱泵油。当油面上升到上油箱油量指示器“0”刻度时，反转沙漏计时器，待沙漏完（时间为 1 min)，观察油量指示器上的油面高度，读数即该油泵 1 min 的泵油量。修理后的机油泵的泵油量，应达到或超过该泵标准泵油量的指标。

当在试验台上检查泵油量不足时，应查找试验中的影响因素，如试验中的油路及其连接是否有漏油、漏气的地方，试验用的机油泵进、出油管截面大小是否与在拖拉机上安装时的实际管路截面相等，以及试验转速、压力、计时等是否准确。如上述各因素查找排除后泵油量仍不足，则应对机油泵做拆卸检查。

第五项　液压系统的检验

检查液压元件的修理质量和装配质量，通常在液压试验台上进行。

1. 试验要求

液压元件的各项技术性能指标是否符合要求，除取决于元件本身的质量外，还与试验方法、试验精度以及工作油液的质量有很大关系。对液压试验台和工作油液的基本要求如下：

(1) 动力源。试验台上的动力源作为液压泵的功率输入装置，液压泵的输入功率为

$$P_{输入}=\frac{\Delta p Q_{实}}{612\eta}$$

式中：$P_{输入}$为液压泵的输入功率或动力源的输出功率，kW；Δp 为液压泵出口与进口的压力差，kPa，一般情况下，按液压系统额定工作压力计算；$Q_{实}$为液压泵实际输出流量，L/min；η 为液压泵的总效率，一般可取为 0.6～0.8。

试验分配器和液压缸时，其动力源为液压泵，一般可用原机液压泵作为动力源。

(2) 加载装置。试验液压元件时，要在系统内造成一定的油液压力，以模拟拖拉机液压系统真实的工作情况，为此试验台要设置加载装置。

试验液压泵最常用的加载方法是节流加载；试验液压缸和提升器常采用液力加载。

(3) 测试仪表。试验常用仪表有压力表、流量计、转速表、温度表。

压力表的精度要求误差应小于±1.5%，量程为 0～60 MPa，主要分为四个量程段：0.04～0.6 MPa，0.1～6 MPa，1～25 MPa，1～60 MPa，其中 1～25 MPa 相对比较少，其他三个量程段比较常用。压力表要垂直安装，并力求和测量点在同一水平面上。

流量计的精度要求误差小于±1.0%。一般采用椭圆流量计或涡轮流量计。

转速表常采用指针式或电子式，精度应保证试验误差小于±1.0%。

温度表可选用压力表式温度计。

(4) 试验用油。目前，常用的油液是 20 号机械油、11 号或 14 号柴油机机油、10 号或 15 号车用机油等。油温应保持在 (50±5) ℃范围内。

2. 液压泵的检验

液压泵试验参考油路如图 3-6-2 所示。

(1) 跑合试验。首先调节可调节流阀，使被试泵在空载压力工况下启动（空载压力工况是指泵的输出压力不超过额定压力 3%的工况；当额定压力低于 160 kPa 时，允许输出压力不超过 5 kPa)，在额定转速下运转 2 min 以上。然后调节可调节流阀，逐渐加载，分级跑合，并检查被试泵的空载压力工况流量，该流量为理论流量的 95%～110%时为合格。

(2) 满载试验。在额定转速和额定压力下运转 2 min 以后，测定满载流量，并计算被试泵的容积效率。修后的液压泵容积效率应大于或等于 80%。

(3) 超载试验。在试验台上利用可调节流阀加载至额定压力的 125%，运转 1 min 以上，复查额定流量。该试验的目的是检查被试泵在最大负荷状态下运转的可靠性。

在上述三项试验的全过程中，检查被试泵不允许有外漏、异常噪声、振动和温升等不正常现象。

(4) 安全阀开启压力试验。安全阀开启压力试验时，可将安全阀总成装在喷油器试验器上进行。

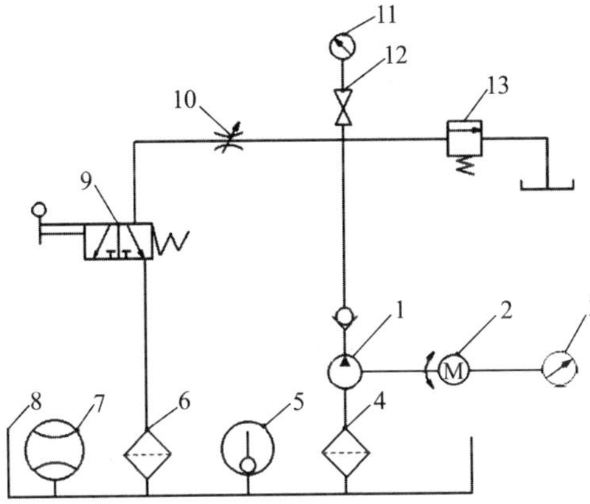

1. 被试泵 2. 交流电动机 3. 转速表 4. 滤清器 5. 温度计 6. 冷却器 7. 流量计 8. 油箱 9. 三通换向阀 10. 可调节流阀 11. 压力表 12. 截止阀 13. 安全阀

图 3-6-2 液压泵试验参考油路

3. FP 型分配器的检验

FP 型分配器试验参考油路如图 3-6-3 所示。

(1) 滑阀机能和操纵性能的检查。操纵分配器检查各个工作位置的定位、跳位、换向可靠性及换向操纵灵活性，工作时滑阀应无卡滞现象，在安全阀开启前不允许有响声和抖动。试验台液压缸处于下极限位置时，将滑阀手柄置于“提升”位置，调整溢流阀使系统升压，当压力表14指示在100～110 kPa时，滑阀应自动跳回“中立”位置，不符合时应进行调整。反复检查数次，每次检查间隔时间不大于5 s。

（2）安全阀开启压力的检查。将滑阀手柄强制在“提升”或“压降”位置，分配器加压，当压力表14指示为（135±5）kPa时，安全阀应开启（此时可听到分配器内有噪声），不符合时应进行调整，反复试验不少于5次。在安全阀打开压力下保持30 s，检查各密封处不得有渗漏现象。

（3）滑阀密封性的检查。目前，采用滴漏法检查滑阀的密封性应用较广泛。将分配器滑阀置于“中立”位置，调整溢流阀向分配器B腔输入压力为65～70 kPa的油液，在分配器进油处测量滴漏油量，该油量即滑阀的内泄漏。试验时间为10 min，滴漏油量应不大于20 mL。

（4）回油阀密封性的检查。将滑阀置于“提升”位置，向分配器进油口处注入压力为60～70 kPa的压力油，在回油口处测量回油阀的滴漏油量，每分钟滴漏油量应不大于50 mL。

（5）卸荷压力的检查。将滑阀置于“中立”或“浮动”位置时，通过压力表14和17测量进、回油口的压力差应不大于3 kPa。该数值反映了回油阀的开度是否符合要求。

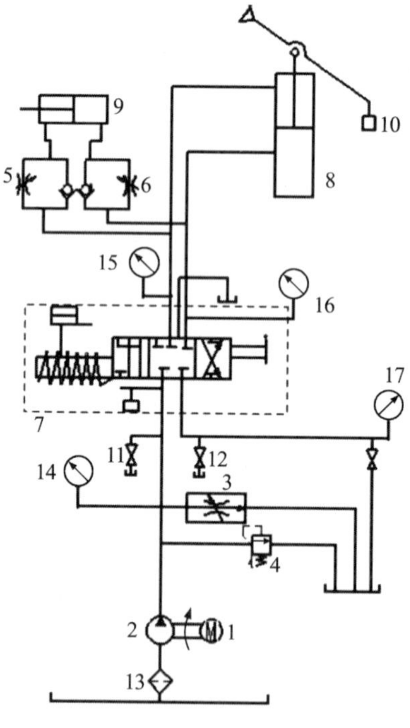

1. 电动机　2. 液压泵　3. 调速阀　4. 溢流阀　5、6. 单向节流阀　7. 分配器　8、9. 液压缸
10. 重块　11、12. 量杯　13. 滤清器　14、15、16、17. 压力表

图3-6-3　FP型分配器试验参考油路

4. YG 系列油缸的检验

YG 型液压缸试验参考油路如图 3-6-4 所示。

(1) 试运转。启动液压泵，调整溢流阀 2，使被试液压缸在空载工况下开始运动，再切换三位四通换向阀 3，使被试液压缸全行程往复动作数次，分别打开截止阀 9 和 10，排出空气，直到运转平稳后，再使被试液压缸全行程往复动作两次以上，观察试运转情况。液压缸运动应平衡，不得有外漏、爬行等不正常现象。

(2) 检查最低启动压力。在空载工况下，调整溢流阀 2 使系统逐渐升压至活塞开始运动，液压缸的启动压力可由压力表 16 或 17 读出，此压力不应大于 3 kPa。此值与液压缸的加工精度和装配精度、密封圈的预压量等有关。

(3) 检查内泄漏。与油缸内泄漏有关的部位有两处，即活塞杆与活塞配合的静密封处和活塞与缸体配合的动密封处。其中，静密封处只要加工和装配无误，一般不会发生内泄漏，因此，主要是检查活塞和缸体的密封状况。活塞和缸体的密封情况可采

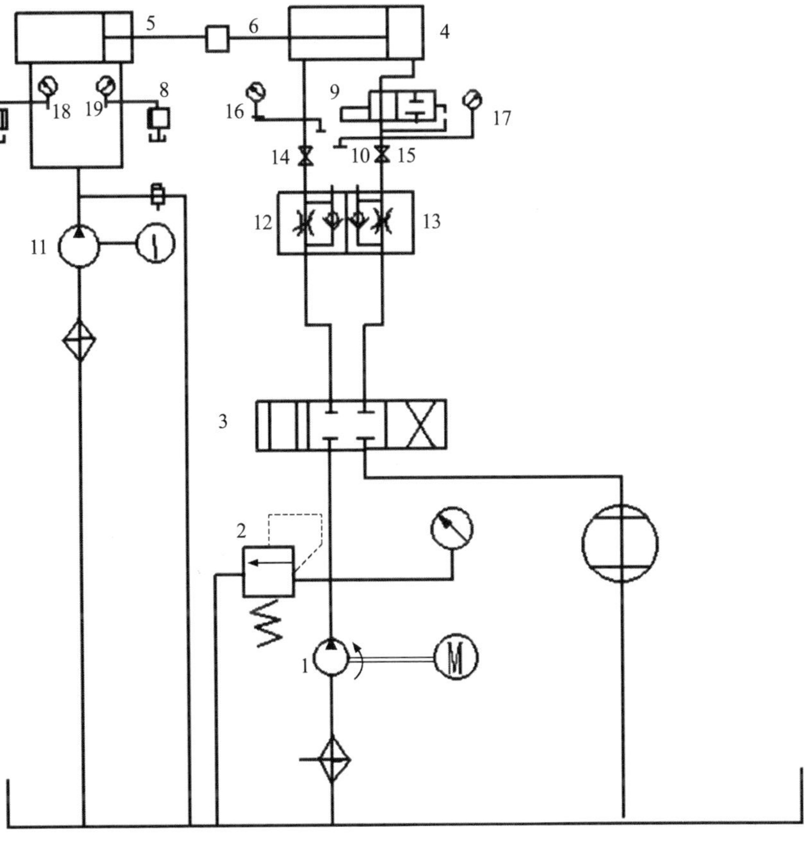

1. 液压泵 2、7、8. 溢流阀 3. 三位四通换向阀 4. 被试液压缸 5. 工艺油缸
6. 连接器 9、10. 截止阀 11. 补油泵 12、13. 单向节流阀
14、15. 量杯 16、17、18、19. 压力表

图 3-6-4 YG 型液压缸试验参考油路

用滴漏法进行检查，即将被试液压缸的活塞分别置于液压缸的两端和中间位置，调整溢流阀 2，使液压缸左腔或右腔的压力为 100 kPa，分别打开截止阀 9 或 10，用量杯 14、15 测量内泄漏量。YG-100 型和 YG-110 型液压缸的内泄漏量应分别不大于 0.8 mL/min 和 0.9 mL/min。

（4）耐压试验。目的是检查液压缸在静止状态、油液压力为额定压力的 1.5 倍时的液压缸外渗漏情况。试验时，将被试液压缸分别停于行程两端，调整溢流阀 2，使油液压力为 150 kPa，保压 1 min 以上，要求活塞杆、液压缸盖、定位阀尾部、输油管及零件表面不得有外渗漏现象。

（5）负荷动作试验。目的是检查液压缸在满载工况下运动时活塞杆的密封状况。试验时，依次调整溢流阀 7、8、2，使被试液压缸拖动负荷工艺液压缸在 100 kPa 的压力下全行程往复运动 20 次以上，检查运动是否平衡并观察被试液压缸在活塞杆密封处的外渗漏情况。当活塞杆向外伸出时，其表面附带一层油膜属于正常现象，但此处外漏不得成滴。

（6）行程调节机构试验。目的是检查定位阀的可靠性与密封性。试验时使被试液压缸的活塞杆完全伸出，将定位卡箍固定到最大行程的 1/2 处，调整溢流阀 7、8、2，分别使油缸左、右腔建立 100 kPa 的压力，进行 4～5 次压降和提升试验。

定位阀移动应灵活，不存在卡滞现象，定位阀尾部和定位阀座处不得有渗漏现象。当液压缸左腔供油，定位阀将油缸右腔油路封闭后，活塞杆移动速度不得大于 0.5 mm/min。

第六项　整机检验

1. 检验程序

（1）外部检视。从外部检视各总成、附件、仪表等是否装配齐全、正确，连接是否牢固，油、水、电解液等是否加足，有无渗漏现象；灯光、信号和轮胎气压是否正常；各液压管路紧固情况；操纵装置的连接情况及工作装置的紧固情况等。

（2）发动机空转时的检验。

（3）路试。通过车辆的行驶来检查车辆的动力性、操纵性、滑行性等的恢复程度，并通过察听各部位的响声来检验发动机和底盘的工作情况。检验液压系统在工作负荷下有无漏油和工作失灵的现象。

（4）路试后的检验。路试后须进行一次全面细致的检查。

2. 技术要求

（1）在额定转速下，修后的拖拉机发动机功率、牵引功率和挂钩牵引力，链轨式拖拉机的应达到标准的 98%以上，轮式拖拉机的应达到标准的 95%以上。调速器控制灵活可靠，耗油率符合规定的要求。

（2）用起动机启动，启动力不大于 245 N，在 3 min 内应能够启动。

（3）发动机工作应平稳，不得有窜油、冒烟现象和敲击等不正常噪声。

（4）当油门操纵杆在两个极端位置时，应分别保证最大供油量和完全停止供油，且发动机转速符合规定。

（5）各部仪表工作正常可靠。

（6）电气系统完整无缺，连接整齐可靠。

（7）各部位应保持绝对严密，当封闭空气过滤器的进气管时，发动机应立即熄灭。

（8）各连接处和水箱、油箱、管道以及进排气管必须清洁畅通，不漏油、漏水、漏气。

（9）主离合器接合平稳，不打滑，能传递全部扭矩，分离彻底。

（10）制动准确、灵活，在脚踏板移到全部行程的 1/3 时，应开始均匀平稳地起制动作用；在 20°的斜坡上行驶时，上坡或下坡都能完全刹住不动。制动踏板松放时，制动器能彻底分离。

（11）变速箱变速灵活可靠，变速杆在各排挡位置都能灵活地接合和分离，不得有自动跳挡和掉挡现象。

（12）中央传动齿轮啮合正常，转弯时，不得有不正常的杂音。

（13）转向轻便灵活，不得有杂音或跑舵、跑偏、过涩等现象。

（14）链轨式拖拉机转向离合器，一边完全接合、另一边完全分离时，拖拉机应能在原地做 360°的转弯。轮式拖拉机方向盘转到极限位置，后轮有一侧制动时，拖拉机能在最小回转半径内做 360°的转弯。

（15）各支重轮、驱动轮、引导轮、托链轮、前轮和后轮都应转动灵活。轮胎气压应符合规定。

（16）变速箱、中央传动机构、最终传动、轮毂不得过热。滚动轴承和传动部分应转动灵活，不得卡滞。

（17）拖拉机上所有零部件都要清洗干净，不得有锈蚀和油垢。各部位螺栓、螺母、垫片、垫圈、锁片、开口销等应安装紧固可靠。零部件和附属装置完整齐全。

（18）液压悬挂装置应操纵灵活，工作可靠，能提起规定的提升质量。

（19）驾驶室、发动机盖、车门和前后灯、信号灯、仪表灯、转向指示灯、侧板、翼板都整洁和完好。

（20）驾驶室玻璃应明亮完好，驾驶室门窗应能开关自如、牢固可靠。

（21）燃油箱不得有渗漏现象。

（22）牵引装置应完整，不得有弯曲变形现象。牵引钩和插销应牢固可靠。

（23）各部位所用润滑油应按规定注入。

（24）修后的拖拉机应喷漆，漆层应光泽均匀。

【学徒岗位任务学习评价】

学徒实习考核表

学校：　　班级：　　专业：　　学生姓名：　　日期：

实习任务					
自我鉴定（15分）	自律性（5分）	□优	□良	□一般	□较差
	业务知识（5分）	□优	□良	□一般	□较差
	专业技能（5分）	□优	□良	□一般	□较差
	得分				
实习表现（15分）	职业精神（5分）	□优	□良	□一般	□较差
	工作态度（5分）	□优	□良	□一般	□较差
	出勤率（5分）	□优	□良	□一般	□较差
	得分				
专业理论（10分）	大修后的农机试运转步骤（10分）	□优	□良	□一般	□较差
	得分				
专业实操（企业师傅安排实操训练）（60分）	对大修后的农机进行试运转（15分）	□优	□良	□一般	□较差
	对气缸、活塞连杆组、机油泵、液压系统及整机维修后的质量进行检查（15分）	□优	□良	□一般	□较差
	规范操作（15分）	□优	□良	□一般	□较差
	熟练程度（15分）	□优	□良	□一般	□较差
	得分				
总分					

企业师傅签名：　　日期：

任务2　收割机的保养

【任务目标与质量要求】

在师傅指导和带领下，对收割机进行保养，在此过程中掌握保养的项目内容及方法。

【学习产出目标】

（1）掌握收割机保养项目内容；

（2）学会对收割机进行保养。

【工作程序与方法要求】

第一项　日常保养（班次保养）

收割机班次保养的主要方式和工作内容见表 3-6-1。

表 3-6-1　收割机班次保养的主要方式和工作内容

保养方式	工作内容
清理	每天工作前将收割机各部位上的颖壳、麦芒、碎茎秆等附着物清理干净，特别是彻底清除滚筒、凹板、抖动板、精选筛上的颖壳、麦芒等附着物，清理拨禾轮、切割器、喂入搅龙、传动带和传动链各转动部位的缠绕和堵塞物，清理发动机冷却水箱、散热器孔处的麦糠、杂草等堵塞物
清洗	收割季节气温很高，必须保证发动机散热器具有良好的通风性能，起到散热作用。散热器经清理后，还应用具有一定压力的水冲洗干净，或用毛刷清洗干净。要保证散热器格子间无杂物和附着物。若出现水温过高的情况，应随时停车清理和清洗
检查	（1）检查切割器有无损坏、刀片间隙是否合适，若不合适，及时进行更换和调整。 （2）检查输送槽、倾斜输送器链耙是否松动，张紧度是否合适，若不合适，及时调整和紧固。 （3）检查机架、轮毂连接紧固部位、各拉杆销轴是否松动或损坏，若有松动和损坏，应及时紧固和更换。 （4）检查并调整伸缩耙齿的位置，校正已变形的搅龙叶片。 （5）检查 V 带和链的张紧度是否适宜，带轮、链轮是否松动，及时调整张紧轮、带轮、链轮。 （6）检查液压系统油箱的油位，油路各连接接头是否渗漏，法兰盘连接与固定是否松动。若液压油不足，应及时添加；若发现渗漏、松动，应及时焊接、紧固或更换。 （7）检查发动机水箱、燃油箱、发动机油底壳液位高度，不足时，应及时添加。 （8）检查电气线路的连接和绝缘情况，发现损坏和接触不良，应及时修复。 （9）检查滚筒入口处密封板、抖动板、前端板、脱谷部分各密封橡胶板及各孔盖等处密封状态，不得有漏粮现象。 （10）检查转向和制动系统的可靠性，清理发动机空气滤清器的滤芯和内腔通气道。检查驾驶室内各仪表、操纵机构是否正常；启动发动机，使机组低速运转，仔细听有无异常响声，及时排除故障

续表3-6-1

保养方式	工作内容
润滑	(1) 收割机的润滑部位主要是各轴承、轴套、滑动块等，由于相对运动速度、承受的力度、工作环境等不同，对润滑的时间要求也不同。例如，切割器的运动部位、传动链部位等要求 1 h 润滑一次；拨禾轮偏心滑轮、风扇轴承、脱粒桶轴承等部位要求每班次润滑一次；动力传动齿轮箱、各传动张紧轮等部位要求三个月润滑一次。 (2) 根据收割机各部件相对摩擦性质的区别，各部位使用润滑油的种类也不相同。例如，动力传动齿轮箱要求用齿轮油，输粮搅龙轴承要求用润滑脂，拨禾轮偏心轮要求用机油。 (3) 严格按照说明书要求的时间周期、油脂型号、部位进行润滑，一般每周检查一次，如发现漏油、油位不足，应立即添加。 (4) 加注润滑油所用器具要洁净，润滑前应擦净油嘴、加油口、润滑部位的油污和尘土。 (5) 经常检查轴套、轴承等摩擦部位的工作温度，如发现油封漏油、工作温度过高，应随时修复、润滑。 (6) 链条、链轮的润滑要在停车状态下进行，润滑时应除去链条上的油泥，抹刷均匀。 (7) 行走离合器分离轴承和轴套必须拆卸后进行润滑，一般每年一次。 (8) 小麦收割机试运转结束后，应将齿轮轴、发动机油底壳机油更换或过滤后再用，使用中要经常检查油位。 (9) 拨禾轮等部位的木轴瓦在使用前应先在机油中浸煮 2 h，然后抹上润滑脂。 (10) 润滑脂一定要加注，加注不进去时，可转动润滑部位后再加，直至加满。各润滑部位的可拆卸的轴承、轴套、滑块等应结合维修保养，用机油清洗干净，装配后加注润滑油。各润滑部位润滑周期应按照其说明书要求润滑。所有含油轴承，每季作业结束后应卸下，在热机油中浸泡 2 h 补油

第二项　季度保养

收割机经一个收割季节的作业后，长时间不用时，必须及时进行全面清理、检查、维护和保养，排除存在的故障及故障隐患，科学封存，以保证它的正常技术状态，以备下一个收割季节使用，同时也可提高其使用寿命。收割机季度保养的主要方式与工作内容见表 3-6-2。

表 3-6-2　收割机季度保养的主要方式与工作内容

保养方式	工作内容
清理	清理机组各部位的杂草、尘土、油污，必要时用水冲洗，使机组各部位干净无尘
拆卸机组（仅对悬挂式收割机）	(1) 选好收割机的存放地点（最好存放在车库中，无车库时应用篷布等盖好），用砖垒成坚硬的方座（与脱粒机体底座适合），倒车对准底座，垫平脱粒机体。 (2) 松动所有传动带、传动链张紧轮，使传动带、传动链松弛。拆下动力传动总轴至输送槽主动轴带轮的传动带、输送槽中间轴右带轮到割台主轴左带轮的传动带、动力输出总成与动力传动总轴的传动链。 (3) 操纵液压升降手柄，降下割台，抬下输送槽。 (4) 拆下斜拉杆与脱粒清洗装置的连接螺栓，拆下脱粒机架上卡住后支架的两个压板螺栓。启动发动机，升起割台，使收割机缓缓向前移动，卸下脱粒机部分。 (5) 将收割机开到割台的存放位置后，降下割台，用两根平行的木板顺搅龙方向垫在割台底板弧形角铁上，放置平稳。拆下钢丝绳上的卡紧螺栓，抽出钢丝绳，即可卸下割台。 (6) 拆下前、后支架，钢丝绳及动力输出总成
检查与修复	(1) 分禾器由薄钢板经加工、焊接而成，作业中稍加碰撞即会变形、断裂或脱焊，若出现异常，应拆下检查，必要时整形修复。 (2) 重点检查拨禾轮、拨齿偏心轮机构有无变形，检查机车电器的磨损情况，进行必要的校正、修复和更换。 (3) 切割器是收割机的关键部件，其动刀片、定刀片、刀杆、护刃器、摩擦片等极易磨损和损坏。检查时需拆下所有压刃器、刀杆压板、摩擦片等，再对所有零部件进行检查和修复。 ①定刀片刃口厚度超过 0.3 mm，刀片宽度窄于护刃器宽度的应更换，松动的应铆紧。护刃器不得有裂纹、弯曲和扭曲。所有定刀片工作平面应在同一平面内，偏差不得超过 0.5 mm。 ②动刀片齿纹应完整，刀片有缺口、磨损严重或有裂纹的应报废，松动的应铆紧。刀杆弯曲量不得超过 0.5 mm，有裂纹的应更换。 ③摩擦片工作面磨损超过 1.5 mm 的应更换。 ④切割器的所有零件整形、修复和更换后，按要求装配并调整。 (4) 搅龙叶片、滚筒体有变形、开焊的应校正和焊合。伸缩耙齿工作面磨损超过 4.5 mm 的应更换，耙齿导套与伸缩耙齿齿隙超过 3 mm 的应更换耙齿导套。 (5) 放松输送带，更换变形严重的耙齿。 (6) 滚筒钉齿磨损不大于 4.5 mm，螺旋导向板变形或开焊时应修整焊合。导向板磨损量超过 2 mm 的应更换。 (7) 凹板筛钢丝工作面磨损超过 2 mm 的应更换。 (8) 输粮搅龙叶片变形或开焊的应整形焊接。叶片高度磨损超过 2.5 mm 的应更换。安全离合器钢球脱落的应补齐。弹簧压力不够时应调整或更换。 (9) 所有罩壳、机架是否变形、脱焊、断裂，应根据具体情况进行修复。 (10) 轴上的键槽、键磨损严重时，应修复或更换。轴承滚珠、轴承滚道磨损严重时，应更换。

续表 3-6-2

保养方式	工作内容
检查与修复	（11）传动带磨损或拉长严重的应更换。放尽柴油、冷却液及传动系统中的润滑油。拆下三角带并擦拭干净。清洗空气滤清器和机油滤清器，并装回。 （12）自走式小麦收割机的发动机严格按使用说明书规定进行保养，使离合器踏板及制动踏板处于自由状态，变速操纵手柄置于空挡位置。车上若有蓄电池，应将蓄电池拆下，按使用说明书规定的方法存放。用塞子堵住各零部件孔口（如排气管口等），水箱加水口用清洁盖板盖好
防锈	磨损掉漆的部位，应除锈后重新涂漆；各润滑脂加注点应加注润滑脂；切割器、偏心轴、伸缩耙齿、链条、钢丝绳等传动部位清洗后应涂上防锈油脂
存放	（1）将车存放在通风良好、干燥清洁的场地，最好存入车库中或棚内，并远离火源。车库应通风、干燥、不漏雨。露天存放时应盖严，防止风吹雨淋。 （2）零部件应存放整齐，大部件集中存放，小部件打包或装箱存放，三角带挂起，各部件切勿丢失。 （3）自走式小麦收割机最好用支架垫起，不让轮胎受压，以保护轮胎；要注意垫架平整，以防止车架变形，严禁在小麦收割机及部件上堆放杂物。 （4）封存中每三个月应进行一次检查、防锈保养，并启动发动机，使小麦收割机运转，让各运动部件得到定期维护性运转

【学徒岗位任务学习评价】

学徒实习考核表

学校：	班级：	专业：	学生姓名：	日期：	
实习任务					
自我鉴定（15 分）	自律性（5 分）	□优	□良	□一般	□较差
	业务知识（5 分）	□优	□良	□一般	□较差
	专业技能（5 分）	□优	□良	□一般	□较差
	得分				
实习表现（15 分）	职业精神（5 分）	□优	□良	□一般	□较差
	工作态度（5 分）	□优	□良	□一般	□较差
	出勤率（5 分）	□优	□良	□一般	□较差
	得分				
专业理论（10 分）	收割机保养的主要内容（10 分）	□优	□良	□一般	□较差
	得分				
专业实操（企业师傅安排实操训练）（60 分）	对收割机进行日常保养（15 分）	□优	□良	□一般	□较差
	对收割机进行季度保养（15 分）	□优	□良	□一般	□较差
	规范操作（15 分）	□优	□良	□一般	□较差
	熟练程度（15 分）	□优	□良	□一般	□较差
	得分				
总分					
企业师傅签名：			日期：		

【相关知识】

一、机器修后实验运转规范

拖拉机修理后的厂内试运转，包括发动机试运转（即冷磨合、热磨合和试验）及整车空驶。几种拖拉机的空驶试运转规范见表 3-6-3。农用汽车修理后的厂内试运转，除发动机试运转外，一般用相当于 75%的额定载质量，在硬路面上速度不超过 30 km/h 的条件下，进行不超过 30 km 的试运转，其试运转规范见表 3-6-4。

表 3-6-3 几种拖拉机的空驶试运转规范

机型项目	各挡磨合时间/h							
	1	2	3	4	5	6	倒 1	倒 2
东方红-804	1	1	1	1	1		0.5	
约翰迪尔-654/704	1	1	1	慢 4 1	慢 5 1		0.5	
福田-M254-E 长春-DF-1254	1	1	1	1	0.5	0.5	0.5	0.5

表 3-6-4 农用汽车试运转规范

项目	各车型磨合时间/h												总计	备注
	无负荷运行				1/3 负荷运行				2/3 负荷运行					
	一挡	二挡	三挡	四挡	一挡	二挡	三挡	四挡	一挡	二挡	三挡	四挡		
五征 7YP-1450D8	0.5	0.5	0.5	0.5		2	1.5	1		4	3	2	21.5	1/2 负荷运行时，二、三、四挡磨合时间分别为 3 h、2 h、1 h
时风 7YPJ-950/1150	1	1	1	1	3	3	3	3	4	4	4	4	33	无负荷运行时，倒挡磨合时间为 1 h

二、收割机保养的主要内容

收割机保养的主要内容一般包括清洁，检查、紧固和调整，更换，添加与润滑等。

1. 清洁

收割机不清洁会加快锈蚀，掩盖故障隐患，影响水、油、气流通，阻碍籽粒、秸秆顺畅移动。清洁是最基础的保养项目，保持收割机各部分的清洁十分重要。日常和定期的清洁工作内容如下：

（1）清扫收割机内外黏附的尘土、颖壳、茎秆及其他附着物，特别注意清理拨禾轮、割台搅龙（全喂入式联合收割机）、扶禾器（半喂入式联合收割机）、切割器、滚筒、凹板筛、抖动板、清选筛、发动机机座（尤其是发电机附近）、履带行走装置（履带式收割机）等处的附着物。

（2）清理各传动带和传动链等处的泥块、秸秆。泥块多会影响轮子的平衡，秸秆可能因摩擦而引燃起火。

（3）清理发动机冷却水箱散热器、液压油散热器、空气滤清器等处的草屑、秸秆等污物。

（4）按规定定期清洗柴油滤清器、机油滤清器的滤芯；定期清洗或清扫空气滤清器（注意：部分收割机的空气滤清器只能清扫，不能清洗）。

（5）定期放出柴油箱、柴油滤清器内的水和机械杂质等沉淀物。

2. 检查、紧固和调整

收割机在工作过程中，由于振动及各种力的作用，原先已紧固、调整好的部位会发生松动和失调，还有不少零件由于磨损、变形等导致配合间隙变大或传动带（链）变形，传动失效。因此，检查、紧固和调整是收割机日常维护的重要内容。

（1）检查各紧固螺钉有无松动的情况，特别是检查各传动轴的轴承座、过桥轴输出带轮、割刀传动轴带轮、筛箱驱动臂等处的固定螺钉。

（2）检查割刀刀片的磨损情况，有无松动和损坏；检查动刀片与定刀片的间隙。

（3）检查各传动带、传动链的张紧度，必要时进行调整。

（4）检查脱粒、清选装置的密封橡胶板等处的密封状态，是否有漏粮现象。

（5）检查制动系统、转向系统功能是否可靠，自由行程是否符合规定。

（6）检查驾驶室中各仪表、操纵机构是否正常。

（7）检查电气线路的连接和绝缘情况，有无损坏和短路。

（8）检查半喂入式收割机的滚筒弓齿、凹板筛、切禾刀、切草刀（切草机）、履带驱动轮的磨损程度，检查喂入链与压草板的间隙及履带的紧张度等，必要时进行调整。

3. 更换

在收割作业中，有些零件属于易损件，必须按规定检查和更换，如“三滤”（空气滤清器、机油滤清器、柴/汽油滤清器）的滤芯、传动链、传动带、割刀刀片或割刀总成、脱粒齿、切禾刀、切草刀及履带驱动轮等。

4. 添加与润滑

（1）及时添加柴油。最重要的是所添加柴油的品种和牌号应合格，并应沉淀 48 h 以上，不含机械杂质和水分。

（2）添加干净的软水（或纯净水），不要添加脏污的硬水（钙盐、镁盐含量较多的水）等。

（3）定期检查蓄电池中的电解液，不足时应及时补充。

（4）按规定给收割机各运动部位，如割刀、扶禾链、输送链、各铰链连接点、轴承、各油嘴、发动机、传动箱、液压油箱等添加润滑剂。添加润滑剂最重要的是要做到“四定”，即定质、定量、定时、定点。定质就是要保证润滑剂的质量，润滑剂应选用规定的油品和牌号，保证润滑剂的清洁；定量就是按规定的量给各油箱、润滑点加油，不能多也不能少；定时就是按规定的加油间隔期给各润滑部位加油；定点就是要明确收割机的润滑部位。

参 考 文 献

［1］人力资源和社会保障部教材办公室．农机修理工（初级）［M］．北京：中国劳动社会保障出版社，2016.

［2］人力资源和社会保障部教材办公室．农机修理工（中级）［M］．北京：中国劳动社会保障出版社，2016.

［3］人力资源和社会保障部教材办公室．农机修理工（高级）［M］．北京：中国劳动社会保障出版社，2016.

［4］杨宏图．联合收割机构造与维修［M］．北京：机械工业出版社，2014.

［5］鲁植雄，赵桂龙．联合收割机修理工［M］．北京：中国农业出版社，2013.

［6］张耀辉．当前农机维修服务体系发展的现状及存在的问题［J］．农机使用与维修，2011（06）：7-8.

［7］何保军．国外农业机械化发展概况对我国启示［J］．商业经济，2012（02）：13-15.

［8］江平，杜秀霞．美国农机维修情况考察报告［J］．山东农机化，2012（01）：41-42.

［9］王明林．农机维修服务现状、问题与发展建议［J］．农机使用与维修，2018（12）：26.

［10］林侃．农机维修加工服务行业中机电技术的应用［J］．农机使用与维修，2019（02）：43-44.

［11］李传江，吕帅．我国农业机械的发展历史及未来方向［J］．农业与技术，2016（36）：253.

［12］金荣圣．提升农机维修服务能力的对策及建议［J］．农机使用与维修，2019（04）：21-22.

附录

农业机械维护与维修学徒岗位课程标准

<table>
<tr><td>试点专业名称</td><td colspan="3">农业装备应用技术专业</td></tr>
<tr><td>学徒岗位课程名称</td><td colspan="3">农业机械维护与维修</td></tr>
<tr><td>学徒岗位课程工作描述</td><td>农业机械维护与维修学徒岗位任务由8个任务组成：
(1) 农业机械及农业机械维修行业初步认识；
(2) 农业机械维护与维修岗位认知；
(3) 农业机械维护与维修专业知识储备；
(4) 农业机械零件的鉴定与修复；
(5) 农业机械的故障诊断与排除；
(6) 农业机械的修理与调试；
(7) 农业机械维修后质量检验；
(8) 常用修理设备（工具）的维护。
该教材基于农机维修学徒岗位要求，从满足课程教学和学徒培养的角度出发，以必需和实用为原则，根据企业实际需求设计教材项目。以农业机械行业、农业机械维修行业及岗位的初步认知为先导，有助于明确学徒岗位职责，同时认识职业发展通道、做好职业规划。而后通过对农业机械维修相关知识、零件的鉴定与修复，机械及电气设备故障的诊断与排除，发动机、底盘、电气设备、液压系统的修理与调试，维修后质量检验，常用修理设备（工具）的使用与维护几方面，循序渐进地培养农业机械维护与维修学徒职业能力。教学项目真实、设计完整，符合学生思维习惯和学习顺序，并有利于培养学生对整体内容的认知和把握，引导职业理念，帮助学生树立职业目标、熟悉工作内容，增强就业和职业能力</td><td>学徒工作学习周数</td><td>8周</td></tr>
<tr><td rowspan="2">课程教学目标与学习产出</td><td colspan="3">职业素质目标（可量化考核）：
(1) 具有良好的农业机械维护与维修岗位工作职业素养；
(2) 爱岗敬业、团队合作的职业素养；
(3) 认真、踏实、进取的工作态度；
(4) 具有健康的身心素质。

考核依据：
(1) 客户、师傅和校内指导对学徒职业素养考核合格；
(2) 团队成员相互评价考核合格</td></tr>
<tr><td colspan="3">专业知识目标（可量化考核）：
(1) 熟知我国农业机械发展现状、农机维修（售后）企业管理、农机维修岗位业务能力要求、工作技术规范与安全生产、考核要求等；</td></tr>
</table>

续表

<table>
<tr><td rowspan="2">课程教学目标与学习产出</td><td>(2) 熟练运用机械装配图基本知识，熟练使用各种工具、卡具、量具，具备一定的电工、钳工、焊工及常用机加工设备的实际操作能力并运用到农机维修及维护工作中；
(3) 了解磨损零件的分类，掌握零件修复工艺编制方法，掌握镗修、磨修、焊修、热处理等常用的零件修复手段；
(4) 掌握常用故障检测仪器的使用方法以及各个系统的零件组成、功能原理等知识，能判定及排除发动机、底盘、传动机构、发电机充电系统、全车电路等机械系统、电气系统及液压系统故障，能够对拖拉机、收割机等常用农业机械开展维护保养工作；
(5) 掌握维修、维护后调试以及维修质量检验方法，能够按照规范要求开展修后质量检验和质量评价；
(6) 掌握主要修理设备（立式金刚石镗床、曲轴磨床、镗瓦机）工作精度检验方法以及主要测试仪器（包括 SG115 M 型水力测功仪、废气分析仪、烟度计、制动试验台、侧滑试验台、前照灯检测仪）的检验与调修方法，能够检验并调修主要修理设备和测试仪器。

考核依据：根据客户实际送修农业机械，运用专业知识，对该农机给出常规的维护、维修、保养建议并完成实际操作</td></tr>
<tr><td>职业能力目标（技术技能和岗位从业能力）：
(1) 能够根据送修农业机械实际情况，运用专业知识，诊断存在的问题，给客户提供维修建议，编制维修工艺并进行实际操作；
(2) 能够将电工、钳工、焊工技能及常用机加工设备的实际操作能力，运用到农机维修及维护工作中；
(3) 能够对常用农机维护、维修所用到的设备进行检定、调修。

考核依据：完成在校学习各项课程且成绩合格；入职农业机械维护与维修相关岗位并通过所在企业上岗考试；考取农机修理工等职业资格证书</td></tr>
<tr><td>学徒岗位课程实施工作场所与使用工具</td><td>主要工作场所：主要在新疆天农农机股份有限公司、新疆机械研究院股份有限公司等企业进行。
使用的工具：各个品牌、各种类型农机具产品；故障诊断及维修维护相关检测、检定设备和施工设备</td></tr>
</table>

续表

学徒岗位课程实施岗位职业安全与规章制度	(1) 认真学习和严格遵守各项规章制度，不违反劳动纪律，不违章作业，对本岗位的安全生产负直接责任。 (2) 精心操作，严格执行工艺纪律，做好各项记录。作业前落实好安全防护措施，交接班时必须交接安全情况。 (3) 正确分析、判断和处理各种事故隐患，把事故消灭在萌芽状态。如发生事故，要正确处理，及时如实地向上级报告，并保护好现场，做好详细记录。 (4) 按时、认真地进行农机具设备巡回检查，发现异常情况及时处理和报告。 (5) 正确操作、精心维护好设备，保持作业环境整洁，搞好文明生产。 (6) 上岗时按规定着装，打磨时必须戴好防护镜。 (7) 妥善保管和正确使用各种防护器具和灭火器材。 (8) 积极参加班前、班后会等各种安全活动。 (9) 有权拒绝违章作业的指令，对他人违章作业加以劝阻和制止
行业或企业工作学习职业行为规范	在实际生产中具有能独立学习、自我管理、听取他人评价等的行为能力。有与他人交往、合作、共同生活和工作的行为能力，有社会责任心、能遵纪守法、爱岗敬业
企业师傅、专业指导教师配置与教学要求	在企业学习中，1位企业师傅带3～5名学生
可考取的职业资格证书、行业或企业证书	农机修理工

岗位工作学习任务（或项目）	工作学习内容	工作学习组织	学习产出考核标准	工作学习时间
行业认知	(1) 我国农业机械发展机遇与挑战。 (2) 农机企业管理文化。 (3) 认识农机维修（售后）行业	师傅讲解、试验，学徒小组实操演练，师傅和客户评价	(1) 了解国内外农业机械化的发展历程、取得的成就及未来发展的方向。 (2) 了解我国农机企业组织架构、管理模式及企业文化。 (3) 了解农机维修企业常见的生产管理、质量管理、成本核算方式	2天

续表

岗位工作学习任务（或项目）	工作学习内容	工作学习组织	学习产出考核标准	工作学习时间
岗位认知	(1) 岗位要求及职责。 (2) 岗位工作技术规范与安全生产。 (3) 岗位业务能力要求。 (4) 学徒岗位考核。 (5) 行业典型人物案例	师傅讲解、试验，学徒小组实操演练，师傅和客户评价	(1) 能够遵守岗位安全生产注意事项。 (2) 工作中能够正确做好防护，识读相关安全标示。 (3) 能够按照安全规程操作设备。 (4) 能够按要求做好事故预防相关措施。 (5) 掌握岗位各等级业务能力要求及相关知识要求	3天
专业知识准备	(1) 机械装配图基本知识。 (2) 标准件及常用件。 (3) 常用工装卡具、量具。 (4) 钳工基础。 (5) 电工基础。 (6) 焊接基本技术。 (7) 机加工基本技术。 (8) 液压传动基本知识	师傅讲解、试验，学徒小组实操演练，师傅和客户评价	(1) 能够准确解读装配图，能够正确使用常用工具、卡具、量具。 (2) 能够独立进行钳工的基本操作，能够独立使用数字万用表测量电阻、电压、电流，能够独立进行手工电弧焊焊接操作。 (3) 能够进行简单的机械加工，如车削、铰削、刮削、研磨等。 (4) 能够简述液压传动的工作原理及系统组成	10天
农机零件的鉴定与修复	(1) 零件的鉴定。 (2) 零件的修复工艺的编制及常用修复手段	师傅讲解、试验，学徒小组实操演练，师傅和客户评价	(1) 能够写出零件鉴定的具体方法。 (2) 能够编制零件的修复工艺。 (3) 能够独立采用镗修、磨修、焊修等方法修复零件	10天
农机的故障诊断与排除	(1) 机械故障诊断与排除。 (2) 电气故障诊断与排除	师傅讲解、试验，学徒小组实操演练，师傅和客户评价	(1) 能够操作连杆弯曲扭曲检验仪、电子功率油耗测量仪、废气分析仪、烟度计、制动试验台、侧滑试验台、前照灯检测仪等检测设备。 (2) 能够诊断和判定农机发动机、底盘的常见机械故障。 (3) 能够诊断和判定农机直流发电机系统、交流发电机系统、喇叭电路、灯光照明常见电气设备故障。 (4) 能够调整硅整流发电机调节器，能够操作交流发电机和调节器的连接	15天

续表

岗位工作学习任务（或项目）	工作学习内容	工作学习组织	学习产出考核标准	工作学习时间
农机的修理与调试	(1) 发动机的修理与调试。 (2) 底盘的修理与调试。 (3) 电气设备的修理与调试。 (4) 液压系统的修理与调试	师傅讲解、试验，学徒小组实操演练，师傅和客户评价	(1) 能够检修发动机（柴油机）机体组、曲柄连杆组、配气机构、供油系统、进排气系统、冷却系统、润滑系统等。 (2) 能够修理离合器片、制动器摩擦片、离合器、变速箱、后桥。 (3) 能够运用电气设备检测方法，检修联合收割机电启动系统。 (4) 能够简述农机液压系统工作原理，并能够对联合收割机液压系统的故障进行排除	15 天
农机维修后质量检验	(1) 机器修后试运转规范。 (2) 修后质量检验	师傅讲解、试验，学徒小组实操演练，师傅和客户评价	(1) 了解机器修后试运转规范，掌握拖拉机和农用汽车大修后试运转前、试运转中和试运转后的检查内容。 (2) 掌握机械设备维修后的质量检验要求。 (3) 能够独立完成农机设备维修后质量检验工作	3 天
常用修理设备（工具）的维护	(1) 主要修理设备工作精度检验。 (2) 主要测试仪器检查修理与校准	师傅讲解、试验，学徒小组实操演练，师傅和客户评价	(1) 掌握主要修理设备工作精度检验方法。 (2) 掌握主要测试仪器的检验与调修方法。 (3) 能够检验并调修主要修理设备和测试仪器	2 天
职业品质与工匠精神培养	培养学生具有爱岗敬业、吃苦耐劳、做事严格认真、精益求精的品质			
工作学习资源	教材、网络上资源、企业中的学习资源			
学徒工作学习组织管理计划	学徒在学校中跟教师学习理论知识，在企业中跟师傅学习技能知识，由学校与企业来共同管理			
学徒考核评价方案	以技能考核为主、理论考核为辅			
学徒岗位认证条件	完成本书中要求的技能考核要求			